알고 먹는

전통발효식품

국립농업과학원 著

21세기사

농업기술길잡이

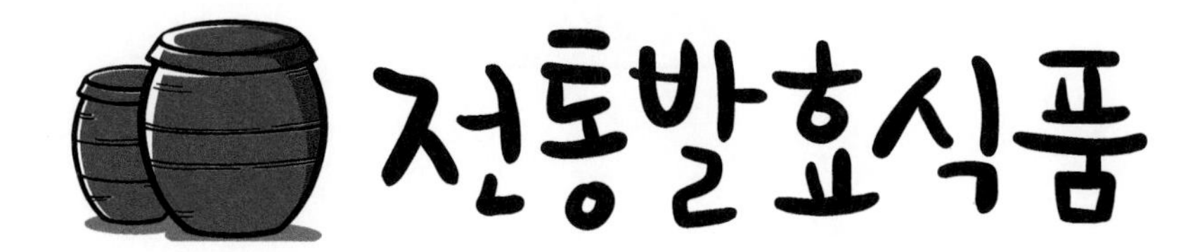

contents

농업기술길잡이 전통발효식품

chapter 1

발효산업의 새로운 블루오션, 미생물자원

01 미생물자원의 관리
02 발효 미생물 보존법
03 미생물 분리와 배양
04 발효와 관련된 미생물

01

미생물자원의 관리

가. 생물자원 관리

생물자원은 육상·해양·수상 생태계와 토양 지표의 미소동물·미생물을 포함한 지구상의 모든 살아 있는 동식물과 미생물을 총칭하는 단어다. 최근에는 세포·수정란·정자·DNA·바이러스까지 생물자원의 관리 대상으로 간주하고 있다. 지구상의 생물종은 170만 종으로 알려져 있으나 조사되지 않은 생물자원까지 합치면 1,400만 종으로 추정된다. 그중 박테리아와 곰팡이가 250만 종, 동물(곤충과 미소동물 포함)이 1,060만 종, 식물이 30만 종, 조류나 원생동물이 60만 종으로 추정된다. 우리나라에서는 10만 종 이상의 생물이 서식하고 있는 것으로 추정된다. 2002년까지 조사된 생물 종수는 29,828종이다. 그중 동물이 18,029종, 식물이 8,271종, 기타 균류 및 원생동물이 3,528종으로 조사되었다.

생물자원은 인류에게 의식주를 비롯한 의약품과 산업용 유용 물질을 공급해 왔다. 미국의 경우 약 처방의 25%를 식물 추출물에서 얻고, 약 3,000종의 항생제를 미생물에서 추출하고 있다. 개발 도상국의 경우 의약품의 80%를 동식물로부터 얻는다. 동양의 전통 한방 의약품은 5,100여 종의 동식물로부터 얻고 있다.

생물자원의 가치는 의약에서 그치는 것이 아니라 농업에까지 폭넓게 나타난다. 70억 인구의 식량과 의약품 공급, 환경오염 물질로 더럽힌 대기와 물 정화, 토양의 비옥도 유지, 대기의 기후 조건 유지 등이 이에 해당한다.

최근 유용 미생물을 이용한 생명공학 산업이 발달하면서 산업 미생물도 지원해야 한다는 요청이 날로 증가하고 있다. 특히 표준화된 발효 미생물을 확보하고 보존하는 업무, 미생물의 다양성과 자원을 보존할 수 있는 기반을 확충하고 유지하는 교육, 유전자 정보 분석을 위한 기초 자원의 확보, 발효 관련 기업체에 유용 미생물 지원, 자원의 산업화 및 전략화를 구축, 마지막으로 분석 방법과 이론에 대한 연구와 서비스의 질을 더욱 향상시킬 필요가 있다.

나. 균주 보존

미생물은 일차 반응자로서 가장 중요한 위치를 차지한다. 사업의 성패는 사용하는 종균의 우수성에 따라 좌우된다. 따라서 실용이 가능한 균주는 많은 연구를 거쳐 산업적으로 활용이 가능한지 유무를 최종적으로 결정한다. 아무리 육종한 미생물 균주가 좋은 능력을 보유하게끔 개발됐다 하더라도 장시간 좋지 않은 환경에 보관하면 균의 능력이 현저하게 떨어지거나 균주 자체가 죽어 없어지는 경우가 있다. 따라서 미생물 균주를 보존할 때는 많은 관심을 기울여야 한다.

■ 더 알아보기

균주를 보존하는 기관의 목적

균주를 보존하는 기관의 목적을 크게 3가지로 구분할 수 있다. 첫째, 미생물이 가지는 제반 성질이 변화되지 않게 보존하는 것. 둘째, 미생물 균주를 필요로 하는 연구자에게 제공하는 것. 셋째, 균주를 보존하는 기관에서 미생물 동정 실험을 행할 때 보존하고 있는 균주를 비교대상으로 이용하는 것이다.

다. 미생물 보존법

기탁 받은 미생물의 유전적 돌연변이를 최소화시키기 위해 두 가지 이상의 방법으로 미생물을 보존해야 한다. 그중 적어도 하나 이상은 동결 건조를 이용해 보존하거나 초저온 상태에서 보존하는 휴면 상태 보존법으로 균주를 보존한다. 특히 배양하지 못하는 미생물의 수가 배양할 수 있는 미생물의 수보다 훨씬 많을 경우, 배양하지 못하는 미생물의 분리와 보존에 대한 연구가 요구된다. 규모가 큰 자원 센터에서 특정 미생물을 탐색하는 방법, 난배양미생물(VBNC)의 보존 과정, 생장에 적당한 배지, 생장 조건 등에 관한 연구를 필히 해야 한다.

균주를 보존하는 기관은 이미 수집하여 보존하고 있는 균주에 대한 10개의 글리세롤 보존(Glycerol stock)을 만든 후, 2개의 글리세롤 보존은 화재·천재지변 등을 대비하여 안전한 제3의 장소에 분리·보존하며 이들 보존은 특수한 상황이 아니면 그대로 보존한다. 다른 2개의 글리세롤 보존은 균주를 보존하는 기관 내부의 액체 질소 저장 탱크 안에 보존하며 이 또한 특수한 상황이 아니면 균주를 복원하는 일이 없도록 한다. 나머지 6개의 글리세롤 보존은 초저온 냉동고(Deep freezer)에 보존하며 1개의 글리세롤 보존에서 15개의 앰풀(Ampoule)을 제조한다. 제조된 앰풀 중 하나를 복원하여 미생물 균주의 오염 정도 등 이상 유무를 확인한다. 중요한 유전자원이 화재·홍수·지진·전쟁 등의 대참사로부터 소실되는 위험을 최소화하기 위해 미생물자원보존센터는 매우 중요하다. 새로운 것으로 대체할 수 없는 균주와 관련된 문서의 복사본을 다른 건물의 안전한 장소나 이상적인 다른 지역에 중복하여 보존해야 한다(그림 1-1).

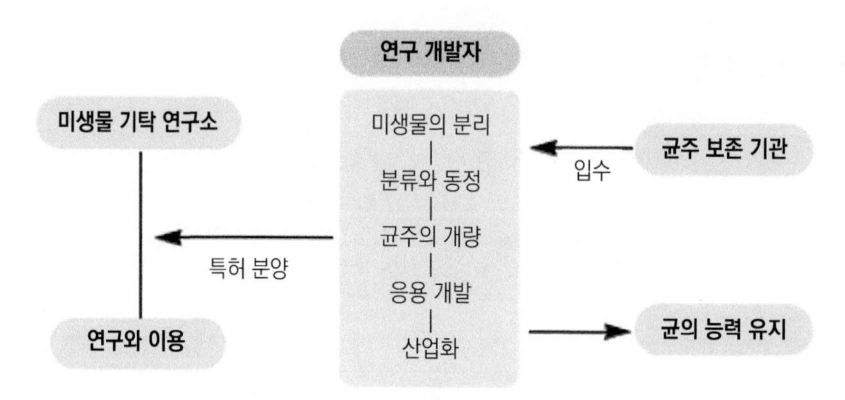

(그림 1-1) 균주 개발과 보존의 상관관계

■ 더 알아보기

글리세롤

기름을 가수분해할 때 지방산과 함께 생성되는 액체다. 무색투명하고 단맛과 끈기가 있다. 의약품·폭약·화장품 따위의 원료나 기계류의 윤활제로 쓴다. 화학식은 $C_3H_8O_3$이며, 글리세린(Glycerin)이라고도 부른다.

02

발효 미생물 보존법

미생물의 안전한 보존을 위하여 다양한 방법이 이용되고 있다. 현재 널리 이용되는 방법으로는 동결 보존법(글리세롤 보존법, 액체질소 보존법), 글라스 비드(Glass beads) 보존법, 파라핀(Paraffin) 보존법, DMSO 보존법, 젤라틴 디스크(Gelatin discs) 보존법, 액체(Liquid) 건조법, 동결 건조법(Freeze-drying) 등이 있다. 국내외 대부분의 미생물자원보존센터는 이들 중 동결 보존법(글리세롤 보존법·액체질소 보존법), 글라스 비드 보존법(-80℃), 파라핀 보존법(4℃), 동결 건조법(4℃) 등을 이용하고 있다.

가. 보존 원리와 방법

수상에서 생활 반응을 저하시키는 방법은 세 가지다. 첫 번째는 저온 상태로 유지하는 계대배양 보존법이다. 두 번째는 산소 공급을 제한하는 액체 파라핀 중층법, 마지막으로는 증류수·식염수·완충액(Buffer) 등을 사용하여 미생물의 영양분 공급을 제한하는 현탁법이다.
수분을 한정시킨 상태에서 생활 반응을 정지시키는 방법은 크게 두 가지로 나눌 수 있다. 첫 번째는 수분의 이동을 정지시키는 동결 보존법(-20~-140℃)과 액체질소 보존법(-150~-196℃)이다. 두 번째는 수분을 완전히 제거한 상태에서 보존하는 동결건조 보존법, 건조제 사용 보존법 및 건조 토사 보존법이다.

나. 미생물 보존 및 기능 유지 기술

유용 미생물을 보존하고 미생물의 기능을 유지하는 기술은 매년 전 세계에서 신기술이 개발되거나 개량되어 특허 출원되고 있다. 산업적으로 유용한 양조 미생물을 좋지 않은 환경에서 장기간 보존하면 성질이 변하거나 사멸된다. 특히 BT 산업에 사용되는 균주는 형질이 어떤 특정한 균주에 한하여 존재하는 경우가 많아 형질이 퇴화하거나 소멸 또는 사멸하는 빈도가 매우 높다. 생명공학 산업에 유용한 균주를 확보하고 보존하는 것은 매우 중요하다.

다. 단기 보존법

(1) 계대 배양 보존법

신선한 배지에 미생물을 주기적으로 옮겨주는 전통적인 방법이다. 이식 주기는 미생물의 종류, 배지의 종류, 외부 환경에 따라 다르다. 이 방법을 이용할 경우, 적당한 보존용 배지인지, 이상적인 보존 온도인지, 옮겨주는 주기 빈도는 어떤지 등 몇 가지 조건을 검토하고 결정해야 한다(그림 1-3).

(그림 1-2) 미생물 보존용 초저온 냉동고

(그림 1-3) 사면배지 보존

(가) 보존용 배지

미생물의 대사율을 낮게 유지시켜 이식 빈도를 줄이려면 최소배지를 사용하는 것이 좋지만 경우에 따라 복합배지를 사용하여 생리적 특성을 유지하기도 한다. 다만 미생물의 증식이 가속되고 대사산물의 축적이 빨리 일어나므로 배지를 자주 바꿔야 한다.

(나) 보관

상온에서 시험관대에 보존하기도 한다. 건조 위험을 최소화하기 위해 실리콘 마개나 파라필름을 사용하여 시험관을 플라스틱 통에 넣어두어야 한다. 미생물의 대사속도를 줄이기 위해 냉장고에 보관(4~10℃)하면 1~2개월 보존이 가능하다.

(다) 계대배양 방식

배지 교체 간격은 실험으로 결정한다. 연속적으로 배지를 바꾸면서 균주가 순수 배양되는지를 검사하고 형질 변화에 대해 간략하게 특성 판별이 수행되어야 한다. 이 방법의 단점은 잡균의 오염 가능성이 크다는 점과 표기가 잘못되었을 가능성, 돌연변이 균주를 선별할 가능성, 균주가 손실될 가능성, 보관 장소의 부족 등을 들 수 있다. 또한 보존 기간이 짧아 보통 1~2개월에 한 번씩 계대가 필요해 많은 균주를 취급하기 어렵다. 배양 때는 한천배지를 사용하며, 배양이 끝나면 4~10℃에서 다음 계대 시까지 보존한다.

(2) 미네랄 오일 및 침지 보존법

목적 균주를 한천 사면배지에서 배양한 후, 수분 증발과 산소 공급을 제한하기 위해 살균한 파라핀을 가하여 4~10℃의 저온에서 보존한다. 이 방법은 계대배양 보존법의 변법으로 보존 기간이 계대배양 보존법보다 길다. 멸균한 미네랄 오일(액체 파라핀)에 담그는 간단하고 저렴한 방법으로 몇 년 동안 보관할 수 있다. 오염을 방지하기 위해 미네랄 오일은 170℃ 오븐에서 약 1~2시간 가열하고 살균한다. 이어 사면배지에 배양하고 살균한 미네랄 오일은 적어도 2cm 이상 넣고 냉장고에 바로 세워 보관한다.

(3) 동결 보존법

일반적인 세균(유산균 포함)·효모·곰팡이 등을 글리세롤 보존을 이용해 보존하는 방법으로, 간편하고 비교적 저렴하게 장기간 보존할 수 있다. 동결 보존법은 냉장고의 냉동실(-5~-20℃)에서 균주를 보존한다. 사면배양이나 액체배양을 하고 균체나 균사체를 분주한 다음 얼려 보존한다. 약 6개월에서 2년 보존이 가능하다. 다만 용융 온도에서는 세포가 손상을 입기 때문에 -20℃인 전해질 용액(NaCl 용액 등)이 함유된 경우에는 부적합하다. 보존 온도에 따라 -80℃에 보존하는 글리세롤 보존법과 액체질소에 저장하는 액체질소 보존법으로 구분한다(그림 1-4).

(가) 보존 순서

먼저 적당한 배지와 온도에서 미생물을 배양한다. 이어 20% 글리세롤을 냉동 전용 튜브(Cryoprotective tube)에 1mL씩 분주하여 살균한다. 순수 배양된 균체는 백금이로 긁어(40mg) 살균된 글리세롤에 현탁시키고 초저온 냉동고(-80℃) 또는 액체질소에 보존한다. 평판 배지에서 자라지 않는 균주는 액체 배양을 한 후 원심분리를 하여 상등액은 버리고 균체에 20% 글리세롤을 현탁하여 냉동 전용 튜브에 분주한다. 그리고 초저온 냉동고(-80℃)나 액체질소에 보존한다. 동결 보존법은 다른 방법에 비해 조작이 간편하고 안정되게 형질을 유지하면서 장기간 보존이 가능하다. 동결 보존법은 10% 글리세롤을 사용한다(그림 1-4). 생존율을 조사한 실험에서 담자균류의 생존율이 가장 낮은 것으로 판명되었다. 액체질소 보존법은 균주 보존법 중에서 가장 확실한 방법으로 미국균주보존협회(ATCC)에서 이 방법을 적용하고 있다. 이 방법으로 보존된 균주는 형질 변화 없이 장기간 보존이 가능하다. 다만 보존한 균주를 융해하여 사용했을 때, 재차 이 방법으로 보존하는 것은 피해야 한다.

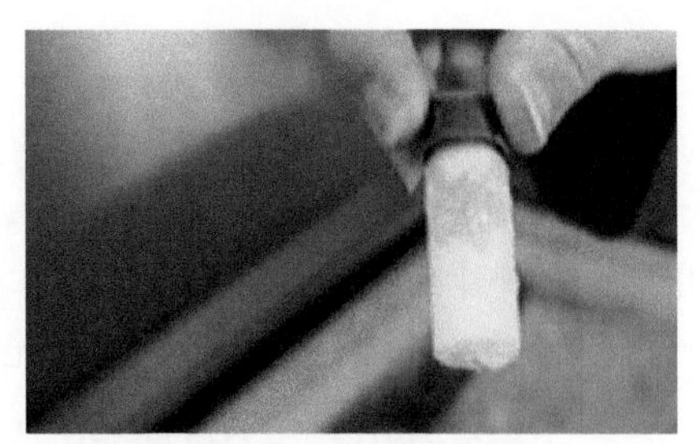

(그림 1-4) 글리세롤 보존법

(표 1-1) 동결 보존법의 보존 성적

종류	시험 주수	생존 주수	생존율(%)
곰팡이류	220	155	70
효모류	43	43	100
세균류	79	76	96
합계	342	274	266

■ 더 알아보기

담자균

보통 곰팡이라 부르는 진균류의 일종으로 진균류 중 가장 고등으로 분류된다. 유성포자로 담자 포자를 갖고 있으며, 기생하는 경우가 있다. 담자균류의 대표적인 작물은 버섯이다. 담자균류 중에서도 고등에 속한다.

(4) 건조 보존법

곰팡이의 포자 등을 장기 보존할 때 좋다. 앰풀 안에 건조제를 넣은 후, 균주의 포자를 탈지면 등에 묻혀 건조제와 접촉하지 않도록 넣어 밀봉하면 용기 내에서 건조한 상태가 되어 저온에서 장기간 보존이 가능하다. 포자를 형성한 미생물을 토양이나 실리카겔로 건조시켜 보존할 수 있으며, 유리구슬 같은 불활성 고형 물질의 표면 위에 포자를 건조시켜 보존할 수 있다. 토양이나 실리카겔은 씻어서 뚜껑 달린 시험관에 분주하여 고압 살균한 후, 25℃에서 건조시킨다. 건조 보존법을 이용하면 효소 생성용 곰팡이 포자를 12년간 정상적으로 보존할 수 있다.

라. 장기 보존법

(1) 동결건조법

일반적인 세균·효모·곰팡이 등을 보존할 때 주로 이용한다. 균주를 장기 보존할 때 가장 경제적이고 효과적인 방법 중 하나로 다양한 미생물과 박테리오파지를 30년 이상 보존할 수 있다. 또한 용기가 작아 보관에 유리하다.
감압 때 얼린 미생물의 배양액으로부터 승화를 통해 물을 제거하는 동결건조법은 매우 간단하다. 이 방법에 의해 건조된 미생물은 산소, 습기, 빛에 노출되지 않는 이상 오랜 기간 보존할 수 있다. 필요한 경우에는 본래의 상태로 되돌릴 수도 있다. 그래서 우리나라의 균주를 보존하는 은행은 대부분 이 방법을 이용한다(그림 1-5).

(가) 장치

동결건조기는 동결조(Cold bath), 냉각기(Compressor), 트랩, 고진공 펌프, 다기관 등으로 구성되어 있다.

(나) 용기

크기와 모양은 다양하지만 기본적으로 이중의 연질 유지가 사용된다. 사용 전에 살균해야 하고 외부 용기에는 푸른 실리카겔을 넣어 함습(含濕)의 표지로 사용한다.

(다) 배양액 조제

액체 배양은 대수 증식기의 균사체를 만들며 고체 배양은 포자를 포집하여 현탁액을 만든다. 동결 방지제를 사면배지에 첨가하여 루프(Loop)로 긁어 현탁액을 만들거나 액체 배양인 경우에는 원심분리 후 동결 방지제를 첨가하여 현탁 또는 여과하여 모은 균사체를 동결 방지제에 현탁한다.

(라) 동결 방지제

동결 방지제는 현탁할 때는 분산매, 동결할 때와 동결이 끝나고 건조할 때는 완충 작용과 보호 작용에 매우 중요하다. 동결 방지제는 균종과 연구소에 따라 독특한 조성을 이룬다. 주로 많이 사용하는 조성은 (표 1-2)에 나타냈다.

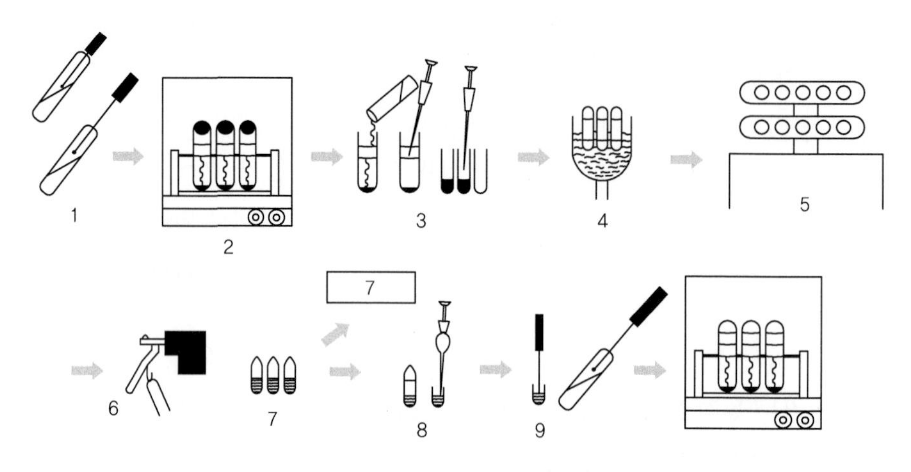

(그림 1-5) 미생물 세포의 동결건조법

1. 보존 균주 2. 배양 3. 보존제를 사용한 균 현탁액 조제 및 분주 4. 시료 동결
5. 냉동 건조 6. 봉합 7. 보존 8. 개봉 9. 증식 확인 배양

(표 1-2) 동결 방지제의 조성

Skim milk 10%, Skim milk 5% + Glucose 5%, Sucrose 12%, Dextran 10%, Starch 20%, Inositol 10%, Trehalose 10%, Monosodium glutamate (MSG) 3% + 0.1 M phosphate buffer (pH 7.0), MSG 3% + Ribitol 1.5% + Cysteine HCl 0.05% + 0.1 M Phosphate buffer (pH 7.0)

(마) 동결 건조 작업

균사체나 포자 현탁액을 동결 건조용 앰플에 0.1~0.2mL씩 입구에 묻지 않도록 조심스럽게 분주한다. 동결이 완전히 일어나면 재빨리 앰플을 동결 건조기에 걸어서 고진공으로 만든다. 동결 건조가 끝나는 시점은 실온과 시료의 온도가 같아지는 때로 만졌을 때 차갑지 않으면 완료된 것이다(그림 1-7, 1-8).

(2) 초저온 냉동 보존법

오래 보존해야 할 경우, 동결된 상태(-50~-80℃ 범위)로 보존되어야 한다. 초저온 냉동기(-80℃), 액체질소(-196℃), 액체질소 증기(-150℃)에서 얼린 상태로 보존할 수 있다(그림 1-9). 모두 15년간 보존이 가능하다고 보고되었지만 초저온 냉동고는 고장이나 정전에 주의해야 하고 액체질소는 유지비가 많이 든다. 일반적인 보존 기간은 -60℃에서 5년이다.

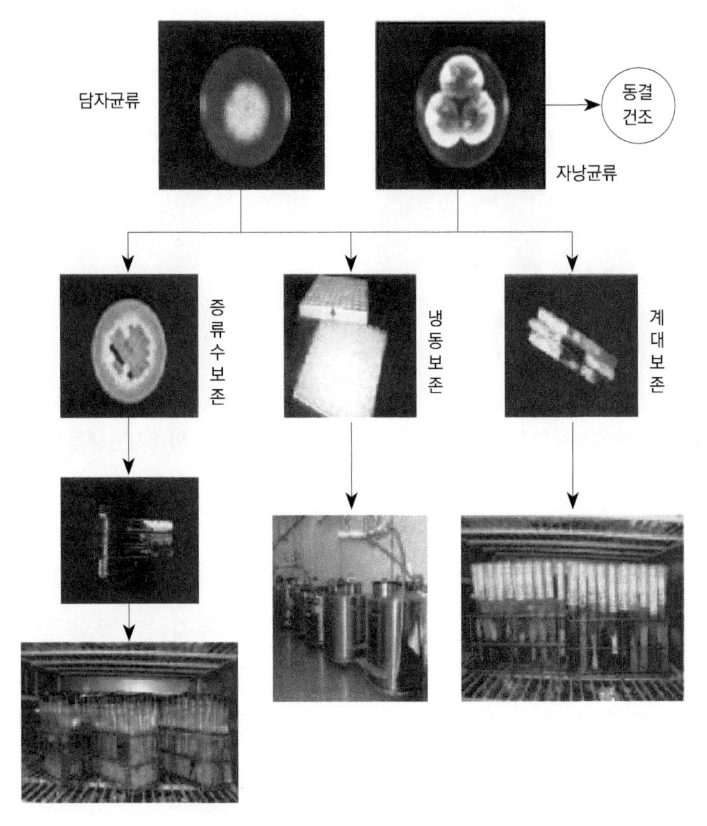

(그림 1-6) 사상균류의 보존 방법

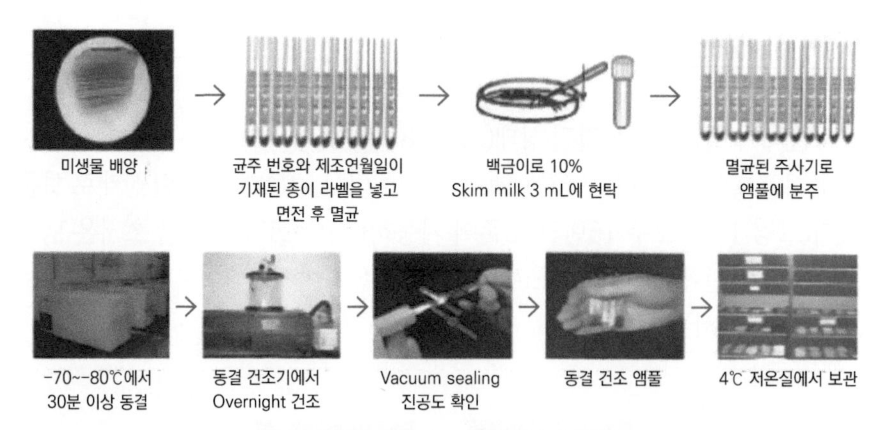

(그림 1-7) 동결 건조 보존법

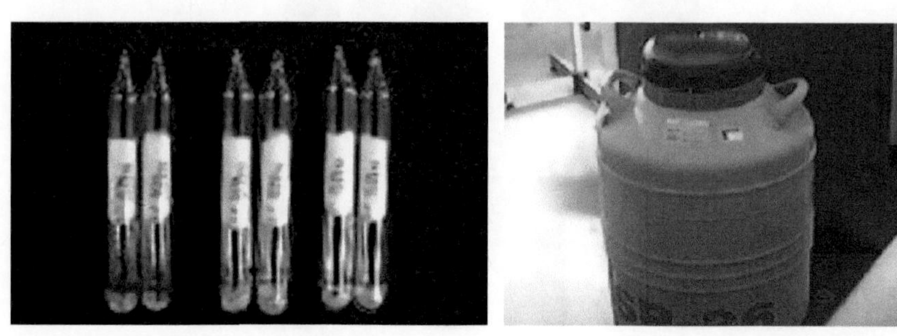

(그림 1-8) 완성된 보존용 앰플

(그림 1-9) 초저온 냉동 보관 장치

(가) 동결 보존제

글리세롤과 DMSO는 세포의 내외부가 빙점 이하로 떨어지는 것을 방지하는 보존제다. 설탕, 유당, 포도당, 만니톨, 솔비톨, 덱스트란, 폴리글리콜과 같은 동결 보존제는 세포막 밖에서 동결을 방지한다. 대체로 전자의 냉동 방지제가 효과적이다. 글리세롤은 10%로 살균하고, DMSO(18℃)는 5%로 막 여과기를 사용해 멸균하여 5℃에서 얼린 상태로 보존한다.

(나) 배양액 준비

대수 증식기 후기에 균체나 균사체를 사용한다. 사면 배양의 경우 10% 글리세롤이 포함된 영양 배지 10mL를 사면 시험관에 넣고 포자와 균사체를 모은다.

세포 현탁액을 2mL씩 동결용 바이알(Vial)에 분주하고 냉장고에서 30분간 방치하여 균사체와 현탁액 간의 평형이 이루어지도록 한다. 액체 배양액은 20%의 글리세롤이나 10%의 DMSO를 첨가하여 잘 혼합한다.

■ 양조 미생물 보존 시 주의 사항

① 보존 중에 사멸과 변이를 방지한다. ② 보존 기간이 길어야 한다. ③ 오염이 발생하지 않아야 한다. ④ 조작이나 사용하는 장치 등이 간단해야 한다. ⑤ 목적 산물의 생산성이 안정적으로 유지되어야 한다.

(다) 동결할 때 냉각 원칙

동결할 때 냉각 속도는 미생물 생존에 중요하게 작용한다. 일반적으로 냉각 속도가 느려야(1~2℃/min) 냉동 보존법에 적당하다.

(라) 해동 원칙

동결된 균주를 녹이려면 앰풀을 37~40℃의 항온 수조에 넣고 가볍게 흔들어야 한다. 다 녹으면 표면을 70% 에탄올로 소독한 후 개봉하여 사용한다.

(표 1-3) 각종 미생물에 적용하는 보존법

보존법	MS	MM	Yeast	Bacteria
액체 파라핀 보존법	+	+	+	+
사면 배양 동결 보존법 (-20℃)	+	+	+	+
(-40~-90℃)	+	+	+	+
액체질소 보존법	+	+	+	+
건조제 보존법	+	+	+	+
토양 보존법	+		+	+
모래 보존법	+		+	+
동결 건조법	+		+	+
계대배양 보존법	+	+	+	+

* Symbols: MS; 곰팡이의 포자, MM; 곰팡이 균사

마. 미생물 육종 기술

미생물이 본래 갖고 있는 기능을 높이거나 미생물이 갖고 있지 않는 기능을 부여하는 기술 또는 미생물의 유전자 기능을 변화시키는 기술을 미생물 육종기술이라고 부른다. 여기서는 돌연변이, 세포 융합 및 유전자 치환기술이 포함된다.

(1) 돌연변이 기술

일본의 경우 1980년대부터 1997년까지 연간 40~60건의 출원이 이어졌다.

(2) 세포 융합 기술

1984년부터 1987년까지 120건 이상의 출원이 있었지만 1988년 이후 감소하고 있다.

(3) 유전자 치환 기술

1970년대 후반에 유전자 치환기술이 실용화되어 동물과 인간의 유전자가 미생물에 치환되었다. 본래 동물과 인간으로부터 아주 적은 양밖에 얻지 못하던 중요한 물질이 대량으로 또는 가격 면에서 저가로 구입할 수 있게 되었다. 이 기술에 의한 출원은 1980년 이후 급격히 증가하여 1986년에는 605건, 1990년에는 693건에 달했다. 하지만 그 후 서서히 감소하고 있다.

03

미생물 분리와 배양

최근 부각되고 있는 생명공학이나 생물공학을 이용하는 생물 산업에서 미생물은 중요한 소재로 여러 면에서 큰 비중을 차지하고 있다. 미생물 균주 자체가 최종 산물을 생산하는 직접적인 도구가 되거나 효소 또는 유전자원으로 이용되고 있다. 미생물을 소재로 하는 연구나 산업의 경우, 그 목적에 알맞은 미생물을 분리하고 배양하는 것이 가장 먼저 해야 할 일이다. 이것이 연구 개발의 성패를 좌우한다.
미세한 생명체인 미생물은 다른 생물보다 종류가 많고 증식 속도가 빠르며 환경에 대한 적응력이 좋다. 인류는 미생물과 직간접적으로 밀접한 관계를 유지하면서 문명의 발달을 가져오고 있다. 그러나 인류가 이러한 미생물의 존재를 인식하고 과학적으로 이용하기 시작한 역사는 그리 오래되지 않았다. 미생물이 비록 질병을 일으키거나 음식물을 부패하게 하는 등 해로운 면도 있으나 미생물의 능력을 잘 이용하면 유익한 부분이 많다. 프랑스의 과학자 파스퇴르가 미생물에 의한 발효 현상을 규명한 이래 미생물은 주류, 장류, 김치류, 유기산, 아미노산, 핵산, 효소, 비타민, 다당류 및 항생물질 등 다양한 생물산업에 이용되어 왔다. 이와 같은 미생물은 분류학적으로 곰팡이에서 최근 연구되기 시작한 고세균(Archaebacteria)에 이르기까지 범위가 넓고 같은 속(Genus)이나 종(Species)에 있어서도 다양성이 풍부하다. 미생물의 분리와 배양은 기본적으로 종류에 따라 분리법과 배양법이 다를 수밖에 없다. 따라서 모든 미생물을 언급할 수 없다. 여기서는 일반적인 내용과 더불어 산업적으로 중요한 미생물인 양조용 곰팡이에 국한하여 서술하기로 한다.

가. 분리원 선정

채취 방법은 긴 시약 스푼 등 채취 기구를 이용하여 대상 샘플을 50~100g을 채취하여 비닐봉지에 담는다. 운반 용구는 폴리 비닐봉지가 가장 적당하다. 한 번 채취한 후, 다음 시료를 채취하기 전 시료 간 오염을 방지하기 위해 티슈나 물로 시약 스푼을 깨끗이 세척한다. 채집된 시료를 효율적으로 보존하기 위해서는 채취한 후에 냉장 보존한다. 냉장 보존이 어려울 경우, 시료의 온도가 높아지거나 너무 낮아 얼지 않도록 주의해야 한다. 특히 자동차를 이용하여 시료 채집을 하거나 자동차 안에서 시료를 장시간 보관할 때는 차 안의 온도가 너무 높아지지 않도록 주의해야 한다.

나. 미생물 분리

미생물을 자연계로부터 분리할 때는 두 가지 경우로 나뉜다. 미생물과 서식지 간 상호관계, 미생물과 식물 간 상호관계 등 생태학적인 관점에서 관심을 가지는 경우와 특정한 종(種)이나 군(群)을 목적으로 하는 경우다. 전자는 가능한 한 많은 미생물을 분리해야 하므로 비선택적 분리 배지를 사용하고 배양 온도나 pH에 있어 넓은 범위에서 미생물이 생육하도록 유도해야 한다. 후자는 특정한 배양 환경이나 조건을 설정하여 목적으로 하는 미생물만 생육시켜 분리한다. 이와 같이 목적에 따라 미생물을 분리하는 방법이 나뉜다. 따라서 앞에서 언급한 균 분리원 선정도 달라져야 한다.

다. 미생물 분리할 때 고려 사항

미생물의 종류·수·생리활성 등을 정확하게 파악하는 것은 미생물과 환경 간 상호관계, 미생물과 미생물 간 상호관계를 이해하는 데 중요하다. 보통은 곰팡이, 효모, 세균에 적합한 분리용 배지를 적용해 희석 평판법으로 분리한다. 하지만 시료의 희석으로 인해 생긴 미생물이 콜로니(Colony)를 형성하고 분리되기는 어렵다. 어느 정도의 밀도로 존재하는 미생물도 생육이 느릴 경우 분리가 어렵다. 따라서 전체 미생물을 분리하는 건 어렵다. 결국 특정 미생물의 종류나 활성을 중심으로 파악해야 한다. 미생물을 분리하는 방법은 연구 목적과 연결하여 적용한다.

미생물을 분리할 때 위생학적 관점에서 연구하거나 생태학적 측면에서 연구한다. 또한 미생물을 조성할 때 수에 중점을 두어 관찰하고자 할 때는 분류학적 관점에서 특정 미생물을 분리하거나 응용·개발 연구를 위해 특정한 활성을 지닌 미생물을 분리하기도 한다. 중요한 건 분리하는 방법이다. 이때는 미생물의 생태, 생활환, 생리·생화학적 활성, 균 분리원의 성질 등을 종합적으로 검토하고 분리 조건을 잘 설정해야 한다. 지금까지 알고 있는 지식에 대해서 면밀히 검토하고 여러 가지 방법을 시도하곤 하는데 이를 주의해야 한다. 또한 특정 활성과 성질 등이 선택적 분리조건으로 이용될 수 없는 경우가 있다. 이러한 경우에는 미생물을 분리한 후에 그 활성을 스크리닝(Screening)하여 활성이 강한 것을 선발한다. 이때도 적절한 균 분리원의 선정, 예상되는 미생물 군(群)의 선정, 목적 미생물을 효율적으로 분리하는 방법, 정확하고 신속하고 간편하게 스크리닝할 수 있는 방법 개발 등 연구가 필수적이다.

자연계로부터 미생물을 분리하는 일반적인 방법은 다음과 같다.

■ 더 알아보기

스크리닝

특정한 화학 물질이나 생물개체 등을 다수 중에서 선별하는 조작이다. 가리움이라고도 한다. 항생 물질을 생산하는 균을 분리하거나 공업용 미생물을 검색한다. 또한 유전자 재조합 조작으로 형질전환한 미생물을 분리하고 새로운 생산물을 검토한다.

(1) 생육 조건을 이용한 분리 방법

(가) 비선택적 분리

미생물상의 해석, 미생물의 분리 및 활성 스크리닝.

(나) 선택적 분리

· 평판 배양 : 생세포, 단일 영양원(C, N).
· 집적 배양 : 단일 에너지원(S·Fe·He·Light), 산소, 물리·화학적 인자(온도·pH·압력·Aw·방사선), 항생물질, 약제, 중금속 등.

(2) 생물학적 특성을 이용한 분리 방법

(가) 채집

버섯, 변형균, 병반 부위 등.

(나) 운동성 이용

주화성, 주광성, 주자성 등.

(다) 성장 특징을 이용

균사의 신장(곰팡이, 방선균).

(라) 포자 전파 방법

포자의 사출 또는 유리(수생균).

(마) 생활환, 천이 등을 이용

저온 처리, 자실체 형성 유무, 용균반, 습실법, 열, 알칼리, 알코올 처리.

(3) 물리적 조작을 이용한 분리 방법

(가) 단포자 분리법

현미경 조작(Micro manipulation).

(나)농축법

막 여과기, 면(솜), 흡입 등.

(다) 분병 원심법

원심분리기.

(라) 분산법

시료 분쇄, 세제 사용.

라. 미생물 배양

자연계로부터 목적 미생물을 분리한 경우, 이 미생물 균주가 효율적으로 배양될 수 있는 배양조건을 검토해야 한다. 인위적 조건에서 미생물을 효율적으로 증식시키는 것을 목적으로 하고 배양 산물을 얻을 수 있는 최적의 배양조건을 확립하는 것이 무엇보다도 중요하다. 자연계에는 다양한 미생물이 존재하며 산업적으로 단일 미생물을 순수 배양하는 경우가 대부분이다(그림 1-10). 특히 세균, 곰팡이, 효모 등 미생물은 종에 따라 배양 기술이 달라진다. 미생물의 영양원에 있어서도 고체·기체·액체상으로, 배양 기질의 상태에 따라서도 고체배양과 액체배양 등으로 달라진다. 여기서는 일반적인 증식 특성·배양 조작·배양 장치 등 기본적인 사항에 대하여 간단히 언급하고, 주로 방선균을 대상으로 하여 생리활성 물질을 스크리닝하고자 할 때 고려할 사항에 대해 살펴보고자 한다.

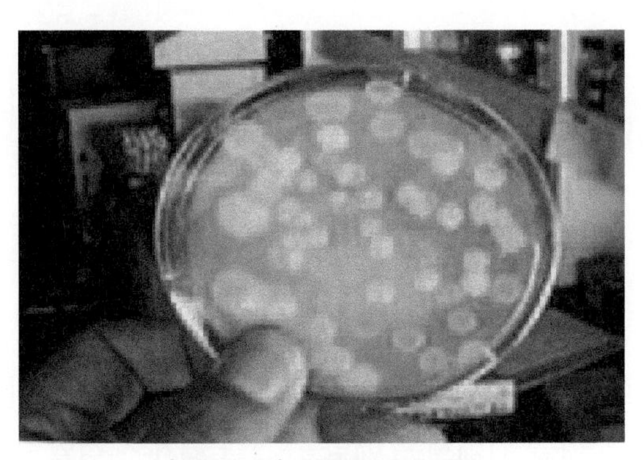

(그림 1-10) 고체배지에서 분리

마. 미생물의 증식 특성

미생물의 증식 속도와 생산되는 대사산물의 생산 속도는 미생물 배양 시 적용하는 여러 환경 조건의 영향을 받는다. 중요한 인자로는 영양원·온도·pH·삼투압·압력·습도·광선·용존 산소 등이 있다. 이런 환경인자의 영향을 정량적으로 파악하여 정확하게 조절해야만 최적의 배양 조건을 실현할 수 있다.

바. 배양 조작

산업적으로 이용되는 미생물의 경우 산소를 필요로 하는 절대 호기성균에 속한다. 절대 호기성균인 경우에는 호기 배양을 하며 산소를 필요로 하지 않는 경우에는 혐기 배양을 한다. 또한 영양원을 포함하는 액체배지에서 미생물을 배양하는 액체배양과 적당히 수분을 함유하는 고체배지의 표면에서 미생물을 배양하는 고체 배양으로 나눌 수 있다. 산업적인 배양 공정에 있어서는 몇 차례에 걸쳐 전배양한 후에 주발효조에 접종하여 본 발효하는 방법을 사용한다. 본 발효 방법으로는 회분 배양법과 연속 배양법이 있다.

■ 더 알아보기

자연계에 존재하는 미생물을 분리하는 목적

① 자연계에 존재하는 미생물상(相)의 이해 – 대상 환경에 부존(賦存)하는 전체 미생물의 질적· 양적인 해석 필요와 대상 환경에 부존하는 특정 종류나 활성을 나타내는 미생물의 질적·양적인 해석 필요.

② 특정 미생물 분리 – 분류학적으로 특정한 미생물 종이나 군 분리 및 특정한 생리·생화학적 활성을 지닌 미생물 분리.

사. 배양 장치

미생물 배양 장치로는 여러 가지가 있다. 순수 배양할 때 중요한 것이 잡균의 오염을 방지하는 것이다. 이를 위해서는 배양 용기를 쉽게 세척할 수 있어야 하며 구조가 간단해야 한다. 전체의 재질이 가압 살균에 적절하도록 내압성이 우수해야 하고 호기 조건에서 배양하는 경우에는 적은 동력 비용으로 산소 공급이 충분히 이루어지도록 설계되어야 한다.

04

발효와 관련된 미생물

가. 전통주에 관여하는 미생물

우리나라 고유의 전통 누룩(병곡)에는 거미줄곰팡이(*Rhizopus* spp.)·누룩곰팡이(*Aspergillus* spp.)·솜사탕곰팡이(*Lichtheimia* spp.)·털곰팡이(*Mucor* spp.) 등의 곰팡이와 효모 및 기타 젖산균류가 번식한다. 이들은 각종 효소를 분비하고, 술덧의 생성을 활발히 진행시킨다. 또한 산도를 높여 외부로부터 유해 미생물의 침입을 막아준다.

나. 곰팡이 종류와 역할

자연계에서 유래된 수많은 미생물들은 술덧에서 상호 작용을 하면서 증식하거나 사멸한다. 전통누룩에 생육하는 곰팡이들의 역할을 살펴보면 다음과 같다(표 1-4).

(1) 누룩곰팡이

주로 누룩에 서식하는 곰팡이로 종이 다양하다. 전분 분해 효소를 생산하고 알코올 원료인 포도당을 생성한다. 누룩곰팡이는 전분 당화력과 단백질 분해력이 강한 균주가 많다. 이런 점을 이용해 청주, 탁주, 약주, 소주, 간장 및 된장 제조에 널리 사용된다. 미생물에 따라 균총이 백색, 황색, 녹색, 황토색, 흑색 등 여러 빛깔을 띠기도 한다. 종국의 빛깔은 황국·백국·흑국으로 구분하며, 국균의 일반적인 성상은 다음과 같다(표 1-5).

(표 1-4) 곰팡이의 일반적 특성

일반 성상	- 실과 같은 모양(사상균: Filamentous fungi) - 직경: 2~10μm - 균사체: 영양의 섭취와 발육 - 자실체: 포자 형성 및 번식 담당 - 균사: 기균사와 기중균사로 구분되며 영양균사 - 균종에 따라 균사에 격벽(Septum) 존재: 분류상 중요 특성
분류	접합균류(Zygomycetes), 난균류(Oomycetes), 자낭균류(Ascomycetes), 담자균류(Basidiomycetes), 불완전 균류(Deuteromycetes)

(표 1-5) 입국 및 주류 제조에 관련된 미생물

균명	균총 및 분생 포자병	포자	발육 온도	특징	용도
황국균	균총: 황록색 차차 황갈색 포자병: 무색 ~2mm×10~30μm	황록색 구형 6~7μm	8~45℃ 최적 37℃ 사멸 온도: 60℃	전분 액화력이 특히 강하고 당화력(최적 pH 단백 분해력) 최적 및 유기산 생성력	청주
백국균 (*A. luch-uensisi*)	균총: 백색에서 황토색 포자병: 0.4~0.8mm~12μm	황토색 구형 ~4.5μm	30~35℃	당화력과 산 생성력이 강함	탁·약주
백국균 (*A. usamii mut shi-rousamii*)	균총: 백색에서 육계색 포자병: 3~5mm×9~12.5μm	육계색 구형 ~5.5μm	33~36℃	전분 당화력 강함	주정제조 피국용
흑국균 (*A. awamori*)	균총: 자갈색 포자병: 1~2.5mm~12.5μm	갈색 구형 ~5μm	30~35℃	전분 당화력, 단백질 분해력, 산 생성력	소주 (증류식 소주)
흑국균 (*A. usami-inov*)	균총: 흑갈색 포자병: 3~5mm~25μm	흑갈색 거칠고, 구형 ~5.5μm	35~43℃ 46℃ 이상 발육치 않음	생산력, 당화력이 강하고, 황색 색소를 생성	소주 (증류식 소주)

(2) 푸른곰팡이

푸른 균총이 가장 많고, 회백색이나 황갈색 또는 붉은색을 띠는 곰팡이도 있다. 푸른곰팡이는 누룩곰팡이 속과 가까운 사이라고 할 수 있다. 분생 포자병이 여러 개의 격막이 있으며 끝은 빗자루나 붓 모양으로 가지를 치고 포자가 연쇄 착생하는데, 공기·흙·곡식 등에서 자주 볼 수 있다. 입국(粒麴)을 제조할 때 푸른곰팡이가 오염되면 입국이 불량해진다. 발육 적온은 20~27℃로 약간 낮지만 3~4℃의 저온이나 40℃의 고온에서도 잘 발육할 정도로 열에 대한 저항력이 매우 강하다.

(3) 털곰팡이와 뿌리곰팡이

털곰팡이와 뿌리곰팡이는 누룩곰팡이나 푸른곰팡이와는 달리 균사에 격막이 없다. 균사의 대부분이 공기 중으로 솜뭉치나 거미줄 모양으로 자라며, 균사는 백색이나 회갈색 또는 흑갈색을 띤다.

■ 더 알아보기

미생물의 특징

① 미생물은 미소하다. 미생물의 지름을 살펴보면 세균은 약 1.0μm, 효모는 약 7.5μm이다. 곰팡이의 균사는 약 6.0~7.0μm로 눈으로 볼 수 없는 작은 크기다. ② 단순한 구조를 가진다. 조직이 대부분 분화되지 않은 단세포이다. ③ 증식 방식이 단순하다. 분열, 출아, 포자 형성, 일부 유성 생식에 의해 증식한다. ④ 자극에 대한 저항력이 강하다. -270℃에서도 생존할 경우, 70~80℃에서도 증식하는 미생물이 있다. 포자의 경우 100℃에서 죽지 않으며 해저 수백 기압에서도 견딘다. ⑤ 증식 속도가 매우 빠르다. 수십 분부터 수 시간 사이에 분열 또는 출아하여 증식한다.

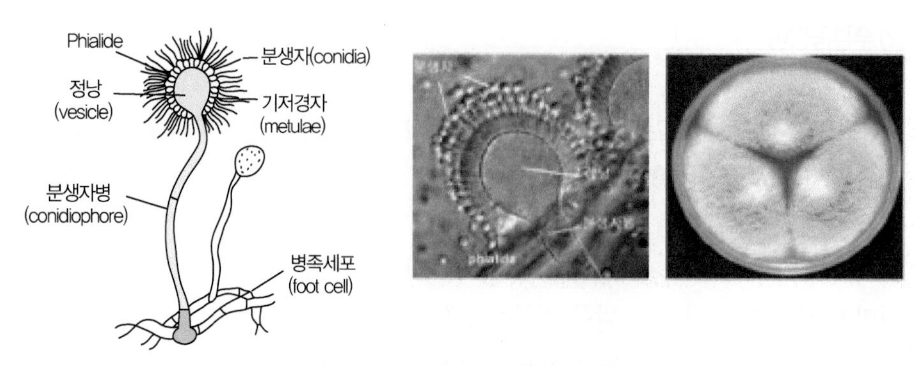

(그림 1-11) 누룩곰팡이속 형태학적 특성

(표 1-6) 황국균과 흑국균의 특성별 차이점

분류	황국균	흑국균(백국균)
분생자 색깔	황색~녹색	흑색~올리브색
α-아밀라아제 생산	강	약
구연산 생산	약	강
내산성 효소 생산	약	강

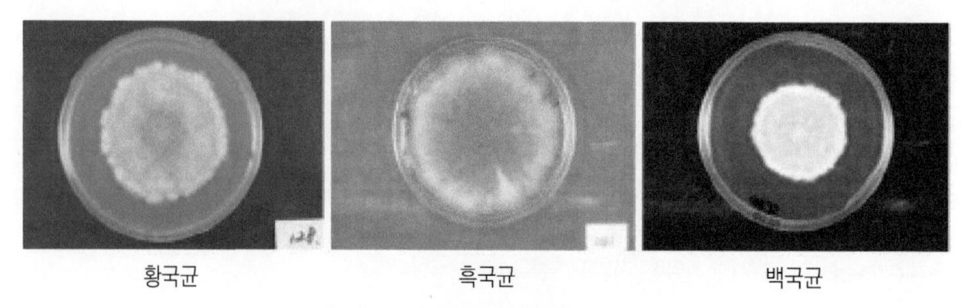

(그림 1-12) 황국균과 흑국균의 차이점

유성생식은 접합 포자의 형성으로 이루어진다. 반면 무성생식은 공중에 돌출된 균사 끝에 둥근 모양으로 포자낭이 형성되는데, 이 포자낭 속에 많은 무성 포자가 만들어진다. 이 주머니(포자낭)는 엷은 막으로 되어 있어 성숙하면 터져 포자가 밖으로 나오고 중축만 남는다.

뿌리곰팡이는 고등 식물의 뿌리와 같은 가근(Rhizoid)을 만들어 기질에 부착하고, 딸기 넝쿨처럼 균사가 뻗어 포복 균사를 갖는다. 반면 털곰팡이는 균사 하나하나가 곧고, 길이가 1~3cm다. 양조용 균주인 무코르 록시아이(*Mucor rouxii*), 리조푸스 자포니쿠스(*Rhizopus japonicus*), 리조푸스 델레마(*Rhizopus delemar*) 등이 당화력이 강하여 아밀로법 제조에 이용되고 있다. 그러나 일반적으로 이 세 가지 곰팡이는 자연계에 널리 분포되어 있어서 과실, 채소 또는 곡식류 등에 많이 부착되어 있다. 제국실에서 습도가 높거나 고온일 경우, 잡균으로 번식되는 일이 잦으므로 주의해야 한다. 발육 온도는 12~40℃, 최적 온도는 32~40℃다.

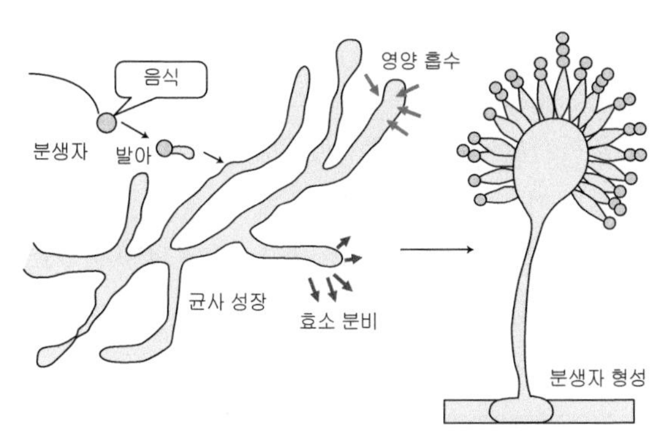

(그림 1-13) 양조용 곰팡이 생활환

(4) 곰팡이 종균의 아플라톡신 안전성 검증

발효식품(누룩·주류·장류 등) 제조에 있어서 아플라톡신 등 독소를 생산하는 곰팡이 종균은 식품으로 사용할 수 없다. 특히 *Aspergillus oryzae* 종균은 아플라톡신을 생산하지 않지만 이들 균주와 형태학적으로 유사한 *A. flavus*는 아플라톡신 독소를 생산하기 때문에 발효식품에는 사용할 수가 없다(그림 1-14). 따라서 이들 곰팡이 종균의 안전성 확립은 반드시 이루어져야 한다.

(가) 아플라톡신 관련 유전자 분석을 위한 프라이머 제작

전분 분해능이 우수한 곰팡이 종균을 대상으로 아플라톡신 생성유무 확인이 필요하다. 따라서 아플라톡신 생합성 유전자를 조사하기 위해 프라이머를 제작하여 (표 1-7)에 나타내었다.

(표 1-7) 아플라톡신 생합성 유전자 분석을 위한 프라이머 설계

Target gene	Primer	Sequence(5'- 3')
NorB-CrpA	NorB-CrpA_F	GTGCCCAGCATCTTGGTCCA
	NorB-CrpA_R	AGGACTTGATGATTCCTCGTC
OmtA	OmtA_F	GGCCCGGTTCCTTGGCTCCTAAGC
	OmtA_R	CGCCCCAGTGAGACCCTTCCTCG
AflT	AflT_F	ATGGTCGTCCTTATCGTTCTC
	AflT_R	CCATGACAAAGACGGATCC

(나) 아플라톡신 관련 유전자의 전기영동 분석

아플라톡신 생합성 유전자를 증폭할 수 있는 프라이머 (*NorB-CrpA, OmtA, AflT*)를 사용하여 target 유전자를 증폭(94℃에서 30초(denaturation), 60℃에서 30초(annealing), 72℃에서 30초(extension)간 총 35회 반복하였으며 전기영동을 통하여 PCR 산물을 확인하였다(그림 1-14).

전기영동	Target gene
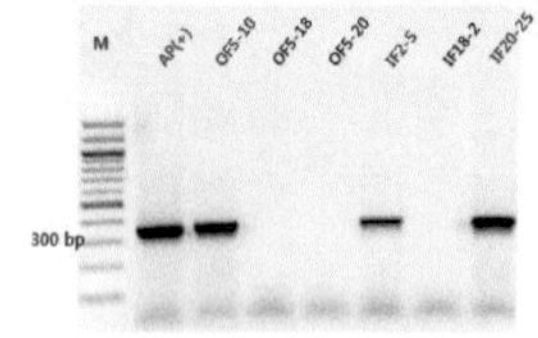 M AP(+) OFS-10 OFS-18 OFS-20 IF2-5 IF18-2 IF20-25 / 300 bp	*NorB-CrpA*
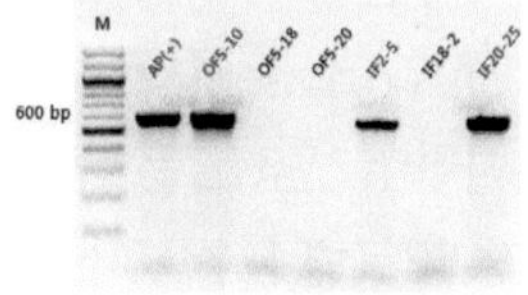 M AP(+) OFS-10 OFS-18 OFS-20 IF2-5 IF18-2 IF20-25 / 600 bp	*OmtA*
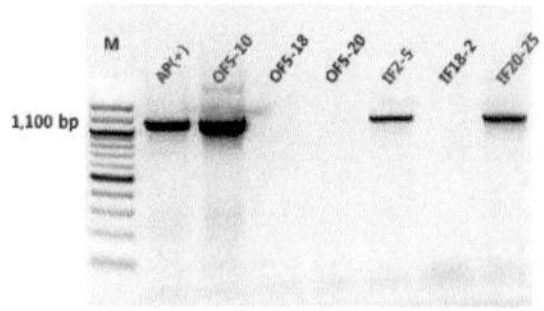 M AP(+) OFS-10 OFS-18 OFS-20 IF2-5 IF18-2 IF20-25 / 1,100 bp	*AflT*

(그림 1-14) 아플라톡신 생합성 유전자의 전기영동 분석

대조구는 아플라톡신을 생성하는 *Aspergillus parasiticus*(KACC41862) 균주를 사용하였으며, *A. parasiticus* 균주와 동일하게 시그널 밴드가 확인된 균주는 OF5-10·IF2-5·IF20-25로 총 3종류(*NorB-CrpA, OmtA, AflT*)가 아플라톡신 관련 유전자를 가지는 것으로 확인되었다(그림 1-14). 전기영동을 통한 정성적인 결과를 보다 명확하게 하기 위하여 정량적인 분석이 요구된다.

(다) ELISA분석을 통한 아플라톡신 B1 정량적 분석

밀기울(100g)에 물 30mL를 혼합하여 각각 동량의 곰팡이 포자 수(10^6 Cells/mL)를 접종하여 28℃에서 3일간 배양한 후, Veratox Aflatoxin total Kit(Neogen, USA)를 사용하고 650nm 흡광도를 측정하여 4PL(Four parameter Iogistic curve-fit) 분석법(그림 1-15)을 이용해 검량선을 작성한 후 분석하였다.

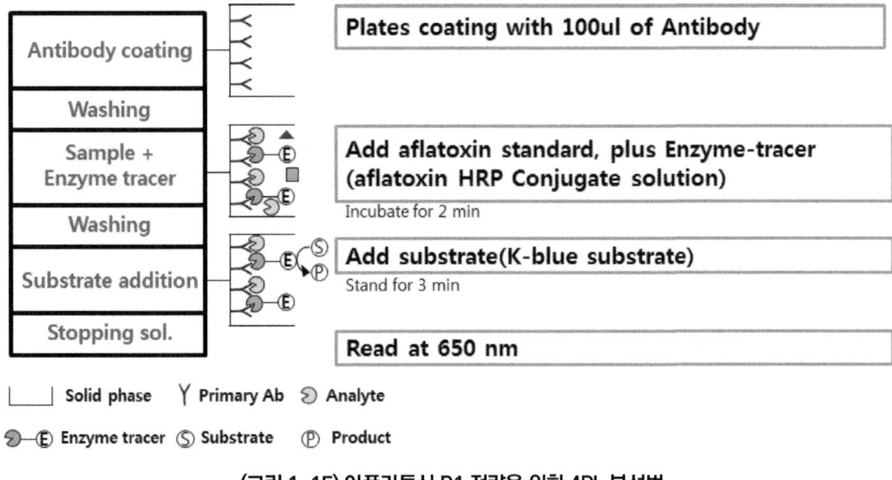

(그림 1-15) 아플라톡신 B1 정량을 위한 4PL 분석법

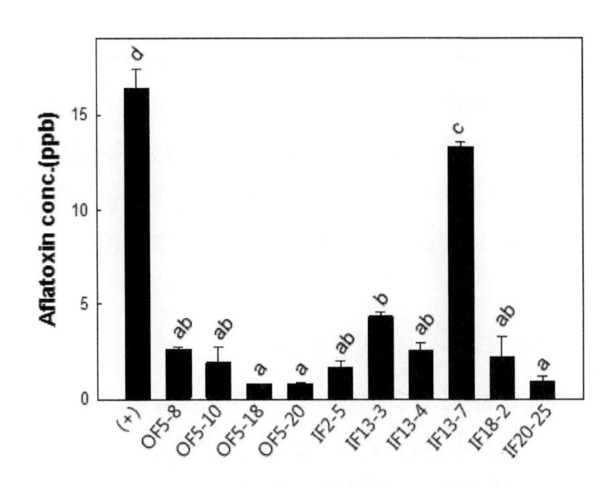

(그림 1-16) ELISA기법을 통한 아플라톡신 B1 정량적 분석

대조구인 *A. parasiticus* 균주에 비해 전통누룩에서 분리한 10종류의 누룩곰팡이는 아플라톡신 B1 농도가 낮게 측정되었지만 IF13-7 균주는 높은 농도의 아플라톡신을 생산하였다(그림 1-16). 특히 식품에서 허용되는 아플라톡신 농도는 5 ppb 이하로 규정(식약처 2013 기준) 되어 있어 IF13-7을 제외한 9종류의 누룩 곰팡이는 아플라톡신 농도가 식품 허용기준에 적합함으로 발효제인 누룩 등에 사용할 수 있어 주류의 품질 향상에 기여 할 수 있다.

(5) 효모의 일반 성상

알코올 발효에 관여하는 효모는 사카로미세스 세레비시아(*Saccharomyces cere visiae*)로, 당을 에너지원으로 이용하여 알코올을 생산한다. 술덧을 발효시키기 위해 효모를 순수하게 대량 배양한 것을 주모(酒母)라 한다. 이러한 주모를 단번에 필요한 양까지 증식하기에는 어려움이 있으므로 처음에는 효모를 소량 배양하고 단계를 밟아 천천히 늘려간다.

예부터 우리 조상은 증자(지에밥, 죽, 백설기, 구멍떡 등)와 누룩을 일정량 섞은 후 끓여 식힌 물을 혼합하고 4~5일 동안 두꺼운 솜옷을 덮은 뒤 따뜻한 온돌에 두어 효모가 증식할 수 있도록 했다. 알코올 발효에 관여하는 효모 외에도 맛을 좋게 하거나 산패시키는 효모들도 소량 존재한다.

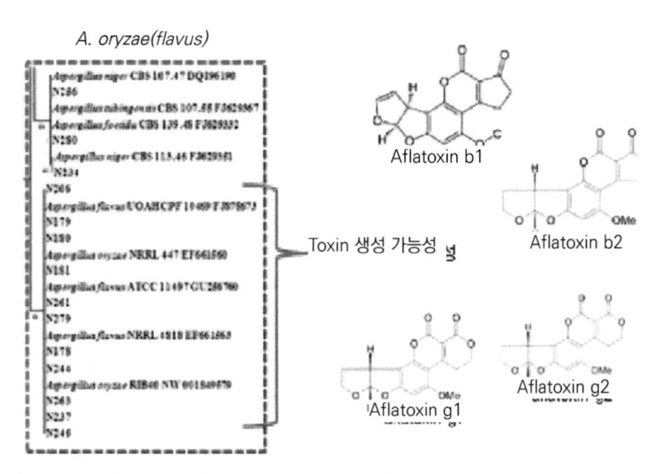

(그림 1-17) 누룩곰팡이(*A. flavus*)의 아플라톡신 생성

(표 1-8) 효모의 발견

효모 기원	효모 기원 : 인류가 최초로 사용(술, 빵) · 기원전 4,000년 고대 바빌로니아 시대 · 곡류 재배와 맥주 양조 기록(티그리스 강, 유프라테스 강) · 소맥분을 물로 반죽 ⇒ 발효, 구우면 ⇒ 빵 · 곡류, 과실 등 액즙이 자연적으로 발효 ⇒ 와인, 맥주
미생물 발견	· 1680년 네덜란드 상인 레빈후크가 렌즈 개발로 미생물 발견
파스퇴르 (1857년)	· 미생물의 본성 규명(파스퇴르) · 발효는 생물에 의해서만 이루어지고 생명이 없는 곳에서는 발효도 있을 수 없다

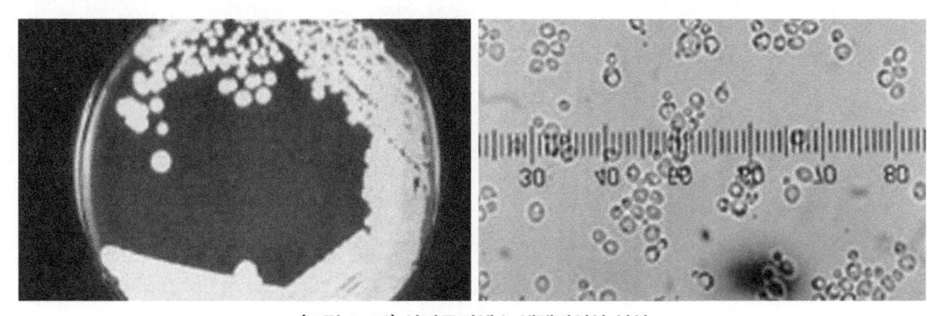

(그림 1-18) 사카로미세스 세레비시아 성상

다. 효모의 일반적 성질

(1) 효모의 모양

효모는 단세포이며, 모양은 원형·타원형·계란형 등으로 구별되나 생활 상태에 따라 변화가 쉽다. 보통 세포의 크기는 5~10μ, 작은 것은 3~4μ로 세균보다 크다.

라. 효모의 증식 방법

보통 효모는 분열 효모를 제외하고는 출아법으로 증식한다. 특별한 경우에만 포자와 균사를 만든다. 효모의 모세포에 작은 싹이 돋아나 원형질에 핵이 생기면 낭세포가 모세포만큼 커져 분리된다. 또는 그대로 이어져 세포의 집합체인 아족을 이루기도 한다. 번식의 형태는 효모 종류에 따라 다소 차이가 있지만 대체로 액체 표면에 피막을 형성하거나, 기벽에 효모 띠를 부착시키거나, 그릇 밑에 가라앉거나, 액을 투명하게 하거나, 혼탁을 일으키는 것이 있다.

마. 효모의 종류

(1) 탁·약주 효모

1910년 일본인 학자 (사이토 겐도 박사)가 국내의 누룩과 탁주에서 분리한 균주(*Saccharomyces coreanus* Saito)로 국내 탁·약주제조에 사용하는 대표적인 효모이다. 이 효모의 특성은 향미가 양호하고 산이 많은 기질에도 알코올 발효를 잘 한다. 세포는 구형·원통형·타원형이며 단독 또는 2개씩 연결되어 출아로 분열한다. 크기는 3~7μm이며, 최적온도는 37℃이다.

(2) 청주 효모

청주 제조에 사용되는 균주로 원형이나 계란형의 단세포이며 크기는 6~12μm이다. 생육 한계 온도는 1~45℃지만 최적 온도는 23~24℃이고 단위 시간에 최대 발효할 수 있는 온도는 33~34℃이다. 청주 효모로 불리는 종이 여럿이 있으며 아미노산의 소비량이 많고, 산의 생성이 적으며, 향미가 있는 것이 우량균이다.

(표 1-9) 주종별 다양한 효모

사카로미세스속 : 주류, 알코올 제조, 제빵효모 등 - 당 발효성이 우수 : 와인, 청주, 맥주 제조 시 포도당이 발효되어 알코올과 탄산가스 발생 - 유기산과 향기성분(에스테르) 생성 - 전분 분해능이 없는 *S. diastaticus*: α-amylase 분비 - 대표적인 효모 종류 : *Saccharomycodes*, *Schizosaccharomyces*속 *S. cerevisiae* (상면 효모) *S. carlsbergensis* (하면 효모) ⇒ *S. uvarum* *S. ellipsoideus* (포도주 효모) *S. sake* (청주 효모) *S. coreanus* (막걸리 효모) *S. rouxii* (간장 효모)

(3) 맥주 효모

맥주 효모는 형태·구조·생리작용이 청주 효모와 유사하다. 맥주 제조에 사용하는 대표적인 효모로는 사카로미세스 세레비시아(*Saccharomyces cerevisiae*)와 사카로미세스 카르스베르게니스(*Saccharomyces carsbergensis*) 등으로 구분된다. *Saccharomyces cerevisiae*는 영국식 맥주(Ale) 발효에 이용하는 상면발효효모이다. *Saccharomyces carsbergensis*는 발효 시 공기가 필요없는 독일식 맥주 발효에 사용하는 하면발효효모로 멜리비오스(Melibiose)와 라피노스(Raffinose)를 이용하여 발효한다.

(4) 주정 효모

주정 생성력이 강하고 발효가 빠른 것이 특징이다. 당밀을 원료로 사용할 때는 주로 사카로미세스 포르모세니스(*Saccharomyces formosensis*, 396호)를, 당밀을 전분질 원료로 쓸 때는 사카로미세스 아와모리(*Saccharomyces awamori*, 발연 1호)를 사용하고 있다.

(5) 와인 효모

국내 와인제조에 사용하는 효모는 대부분 수입산 사카로미세스 세레비시아(*Saccharomyces cerevisiae*)로서 유럽 포도 품종의 발효에 적합한 특성을 가지고 있다. 특히, 나고야의정서 발효(2014.10.) 및 시행(2018.8)에 따라 수출국에 로열티를 지불해야 하므로 현재, 사용 중인 수입 효모를 대체할 수 있는 토착 발효 효모의 발굴과 다양한 향기성분을 가진 효모 종균 개발이 시급하다.

1) 환경 내성 및 고향미 생성 우수 효모 선발

국내 생산되는 사과, 아로니아, 머루포도 및 감으로부터 총 512주의 효모를 분리하였다(표 1-10).

(표 1-10) 다양한 과일에서 분리한 효모

균 주	사 과	아로니아	머루포도	감	합 계
Saccharomyces cerevisiae	81	2		7	90
Hanseniaspora uvarum	1	1	34	101	137
Candida zemplinina			2	2	4
Pichia anomala	3	195		71	269
Pichia kluyveri				10	10
Pichia caribbica		2			2
Total	**85**	**200**	**36**	**191**	**512**

사카로미세스 세레비시아(*Saccharomyces cerevisiae*)를 제외한 422주를 대상으로 당과 알코올 내성을 가진 52주를 1차 선발하였고 감즙과 사과즙에 발효시켜 스니핑 테스트를 통한 고향기 생성 효모 6주를 최종 선발하였다(표 1-11).

(표 1-11) 스니핑 테스트를 통한 향기생성 효모 선발

분리 효모	스니핑 테스트	
	감 와인	사과 와인
Pichia anomala SJ20	+++++	++
Hanseniaspora uvarum SJ69	+++	++
Pichia kluyveri CD34	++++	++
Candida zemplinina CD80	++++	+++
Pichia caribbica YP1	++++	++
Pichia anomala CS7-16	++	++++

2) 선발 효모의 균학적 특성

분리한 효모를 현미경으로 관찰(×1,000) 하였을 때, 각각의 효모별로 구형, 레몬형 등의 형태를 이루며 크기는 3~8 μm로 나타났고(그림 1-19), 전기영동한 염색체를 분석한 결과, 6주의 효모는 염색체 개수와 크기가 다양함을 알 수 있었다(그림 1-20). 또한, 4종류 효모에서 향기성분 생성에 관여하는 β-glucosidae 활성이 확인되었다(그림 1-21).

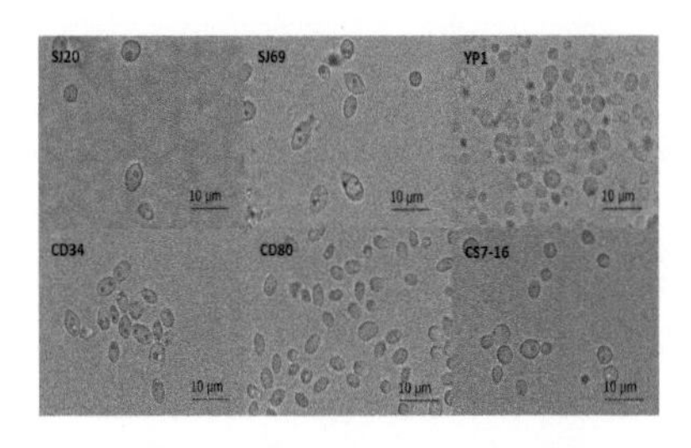

(그림 1-19) 분리 균주의 현미경 검경

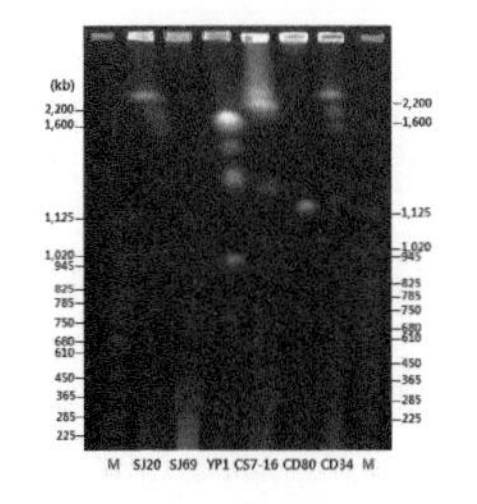

(그림 1-20) 염색체 분리

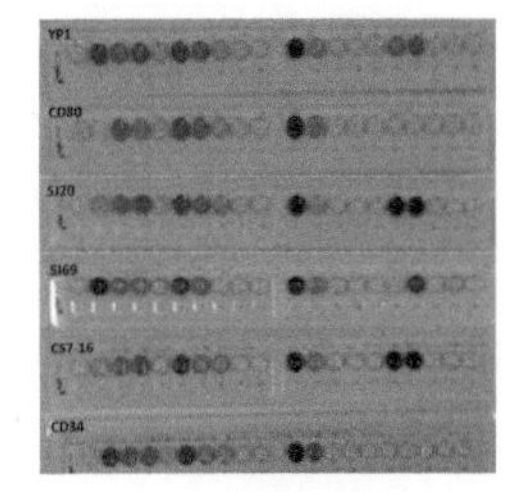

(그림 1-21) 효소활성 측정

3) 효모 종균을 이용한 관능적 특성

분리한 효모 종균을 이용하여 감 와인과 사과 와인에 접종 방법(단독 *S. cerevisiae* Fermivin 혼합)에 따라 제조한 와인의 색·향·맛·기호도 등의 관능학적 특성을 분석하였다. 대조구는 수입산 *S. cerevisiae* Fermivin을 사용하여 비교하였다.

(표 1-12) 효모 종균의 접종 방법에 따른 감 와인의 관능검사

균주	접종법	색	향	신맛	단맛	전반적 기호도
S. cerevisiae Fermivin	종균	3.20±0.92^{A}	3.10±0.88^{A}	3.20±0.79^{A}	2.80±0.79^{A}	3.20±1.23^{A}
P. anomala SJ20	주모	3.60±1.17^{A}	3.30±0.95^{A}	2.90±1.20^{A}	2.80±0.42^{A}	3.10±0.88^{A}
	종균+주모	3.70±1.34^{A}	3.60±1.07^{A}	3.00±1.15^{A}	2.60±0.97^{A}	3.70±1.25^{A}
	종균	3.40±1.35^{A}	3.70±1.25^{A}	2.70±1.34^{A}	2.90±1.10^{A}	3.90±1.29^{A}
H. uvarum SJ69	주모	3.50±1.08^{A}	3.50±1.08^{A}	3.40±1.07^{A}	2.60±0.84^{A}	3.60±1.07^{A}
	종균+주모	3.30±0.82^{A}	3.30±1.25^{A}	3.40±1.35^{A}	2.50±0.71^{A}	3.00±0.94^{A}
	종균	3.20±0.92^{A}	3.10±0.99^{A}	3.20±1.40^{A}	2.10±0.88^{A}	3.70±0.48^{A}
P. kluyveri CD34	주모	3.70±0.67^{A}	3.30±1.16^{A}	2.70±1.49^{A}	2.80±0.63^{A}	3.10±0.99^{A}
	종균+주모	3.70±0.82^{A}	2.80±1.23^{A}	2.80±1.23^{A}	2.40±0.84^{A}	3.10±0.74^{A}
	종균	3.90±0.99^{A}	3.20±0.92^{A}	3.10±0.99^{A}	2.90±0.74^{A}	2.50±1.27^{A}
C. zemplinina CD80	주모	3.90±1.29^{A}	2.70±1.06^{A}	3.20±1.32^{A}	2.90±0.57^{A}	2.40±0.97^{A}
	종균+주모	3.40±1.07^{A}	2.30±0.67^{A}	3.10±1.20^{A}	2.20±0.92^{A}	2.30±0.82^{A}
	종균	3.20±1.03^{A}	2.10±0.99^{A}	3.30±1.49^{A}	2.60±0.70^{A}	2.70±0.95^{A}
P. caribbica YP1	주모	3.90±1.45^{A}	2.70±0.67^{A}	2.90±1.29^{A}	2.00±0.67^{A}	2.10±0.74^{A}
	종균+주모	3.30±1.06^{A}	2.80±1.55^{A}	3.00±1.33^{A}	2.60±1.07^{A}	2.80±1.48^{A}
	종균	3.40±1.23^{A}	2.70±0.94^{A}	3.10±1.05^{A}	2.30±1.25^{A}	2.70±1.32^{A}

(표 1-13) 효모 종균의 접종 방법에 따른 사과 와인의 관능검사

균 주	접종법	색	향	신맛	단맛	전반적 기호도
S. cerevisiae Fermivin	종균	3.20±0.92[A]	3.10±0.88[A]	3.20±0.79[A]	2.80±0.79[A]	3.20±1.23[A]
P. anomala CS7-16	주모	3.32±0.84[A]	3.23±0.92[A]	3.68±1.04[A]	2.55±1.06[A]	3.41±0.96[A]
	종균+주모	2.95±0.84[A]	2.95±1.21[A]	3.86±1.21[A]	2.50±1.10[A]	3.09±1.02[A]
	종균	3.36±0.95[A]	3.32±1.21[A]	3.68±1.29[A]	2.86±1.36[A]	3.41±1.22[A]
C. zemplinina CD80	주모	3.18±0.85[A]	3.00±1.20[A]	2.59±1.10[A]	3.50±0.96[A]	2.73±0.98[A]
	종균+주모	3.27±0.98[A]	3.05±1.13[A]	2.82±1.05[A]	2.95±0.95[A]	2.91±1.02[A]
	종균	2.45±1.10[A]	2.64±1.05[A]	2.27±0.98[A]	3.41±1.33[A]	2.27±0.83[A]

이들 종균을 이용한 접종 방법별로 제조한 감 와인에서는 *P. anomala* SJ20과 *H. uvarum* SJ69 효모가 색, 향, 단맛과 기호도가 우수하였고(표 1-12), 사과 와인에서는 *P. anomala* CS7-16는 향, 신맛 및 기호도가 우수한 것으로 나타났다(표 1-13). 따라서 원료에 따른 맞춤형 효모 종균을 이용하여 와인을 제조할 수 있다.

(6) 젖산균

젖산을 형성하는 균으로 혐기적 환경에서 생육을 잘한다. 옛날에는 누룩에서 얻었지만 요즘은 인위적으로 젖산을 첨가하고 있다.

(표 1-14) 다양한 발효 미생물의 종류

미생물	종류
사상균	*Aspergillus* sp., *Rhizopus* sp., *Amylomyces* sp., *Monascus* sp., *Penicillium* sp., *Mucor* sp., *Lichthemia* sp.
효모	*Saccharomyces* sp., *Saccharomycopsis fibuliger, Torula* sp., *Torulopsis* sp., *Rhodotorula minuta, Mycoderma Willia* sp., *Monilia* sp., *Sachsia* sp., *Endomyces* sp., *Oidium* sp., *Candida* sp., *Hansenula* sp., *Pichia delftensis, Sachwanniomyces occidentalis*
세균	*Bacillus* sp., *Lactobacillus* sp., *Leuconostoc mesenteroides, Micrococcus* sp., *Pseudomonas* sp., *Pediococcus* sp., *Mycoplana bullate, Erwinia* sp., *Aerobacter cloacea,* Butyric acid bacteria, Alcohol fermented bacteria

바. 미생물의 영양

일반적으로 미생물의 영양원은 발육 증식에 반드시 필요한 필수 영양원이 있을 경우 이용하지만 없어도 되는 비필수 영양원으로도 구분하기도 한다. 또한 미생물 증식에 요구되는 영양원의 양에 따라 대량 영양원과 미량 영양원으로 구분한다. 미생물의 세포를 구성하고 있는 성분은 대부분 수소·탄소·산소·질소·인이 차지하고 있으며, 기타 물질은 아주 적게 존재한다. 그중 수소와 산소는 물과 공기 중에서 얻기 때문에 공급할 필요가 없지만 탄소, 질소, 인은 화합물이기 때문에 대량 공급되어야 한다. 따라서 탄소원, 질소 화합물, 인 화합물 등을 대량 영양원이라 부른다. 비타민, 철, 망간, 마그네슘 등은 적은 양을 필요로 하므로 미량 영양원이라 부른다. 미생물이 요구하는 영양원의 다양성은 매우 적어서 어떤 종류는 무기물로부터 생활 작용에 필요한 유기물을 합성하기도 한다. 대부분의 미생물은 무기물로부터 유기물을 생합성할 수 있는 능력이 없기 때문에 유기물을 영양원으로 요구한다.

■ 더 알아보기

선진국의 미생물 관련 정책

선진국은 자국의 미생물 유전자원의 보호와 고부가가치 물질 생산 미생물의 탐색을 위하여, 정부 차원에서 협조 및 지원 정책을 추진 중이다. 기 확보된 균주의 해외유출 방지를 위해서도 노력을 아끼지 않고 있으며 생물 다양성의 중요성과 생물자원의 유전적 잠재력에 대한 인식이 확대되면서 유용 미생물 자원 센터의 필요성이 커지고 그 수도 증가하고 있다.

참고문헌

1. 지식정보인프라. 2002. 한국과학기술정보연구원
2. 과학기술처. 1996. 국내외 유전자원 생명공학 기술 실태조사
3. 과학기술부. 2000. 유전자원의 보존 및 개발사업. 한국생명공학연구원
4. NITE Biological Resource Center(NBRC). http://www.nbrc.nite.go.jp
5. CBD. 1999. Global Biodiversity Outlook. Canada
6. Suzuki, K. 1993. Search and discovery of soil microorganisms which produce new bioactive substances: Selective isolation of microorganisms and their fermentation products. J. Actinomycetol. 7: 107-109
7. Y. Takahashi, Y. Seki, Y. Tanaka, R. Oiwa, Y. Iwai, S. Omura. 1990. Vertical distribution of microorganisms in soils. J. Actinomycetol. 4: 1-6
8. 여수환 등 6인 공저. 탁·약주 개론. 2012. 농림수산식품부
9. 여수환 등 5인 공저. 영농활용기술. 2017. 농촌진흥청

chapter 2

누룩을 알아야 우리 술을 알 수 있다

01

누룩 제조법

고문헌에 수록된 누룩은 곡자, 국얼, 국자, 주매, 은매 등으로 불리어 왔으며 〈표준국어대사전〉에는 "술을 빚는 데 쓰는 발효제"로, 〈새우리말큰사전〉에는 "곡물을 쪄서 누룩곰팡이를 번식시킨 술을 빚는 데 쓰는 발효제"로 기술되어 있다. 국세청 기술연구소(1971년)의 탁·약주 제조방법에는 "곡자란 날곡류 자체가 함유하고 있는 효소와 여기에 리조푸스(*Rhizopus* spp.), 아스페르길루스(*Aspergillus* spp.), 리키데미아(*Lichtheimia* spp.) 및 털곰팡이류(*Mucor* spp.) 등의 사상균과 효모 및 기타 균류가 번식하여 각종 효소를 생성분비하는 발효제"라고 정의하고 있다.

누룩은 술을 빚기 위한 원료로 사용되지만 『주세법』, 『주세법 시행령』, 『주세법 시행규칙』 등에 구체적으로 설명되어 있지 않고 국(麴)으로 광의의 개념으로 해석되지만 누룩(곡자)과 국(입국)은 근본적으로 차이가 있다. 『주세법』 제 3조에 정의된 국은 전분물질 또는 전분물질과 기타 물료를 섞은 것에 곰팡이류를 번식시킨 것 또는 효소로서 전분물질을 당화시킬 수 있는 것으로 정의를 하고 있다.

삼국시대부터 고을마다 다양한 형태의 누룩을 빚어 만들었다. 주종에 따라 탁·약주용과 소주용으로 구분하였으며 사용하는 원료에 따라 소맥누룩·쌀누룩·녹두누룩·고량누룩·연맥누룩 등 고문헌에는 수십여 종의 누룩이 기록되어 있다.

누룩은 떡누룩(병곡)과 흩임누룩(산곡)으로 분류되며 떡누룩은 분쇄 정도와 약초 등의 사용에 따라 3종류(분국, 조국 및 초곡)로 다시 나누어 진다.

누룩은 우리나라 전통 발효주를 만들 때 꼭 필요한 발효제로 호화시키지 않은 곡류에 다양한 효소와 향미를 가진 미생물을 자연적으로 증식시킨 것이다. 누룩을 만들 때는 밀, 귀리, 오밀, 조곡, 밀가루, 현미를 원료로 하고 조분쇄하여 사용한다. 다양한 원료를 사용하는 이유는 각 지방에서 생산하는 원료가 다르기 때문이다.

우리나라 누룩은 사상균에 의한 당화제 역할과 효모에 의한 발효제 역할을 겸비하여 전통 술을 양조할 때 주모를 사용하지 않아도 가능하다. 이는 누룩의 주원료인 날곡류가 함유하고 있는 거미줄곰팡이, 황국균, 백국균, 털곰팡이 등의 다양한 종균이 번식하여 각종 효소를 생성하고 분비하는 주모의 모체 역할을 하기 때문이다. 누룩의 원료로 사용하는 통밀에는 (표 2-1)과 같이 풍부한 영양소가 함유되어 있어 미생물이 생육하기에 최적의 장소를 제공해 준다.

(표 2-1) 통밀과 일반미의 영양 성분 비

원료	가식부 100g당 함량(Composition of Foods, 100g, Edible Portion)									
	비타민 B6	판토텐산	엽산	비타민E	아미노산 함량	칼슘	철	탄수화물	지질	단백질
통밀	0.35mg	1.03mg	38.0ug	1.4	27.9 (밀배아)	31mg	1.55mg	74g	1.11g	12g
일반미	0.13mg	-	21.2ug	-	7.3	7mg	1.37mg	80g	0.37g	6.25

* 출처 : 식품성분표 II, 농촌진흥청 (2006)

가. 누룩에서 많이 발견되는 미생물

전통 누룩에서 가장 많이 발견되는 곰팡이는 리조푸스(*Rhizopus* spp.)로, 생전분 분해력이 강할 뿐만 아니라 유기산 생성도 탁월하다. 털곰팡이에서도 유기산이 검출되지만 포자의 발아 속도가 다른 사상균에 비해 매우 늦기 때문에 누룩에서는 털곰팡이의 빈도가 비교적 적다. 출현 빈도가 높은 사상균은 리조푸스(*Rhizopus* spp.),

리키데미아(*Lichtheimia* spp.), 아스페르길루스 오리재(*Aspergillus oryzae*), 엔도미세스(*Endomyces* spp.), 무코르(*Mucor* spp), 아스페르길루스 글라우쿠스(*Aspergillus glaucus*), 아스페러스길러스 루추엔시스(*Aspergillus luchuensis*) 등이다.

나. 우리나라 선조들이 전하는 누룩 제조법

현존하는 가장 오래된 조리서인 〈산가요록(1450년, 전순의)〉에는 조국법과 양국법이라고 하여 누룩 딛는 방법부터 띄우기, 법제 방법까지 소개되어 있다. 조선시대 문헌으로는 최초로 누룩 제조법을 적었다고 할 수 있다. 〈산가요록〉을 시작으로 〈음식디미방〉, 〈산림경제〉, 〈규합총서〉, 〈임원십육지〉 등 누룩 제조를 다룬 책이 문헌에 술 빚는 방법에 관한 내용과 함께 등장했다. 그만큼 누룩은 우리나라 전통주의 역사와 함께 걸어온 동반자이자 술맛을 좌우하는 주체였다. 지금까지도 전통적인 누룩 제조법을 그대로 따라하거나 약간 변형하여 제조하고 있다. 그만큼 옛 선조들의 누룩 제조 및 띄우는 법, 법제 방법은 거의 완벽에 가까웠다.

〈산가요록〉에서는 누룩을 삼복 때 디디는 것이 가장 좋다고 했다. 우리나라의 여름은 장마철이 있어서 고온 다습하지만 삼복 동안에는 고온 건조한 날씨가 어느 정도 지속된다. 이때 누룩을 띄우면 벌레가 생기지 않고 누룩도 잘 썩지 않아 좋은 품질을 얻을 수 있다. 21일간 누룩을 띄우라는 내용의 의미는 누룩곰팡이가 21일이면 생육하기에 충분한 기간이기 때문이다.

띄우기가 끝난 누룩은 햇볕에 3일간 말리고 물에 2일간 담그기를 반복한다고 되어 있다. 이것은 법제 방법을 설명해 놓은 것이다. 이 과정을 거치지 않고 누룩을 바로 사용해 술을 담그면 술에서 누룩취가 발생한다. 요즘은 누룩을 3일 동안 낮에는 햇볕에 말리고 밤에는 이슬을 맞히라고 적힌 〈음식디미방〉의 방법을 주로 사용하고 있다.

■ 더 알아보기

음식디미방

〈음식디미방〉은 정부인 안동장씨(1598~1680)가 딸과 며느리들에게 전하기 위해 정리한 음식 조리서다. 17세기 우리 조상들이 무엇을 만들어 먹었는지를 확인할 수 있는 문헌이다. 모두 146개의 음식 조리법이 적혀 있는 최초의 한글 조리서다.

(표 2-2) 〈산가요록〉 조국법

삼복(三伏) 때 디디는 것이 좋다. 복 전날 저녁에 녹두를 깨끗이 씻어서 물에 담갔다가 복날에 건져 내어 푹 찌고, 여뀌 잎과 연꽃을 같이 맷돌 위에 놓고 즙을 취한 다음, 기울과 녹두를 그 즙에 섞고 익혀서 찧은 후 둥글게 빚는다. 기울 1섬과 녹두 1말을 섞고 디디는데 단단할수록 좋다. 연잎과 닥나무 잎으로 싸서 띄운다. 21일이 지나면 곰팡이가 생기는데 햇볕에 말려 쓴다. 대개 술을 만들 때 누룩을 밤알만큼 부수어 햇볕에 3일간 말리고 물에 2일간 담그기를 반복한다. 술을 빚을 때는 아주 잘 말려서 빚어야 실수가 없다. 또 다른 방법도 있다. 가을에 쓸 겉보리 1말을 깨끗이 씻어서 먼지나 돌이 하나도 없게 한다. 절구에 빻은 가루에 밀가루 1~2되를 물과 조금 섞어서 얇고 단단하게 누룩을 밟아 디딘다. 연기에 쐬어 띄우는 방법은 복날 누룩 만드는 법과 같다. 술을 만들 때 가는 체로 쳐서 껍질을 걸러 내고 빚어야 색이 희고 맛이 좋다.

다음으로 〈산가요록〉의 양국법(좋은 누룩 만드는 법)을 소개한다. 녹두와 밀기울을 적당량 섞어서 누룩을 띄우면 여름에 잘 썩지 않고 향이 좋은 술을 빚을 수 있다는 내용이다. 〈산가요록〉에서는 누룩을 띄울 때 모두 매달아서 띄우는 것을 추천하고 있다. 〈산가요록〉에서는 이화국 제조법도 소개하고 있는데, 그 제조법은 (표 2-3)과 같다.

(표 2-3) 〈산가요록〉 양국법

삼복 때 녹두를 타서 껍질을 벗기고 물에 담갔다가 찌면 떡고물(떡소)과 같다. 다른 방법도 있는데, 녹두를 타서 껍질을 벗기고 깨끗이 씻어 물에 담가 맷돌로 갈아도 된다. 두 방법 다 초복에는 기울 1말에 녹두 1되, 중복에는 기울 1말에 녹두 2되, 말복에는 기울 1말에 녹두 3되를 섞어서 단단히 디디고, 도꼬마리 잎으로 두껍게 싸서 매달아 말린다. 누룩 틀이 크면 잘라서 두 조각으로 만들어도 된다. 녹두가 적으면 기울 1말에 녹두 1말로 한다.

이화국 제조에도 21일 정도의 시간이 소요된다. 쌀가루를 이용해 발로 밟아 성형하지 않고 손으로 오리알 크기만큼의 덩어리를 만들어 빈 섬에 띄운다. 쌀가루는 밀기울보다 접착력이 약해서 누룩 틀에 넣어 발로 밟아 성형하지 못한다. 위와 같은 방법으로 오리알 크기만큼의 덩어리를 만들어 띄운다.

(표 2-4) 이화국 제조법

2월 상순에 멥쌀 5말을 하룻밤 물에 담갔다가 이튿날 곱게 가루 내어 체질한다. 그리고 물을 잘 조절하여 단단하게 오리알처럼 덩어리를 만들고 쑥으로 풀길이에 따라 싼다. 다 싸면 빈 섬에 담아 따뜻한 온돌에 놓고 빈 섬으로 덮는다. 7일 후에 뒤집어 14일까지 놓아두었다가 다시 뒤집어 21일이 되면 꺼낸다. 이어 껍질을 제거하고 덩어리 하나를 3~4조각으로 깨서 상자에 담아 홑보자기로 덮어준다. 날이 맑으면 매일 볕을 쬐게 한다.

■ 더 알아보기

누룩을 만들 때 녹두를 섞는 이유는 누룩이 잘 썩지 않게 하기 위함이다. 또한 좋은 향을 내며 누룩취를 최소화하기 위함이다. 보통 누룩을 띄우는 기간은 21일인데, 실제로 누룩의 효소력 측면에서 볼 때 최적이다.

1655년경에 쓰인 〈사시찬요초〉에도 누룩 제조법이 나온다. 1670년경에 쓰인 〈음식디미방〉은 일반 누룩 제조법 외에 이화국 제조법도 소개하고 있다. 봉상시는 조선시대에 제사와 시호를 맡아보던 기관이었다. 〈음식디미방〉의 저자인 안동 장씨가 봉상시를 거론한 것을 보면 안동 장씨가 봉상시에서 일정 기간 동안 누룩 제조법을 배웠거나 봉상시에서 일했던 사람에게 전수를 받았을 것으로 추정된다.

위에서 살펴본 바와 같이 누룩 제조법은 다양한 문헌에 기록되어 있으며 내용도 시간이 지날수록 상세히 기록되어졌다는 것을 알 수 있다. 위의 내용만 참고해도 누룩을 제조하는 데 큰 어려움이 없을 것이다. 다음 장에서는 보다 자세히 누룩 제조법을 소개하고자 한다.

(표 2-5) 〈사시찬요초〉의 누룩 제조법

누룩은 초복에 만드는 것이 가장 좋다. 그 다음이 중복, 그 다음이 말복이다. 맷돌로 원료를 갈아서 취한다. 보리 10두, 밀가루 2두로 누룩을 만든다. 녹두 집에 여뀌와 더불어 반죽하고 밟아 떡처럼 만들고, 연잎과 도꼬마리 잎으로 싸서 바람이 잘 통하는 곳에 걸어 말린다. 반죽을 단단히 하고 강하게 밟아야만 좋은 누룩이 된다.

(표 2-6) 〈음식디미방〉 이화국 부분 의역

흰쌀 3말을 깨끗이 씻어 물에 하룻밤 재워 다시 씻어라. 곱게 가루 내어 주먹만큼 만들고 짚으로 싸서 빈 돗자리에 담아 더운 구들에 놓고 자주 뒤적여 누렇게 뜨면 좋다. 쓸 때는 껍질을 벗기고 가루를 내어라. 처음에 물을 많이 넣으면 썩어서 좋지 아니하니라.

(표 2-7) 〈음식디미방〉 주국 방문 의역

흰쌀 3말을 깨끗이 씻어 물에 하룻밤 재워 다시 씻어라. 곱게 가루 내어 주먹만큼 만들고 짚으로 싸서 빈 돗자리에 담아 더운 구들에 놓고 자주 뒤적여 누렇게 뜨면 좋다. 쓸 때는 껍질을 벗기고 가루를 내어라. 처음에 물을 많이 넣으면 썩어서 좋지 아니하니라.

■ 더 알아보기

누룩을 밤톨만 한 크기로 부수어 법제한다. 법제를 하지 않으면 술을 빚는 과정에서 누룩취가 발생하여 술을 빚고 나서도 좀처럼 없어지지 않는다. 낮에 볕을 쬐는 주된 이유는 누룩의 잡균과 잡내를 제거할 수 있기 때문이며, 밤에 이슬을 맞히는 것은 수분을 제공하고 곰팡이의 균사 성장을 도우며 효소력을 높이는 데 있다.

02

누룩 제조 순서

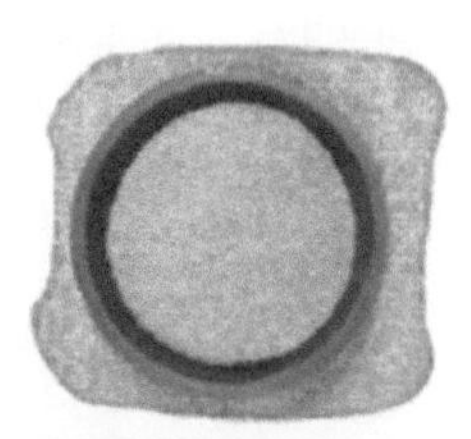

통밀을 준비한다. 통밀은 알갱이가 굵고 충실한 것이 좋다.

→

통밀을 거칠게 분쇄한다. 너무 입자가 고우면 띄우기 어렵다.

→

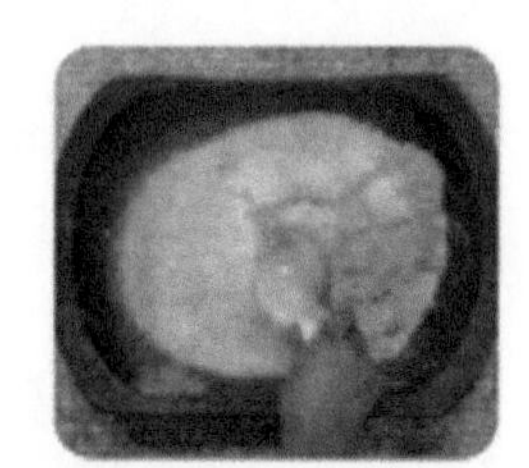

분쇄한 통밀에 물(통밀 무게의 25~30% 정도)을 첨가한 후 골고루 혼합한다.

비닐이나 보자기로 덮고 1시간 방치하여 물이 통밀 입자에 골고루 스며들도록 한다.

→

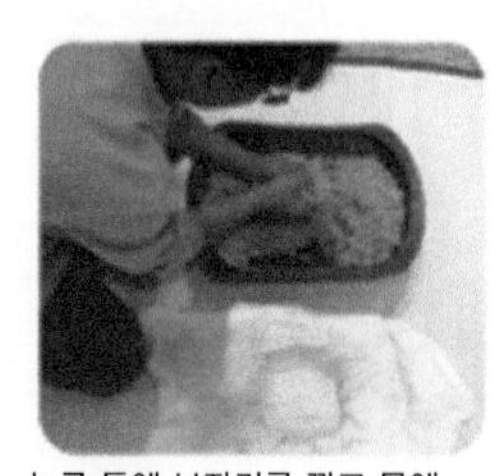

누룩 틀에 보자기를 깔고 물에 충분히 적신 통밀 가루를 담는다.

→

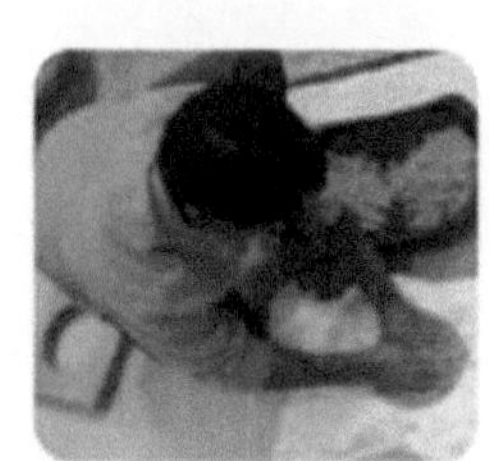

통밀 가루를 넣은 뒤 손으로 충분히 눌러준다.

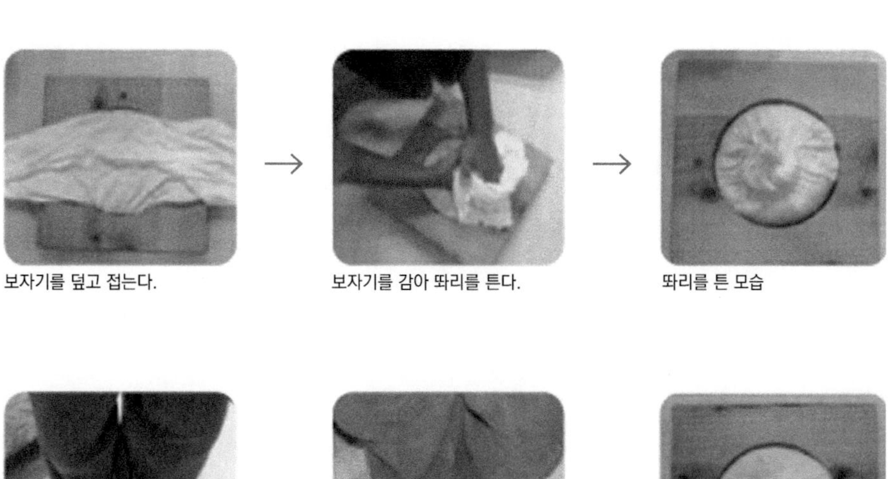

보자기를 덮고 접는다.

보자기를 감아 똬리를 튼다.

똬리를 튼 모습

똬리를 튼 부분은 뒤꿈치로 밟고 돌아가면서 충분히 꼭꼭 밟으며 다진다.

밟은 부분을 뒤집어서 다시 한번 더 밟아준다(똬리 튼 부분이 바닥을 향하고 있어야 한다).

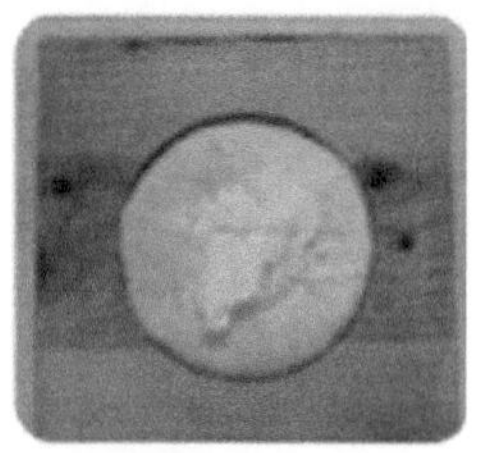

밟고 난 후의누룩 모습

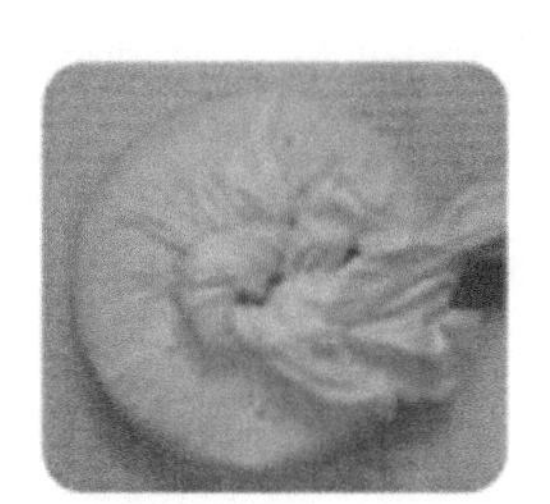

누룩 틀에서 조심스럽게 꺼낸다.

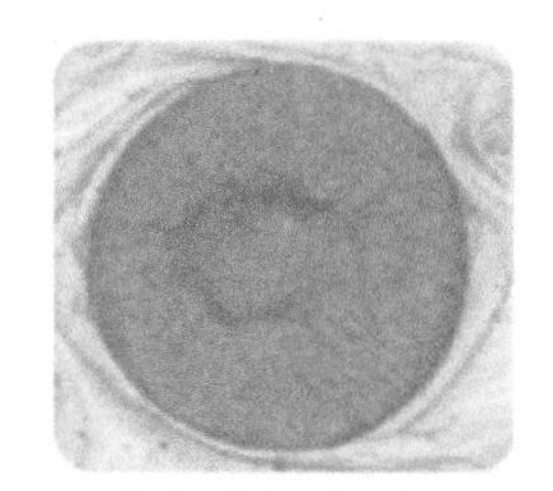

누룩을 면포에서 조심스럽게 벗긴다.

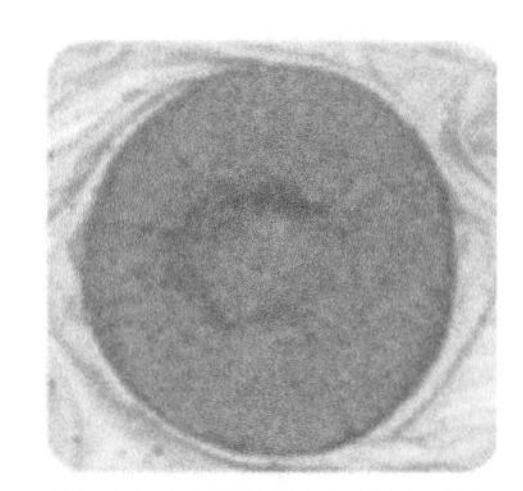

면포에서 조심스럽게 벗긴 누룩을 습한 곳을 피해 띄운다.

(그림 2-1) 누룩의 제조 순서

03

누룩 띄우기

누룩을 일반 가정에서 띄울 경우 차고 습한 장소는 피해야 한다. 띄우는 시기는 앞 절에서 소개했듯이 초복이 가장 좋고 중복과 말복도 나쁘진 않다. 단 (그림 2-2)처럼 일반적으로 누룩을 띄울 때는 처음 7일 동안 누룩의 품온을 35~43℃까지 상승시켰다가 다시 내려오는 과정을 거쳐야 정상적으로 잘 띄워진다. 따라서 배양기로 띄울 때는 초기 온도를 30℃ 이상, 초기 습도를 약 70%로 하는 것이 좋다. 왜냐하면 배양기 안에 순환 팬이 계속 돌아서 쉽게 건조해지기 때문이다.

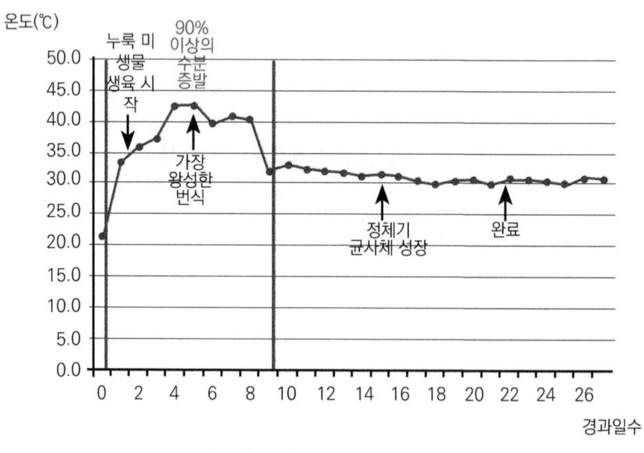

(그림 2-2) 누룩의 품온 변화

겨울에 일반 가정에서 띄울 때는 (그림 2-3)과 같이 전기장판을 약하게 켜고 얇은 담요와 깨끗한 짚을 깐다. 그런 후 누룩을 놓고 깨끗한 짚을 다시 덮은 뒤 야외용 돗자리로 덮는 방법을 이용하는 것도 좋다. 띄우는 동안 내부에 습기가 차지 않도록 2~3회 열어서 확인해야 한다. 초기 7일간은 하루에 1회 누룩을 뒤집어 주고, 이후에는 이틀에 1회 뒤집어 준다.

단 누룩의 품온 변화를 참고하여 띄우길 권장한다. 띄우기 전에 1개 정도는 반을 쪼개어 누룩이 잘 되는지 메주 냄새가 나지는 않는지 확인해야 한다. 스티로폼 상자를 이용하고자 할 때는 누룩을 오리알 크기로 성형해서 쑥과 짚을 깔고 띄운다. 이때 스티로폼 상자는 통풍이 전혀 안되므로 항상 덮개가 열려 있어야 한다. 상자 안의 온습도 상태에 따라 그 간격을 조절한다.

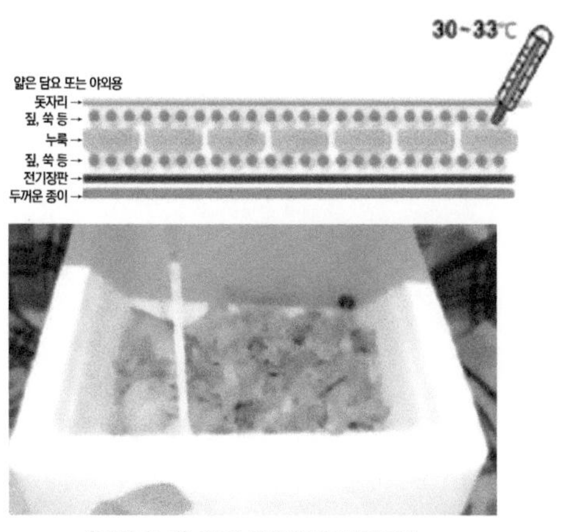

(그림 2-3) 일반 가정에서 띄울 때

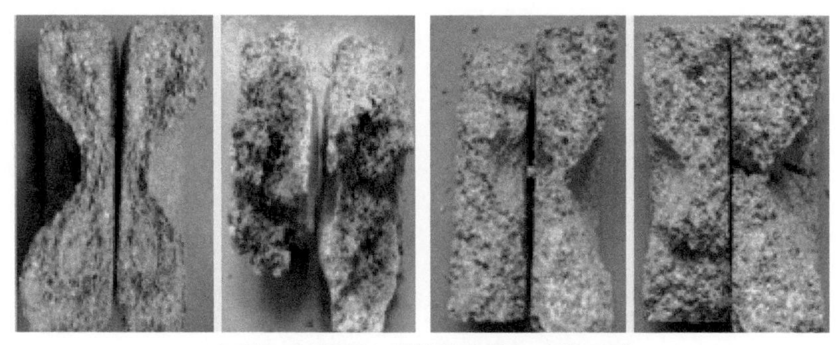

(그림 2-4) 잘못된 누룩(왼쪽)과 잘된 누룩(오른쪽)

누룩을 건조한 상태로 띄운다는 생각만 있으면 대체로 성공한다. 잘못된 누룩은 수분 증발이 제대로 되지 않아 청국장균이 급속하게 번식하게 되어 메주 냄새를 내뿜는다. 또한 초기에 성형할 때 통밀의 입자를 너무 곱게 빻으면 누룩의 조직이 지나치게 치밀해져서 수분이 증발할 수 있는 공극이 없어진다. 즉 표면 경화가 일어날 수 있다.

쌀누룩 보리누룩 밀누룩

(그림 2-5) 누룩의 종류

04

누룩의 품질 평가

누룩은 전분질을 분해할 수 있는 당화력이 있다. 또한 야생 효모도 포함하고 있어 술을 제조할 때 좋은 향을 낼 수 있다. 게다가 알코올 발효 기능도 갖추고 있다. 결론적으로 누룩을 평가하기 위해서는 술을 제조해 봐야 한다. 그러나 누룩 단계에서도 냄새를 맡고 몇 가지 이화학적 품질 평가를 하면 어떤 술이 될 것인지 예측은 가능하다.

(표 2-8)은 시판 누룩의 특성을 분석한 것이다. '샘플 2'는 산도가 다른 샘플보다 높으므로 많이 들어가면 신맛이 날 확률이 높다. 당화력(SP)은 당화율에 희석 배수를 곱한 것이다. 당화율은 누룩 1g이 가용성 전분 1g에 작용하여 생성된 포도당을 기질(가용성 전분 1g)에 대하여 백분율로 표시한 것이다. 보통 전분질 원료 1g에 요구되는 누룩의 당화력은 약 30sp 정도다.

만약 '샘플 4(291sp)'로 술을 담글 경우 1kg의 쌀을 분해하고자 할 때는 1,000(g) × 291sp=103g이 된다. 즉 이 누룩 103g(10%)을 첨가하면 1kg의 쌀을 분해할 수 있다는 것이다.

제조한 누룩의 두께가 얇으면 짧은 시간에 발효가 되어 바깥 표면의 수분이 빨리 증발되는 관계로 당화력의 역가가 낮아지며 향미 또한 다양하지 않다. 이러한 문제점을 개선하기 위해서는 온습도 조절과 종균을 사용할 수 있는 누룩 전용 발효실을 갖추어 제조할 필요가 있다. 이와 반대로 누룩을 두껍게 제조하면 발효 시, 내부의 수분을 발산 할 수가 없어 중심부가 썩어 들어가기 쉬울 뿐만 아니라 내부 품온이 상승 할 수 있어 높은 온도에서 생육하는 미생물이 생육한다. 특히 누룩을 성형할 때, 프레스 등의 성형기 외에 발로 밟을 때는 단단히 밟지 않으면 발효시 수분의 영향으로 형태를 유지하기 어렵다.

발효가 잘 된 누룩의 단면을 갈라보면 내부까지 다양한 종류의 곰팡이가 침투하여 황색, 황백색 또는 회백색 등의 색상을 유지하며 특유의 향기를 가지고 있어 좋은 술을 빚을 수가 있다.

(표 2-8) 시판 누룩의 특성

시판 누룩	특성				
	pH	산도(%)	당화력(SP)	색	향
샘플 1	6.4	0.03	292	회색	+
샘플 2	5.5	0.13	1199	레몬색	+++
샘플 3	6.4	0.02	528	어두운 황색	++
샘플 4	6.0	0.03	291	엷은 황색	+++
샘플 5	6.2	0.02	340	엷은 황색	++

■ 더 알아보기

설향국

눈처럼 흰 누룩으로 고급술을 만들 수 있다. 누룩취가 없고 향이 좋다. 효모가 다량 함유되어 있어 술 만들기에 편리하다. 찹쌀(5):누룩(6)의 비율로 혼합한다. 제조법은 다음과 같으며 띄우는 방법은 일반 누룩과 동일하다. 14일 정도면 충분히 띄워진다.

설향국 11kg을 제조하고자 할 때

찹쌀 5kg, 누룩 6kg을 준비한다(단 찹쌀은 수침과 물 빼기와 분쇄를 해야 한다). → 누룩 6kg을 거칠게 분쇄한다. → 물과 밑술을 혼합한다(물 1,400+밑술 1,350). 여기서 물이 부족하여 잘 안 뭉쳐질 경우 분무기를 사용한다. 밑술이 없으면 시중에 파는 막걸리를 혼합해도 좋다. → 1시간 숙성 → 성형 → 띄우기

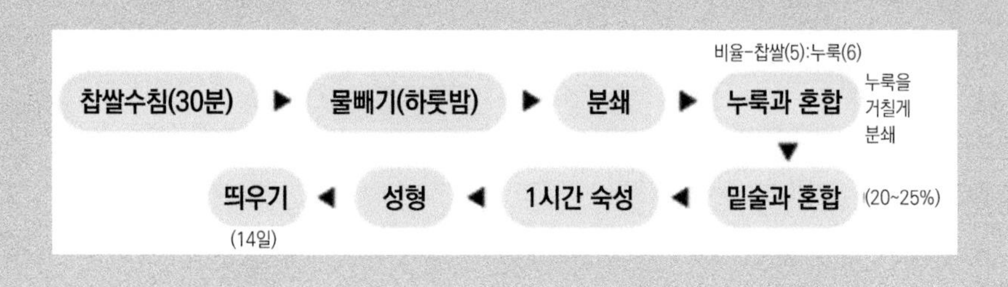

05

누룩의 이용

가. 이화국

이화국은 밀기울로 만든 누룩과는 달리 쌀로 띄운 특별한 누룩이다. 맛이 깔끔하고 달며 저알코올이라 조선시대 양반집 규방 여인들에게 잘 어울렸을 듯하다. 〈산림경제〉에 적힌 이화주 빚는 법을 참고하면 쉽게 빚을 수 있다.

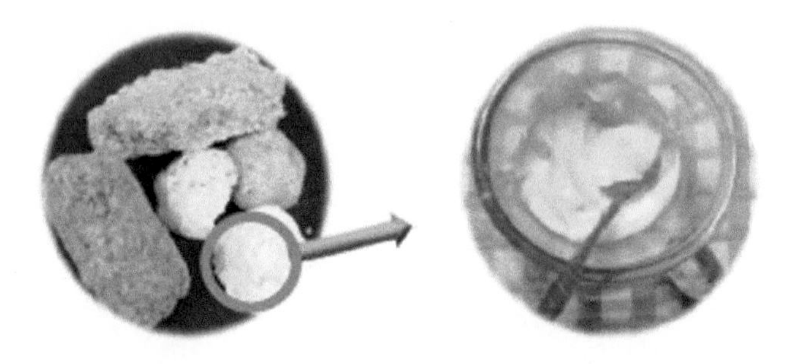

(그림 2-6) 이화국(왼쪽, 화살표 부분)과 이화주(오른쪽)

(표 2-9) 〈산림경제〉 이화주 빚는 법

멥쌀을 가루 내어 구멍떡을 빚고 푹 찐 후 식으면 이화국과 골고루 섞어(쌀 1말에 누룩 가루 4~7되) 항아리에 넣는다. 며칠에 한 번씩 뒤적거려준다. 봄에는 7일 정도면 쓸 수 있다. 날이 무더운 여름에는 항아리를 물속에 담가 놓는다. 술을 진하고 달게 빚으려면 쌀 1말에 누룩 가루 7되를 넣고, 맑고 독하게 빚으려면 3~4되를 넣고 떡 찐 물에 식혔다가 섞어 빚는다.

이화주는 여름에도 빚을 수 있다. 저알코올이므로 여름철에 시원하게 물에 타서 음용하기도 한다.

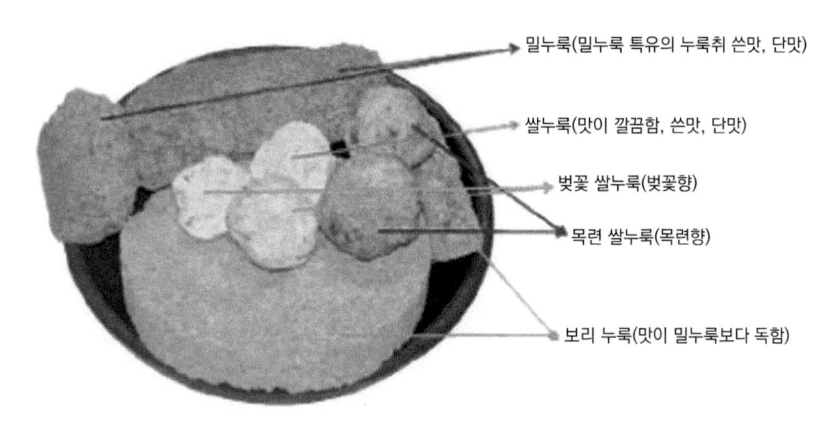

(그림 2-7) 누룩의 종류와 특징

나. 가향 재료를 첨가한 누룩

누룩에 여러 가지 가향 재료를 첨가하여 술을 담그면 향이 은은하게 배어 나온다. 봄철에 벚꽃이나 목련 등과 혼합하여 술을 빚어도 좋은 별미가 될 것이다. 오늘날에도 지방 곳곳에서 재래 누룩이 생산되고 있으며 일부 산업체에서는 개량한 누룩도 생산하고 있다. 누룩 연구는 미생물·효소·원료·띄우는 환경 등에 따라 품질이 천차만별이므로 이에 대한 연구는 앞으로도 무수히 많을 것이다.

■ 더 알아보기

누룩 내리기

전통주 제조법 중 누룩을 직접 첨가하지 않고 누룩 가루를 망이나 얇은 천에 싸서 하룻밤 침지시키는 방법이 있다. 이렇게 하면 술맛이 깔끔해지고 누룩취가 덜 나는 효과가 있다. 방법은 아래와 같다.

1. 누룩 320g을 얇은 망에 싸서 끓여 식힌 물 1L에 침지하고 손으로 충분히 주물러 준다.
2. 하룻밤 침지시킨다.
3. 손으로 꼭 짠 후 누룩 찌꺼기는 버리고 누룩 물을 바로 술 빚을 때 쓴다(양이 많으면 위와 같은 비율로 누룩과 물의 양을 늘린다).

06

곰팡이 종균을 이용한 쌀누룩 제조

우리술의 주질 향상을 위해 당화력이 우수한 발효종균인 양조용 곰팡이를 이용한 쌀누룩제조기술에 대한 정보제공이 필요하다. 특히 수입산 발효종균인 황국균(*A. oryzae*), 백국균(*A. luchuensis*) 및 효모(*Saccharomyces cerevisiae*) 종균을 대체한 국산 발효종균의 개발이 무엇보다도 시급하다. 이들 종균의 특성을 살려 단맛, 신맛 및 고알코올을 생성하는 국산 발효종균의 산업적 활용도를 높이기 위한 일환으로 이들 곰팡이 종균을 이용한 주류용(탁약주 및 증류주용) 쌀누룩 제조공정을 (그림 2-8)에 나타내었다.

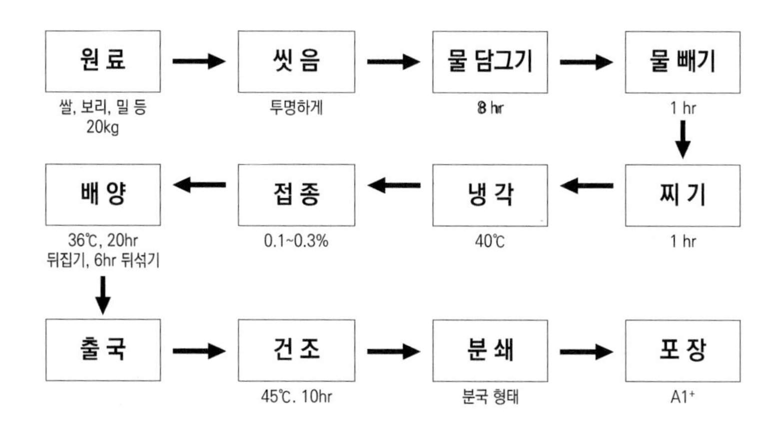

(그림 2-8) 토착 발효 곰팡이를 이용한 쌀누룩 제조법

가. 양조용 곰팡이 액체종균 첨가에 따른 쌀누룩 제조 및 품질 특성

2종류 곰팡이(*A. luchuensis, A. oryzae*)를 이용한 쌀누룩 제조는 세균 및 위해 미생물 등의 잡균 오염을 방지하기 위해서 소형 제국기(미니 15)를 사용하여 종국을 제조하였다(그림 2-8). 도정한 곡류(쌀 등)를 깨끗이 씻고 물에 3~8시간 침지한 후, 쌀을 스테인리스 망에 넣고 1시간 물 빼기를 하고 찜 솥에 넣어 1시간 정도 찐 후, 40℃가 되도록 식혀서 6일 배양한 액체종균을 각각의 고두밥에 5% 접종하여 골고루 섞은 후, 36℃에서 배양(수분 70%)하였다. 배양하면서 20시간이 지나면 뒤집기를 하고 그 후, 6시간 후에 뒤섞기를 하여 5일째 발효를 완료하여 출국을 하여 건조(45℃, 10시간)시켜 사용하였다(그림 2-9).

(그림 2-9) 곰팡이 종균으로 제조한 쌀누룩

곰팡이 액체종균의 접종량에 따라 제조된 쌀누룩의 효소활성을 분석한 결과 백국(백국균으로 제조한 쌀누룩)은 10%>5%>2%로 접종량이 증가할수록 효소활성이 높았지만 황국(황국균으로 제조한 쌀누룩)은 5%>2%>10% 순으로 당화력이 높았다(그림 2-10, 2-11). 특히 산성 단백질 분해력(Acidic protease)은 각 균주 모두 5%일 때 높은 효소활성을 유지하였다.

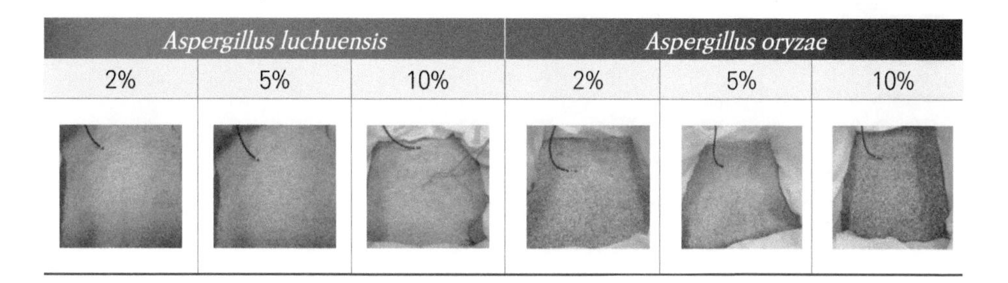

(그림 2-10) 액체종균 접종량에 따른 쌀누룩 제조

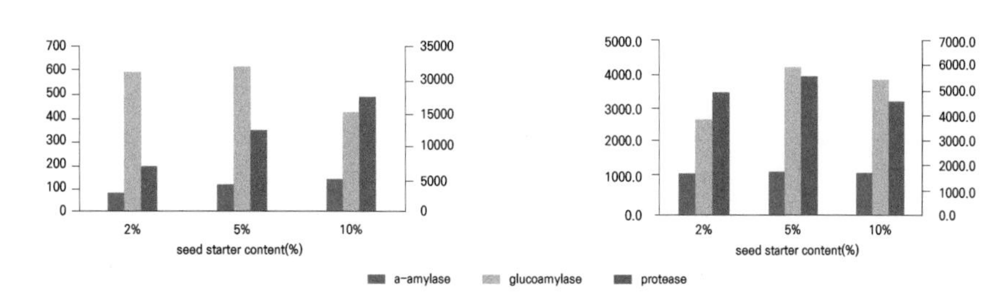

(그림 2-11) 양조용 곰팡이 2종류로 제조한 쌀누룩의 효소활성

나. 제국시간에 따른 쌀누룩의 품온 변화

2종류 곰팡이(*A. luchuensis, A. oryzae*)를 이용한 쌀누룩제조는 소형 제국기에 7일간 제국하면서 이들의 품온 변화를 조사하였다(그림 2-12). 제국기의 온도를 일정하게 유지시켜 줌으로 인해 2종류 곰팡이 종균이 생육하면서 내는 품온 변화는 일정하게 유지되었다.

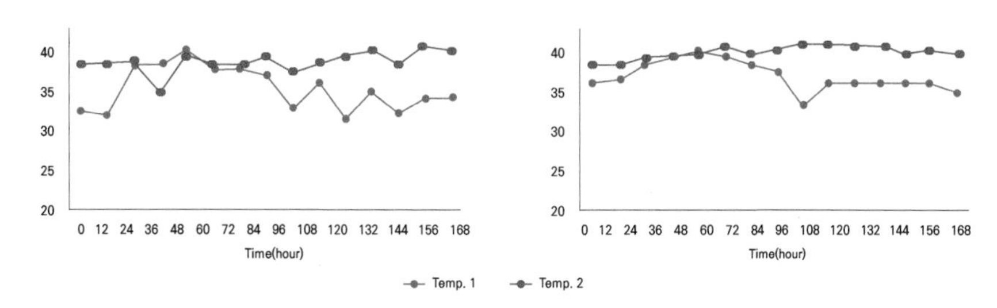

(그림 2-12) 제국시간에 따른 쌀누룩의 품온 측정 및 변화

Symbols: Tem. 1 온도 센서를 제국기 중앙 설치, Tem. 2 온도 센서를 제국기 모서리 측면 설치

07

다양한 종류의 누룩틀

지역별로 제조된 누룩은 그 지역의 환경과 제조 조건, 사용하는 원료 등에 따라 독특하고 차별화된 다양한 형태의 누룩으로 발전하여 왔다. 누룩을 제조하는 성형틀 또한 수도권(서울 및 경기도) 및 경상도 지역에서는 원형, 사각형 틀을 이용하였다. 특히 사각형 성형틀은 지름 38~40cm, 두께는 2~2.5cm 또는 지름 16~17cm, 두께는 3~3.5cm로 아주 얇거나 두꺼운 나무 형태의 누룩틀을 사용하였다. 전형적인 원형 누룩틀은 지름 17~20cm, 두께는 4~5cm, 무게는 600~700g 로 원형 형태의 누룩을 만드는 데 사용하였다.

지역별로 다양한 우리 술이 발전되어 왔듯이 전라권과 충청권에서는 원추형, 정방형의 누룩 성형틀을 사용하였으며 전국적으로 실생활에서 쉽게 구할 수 있는 원료를 이용하여 다양한 형태로 발전하여 왔다(그림 2-13).

(그림 2-13) 다양한 종류의 누룩틀

참고문헌

1. Y. D. Bae. 2006. The history and meaning of the production and consumption of Andong Soju. Local History and Culture. 9: 375-413.
2. Y. J. Kim, Y.S. Han. 2006. The use of Korean traditional liquors and plan for encouraging it. Kor. J. Food Culture. 21:31-41.
3. T. S. Yu, H. S. Kim. et al. 누룩미생물의 문헌적 고찰(1945년 이전을 중심으로)
4. 농촌진흥청. 식품성분표(제7 개정판, 2006)
5. 농촌진흥청. 소비자가 알기 쉬운 식품영양가표(제1 개정판, 2009)
6. 사시찬요초. 농촌진흥청
7. 백두현. 음식디미방주해. 2006. 299쪽
8. 여수환 등 6인 공저. 탁·약주 개론. 2012. 농림수산식품부
9. 여수환 등 7인 공저. 영농활용기술. 2015. 농촌진흥청

chapter 3

한민족의 역사와 문화가 살아있는 술, 탁주와 약주

01 탁주와 약주의 역사
02 원료
03 탁주와 약주 제조
04 주모 제조
05 제성과 술덧 관리 기술
06 전통주 분류 및 제조법

01

탁주와 약주의 역사

우리나라 술 가운데 그 역사가 가장 오래된 것이 탁주(濁酒)다. 그 다음이 탁주에 용수를 넣어서 거른 청주(淸酒)다. 청주가 약주(藥酒)로 변한 것은 조선 선조 때, 약봉 서성이 서울 약현(현재 중림동)에서 명주(名酒)를 빚은 데서 말미암았다고 한다. 소주(燒酒)는 그 뒤의 일로 고려 충렬왕 때 원나라에서 전래되었다. 소주는 약용으로만 사용했으나 조선시대에 이르러 일반 서민들에게도 전해졌다. 소주를 중국에서는 감로(甘露)라 불렀다. 우리나라에서는 평양 지방에서 주로 빚었고 감홍로라 불렀다. 그 밖에 재소주(두 번 증류한 강도가 높은 소주)는 태국에서 전래되었다.

약주는 구한말에서 일제 초기까지 주로 서울 부근에서 중간 계급에게 소비되었다. 약주는 멥쌀과 분곡으로 밑술을 담그고 그 위를 찹쌀로 덮어서 만들었다. 각 가정마다 나름의 비법이 있었고 인삼이나 초근목피를 넣고 빚어 품질의 우수성이 확인되기도 했다. 한편 전통주(傳統酒)의 원료로는 흰쌀만을, 발효제는 누룩만을 사용했고, 부재료인 약재류를 첨가하여 독특한 방법으로 술을 만들었다.

탁주와 약주는 우리나라 고유의 전통주라고 할 수 있다. 역사는 약 1,000년으로 추정되고 있으며 우리나라 특유의 누룩으로 만들어졌다. 하지만 일제 강점기 때, 제국 방법이 도입되면서 누룩을 이용한 순고유형(純固有型)에서 입국을 이용한 변형으로 바뀌었다.

원래 탁주와 약주의 원료는 쌀이었다. 쌀 이외의 원료로 탁주와 약주를 빚는다는 것은 생각지도 못했는데, 1963년 극심한 식량난 때문에 원료로 밀가루가 사용되기 시작했다. 이것이 소위 '밀가루 술'의 시발점이다. 초기에는 소비자의 반발이 많았으나 점차 정착되었다. 그러던 중 1970년대에 들어서자 식량 사정이 더욱 어려워져 밀가루에 강냉이 가루를 혼용하기 시작했다. 그러다 1974년에는 보리쌀까지 섞기 시작했다. 식량 사정이 조금 나아진 것은 1997년이다. 1996년부터 쌀 풍작으로 탁주에도 쌀을 쓸 수 있도록 정부가 허가하면서 애주가들은 오랜만에 대하는 쌀 막걸리에 일제히 환호성을 질렀다. 업자들도 탁주와 약주의 품위가 오랜만에 제자리를 찾을 것 같다며 큰 기대를 했다. 하지만 그것은 일시적인 흥분으로 끝을 맺었다. 10여 년간 밀가루 술에 소비자의 입이 젖어 있었고, 쌀 막걸리가 시대 변천에 맞게끔 품질을 충족시켜주지 못했다. 그 후에 원료로 다시 밀가루가 사용되어 현재는 쌀 전용주, 쌀 밀가루 혼용주, 소맥분주 등 다양한 형태로 시판되고 있다.

우리나라가 주세법에 의한 면허제로 바뀐 것이 1908년이다. 2002년 탁주와 약주의 생산 공장 수는 약 800개소였다. 탁주의 소비 실적을 보면 연간 약 122kL로 소비량이 매년 증가하고 있으나 약주는 감소 추세다.

■ 더 알아보기

향과 맛이 어울리는 전통주 조화

① 갈색을 띤 연노란색으로 투명하며 알코올에서 유래되는 쓴맛. ② 발효 중 생성된 유기산류의 상큼한 신맛. ③ 단백질의 주 분해 산물인 아미노산의 맛, 산과 알코올의 산물인 향기. ④ 전분분해 산물인 당류 등이 잘 조화를 이룬 독특한 풍미를 지닌 술.

■ 더 알아보기 2

주세법

주류에 대한 조세를 부과하기 위한 법률로, 과세(課稅) 요건·신고·납부·주류의 제조 면허 사항 등이 담겨 있다.

02
원료

가. 밀가루

밀가루는 불과 얼마 전까지 가장 많이 쓰였던 원료다. 가루 상태로 되어 있어 처리가 비교적 어렵다는 단점이 있다. 이 때문에 밀가루에 약 30~40%의 물을 가해 속칭 '반죽기'로 과립화시켜 시루에 넣고 증숙(쪄서 익히는 것)한다. 이때 수분이 균일하게 분산되어야 하고 과립의 입도가 고르게 처리되어야 한다. 또 시루에 넣고 증숙할 때 물료의 성질상 부분적으로 설기 쉬운 문제점이 있었는데, 시루에 안칠 때는 균일한 증숙을 위해 단번에 안치지 않고 회차법으로 한다. 즉 처음에 곡류를 얇게 한 층 안치고 김이 오르면 다시 한 층을 안치고 또 김이 오를 때까지 기다린다. 이렇게 몇 회 분주하면 작업은 복잡하지만 원료가 서는 것을 예방할 수 있다. 요즘엔 연속 반죽기에 증기를 넣을 수 있어 반죽과 증숙이 동시에 가능하다. 다만 수분의 불균일성과 알파화의 미비 등이 지적된다. 증숙한 것은 제국용의 경우, 0.5목 정도의 체로 쳐서 사용한다.

나. 쌀

쌀은 보통 백반용으로 쓸 수 있으면 탁주와 약주로도 쓸 수 있다. 쌀은 잘 씻어서 표면의 분질물을 제거하고 8~18시간 침지한다. 침지 시간은 수온이나 쌀의 품종에 따라 조정한다. 침지 중 부패균 등이 증식해서 향미에 지장을 주는 경우가 있다. 이를 방지하기 위해 침지수를 1~2회 갈아주거나 젖산이나 구연산을 첨가(pH 4.5 이하)한다. 침지 후에는 2시간 이상 물 빼기를 하고 시루에서 고두밥을 찐다. 증숙 시간은 김이 충분히 오른 후, 40분 정도가 적당하며 김을 막고 약 20~30분간 방치하여 뜸을 들인다. 증미가 부드럽고 수분 함량이 많으면 점성을 감소시켜 작업을 편리하기 때문에 '수분 추가 2회 증숙법'을 택하기도 한다. 1차 증숙한 것을 퍼내서 물뿌리개 등으로 필요한 양의 물을 살수하고 시루에 다시 증숙하는 방법이다. 이 방법의 변법으로 시루에 회차법으로 안치면서 필요량의 물을 뿌려주는 방법도 있다.

다. 누룩

누룩은 숙성 중에 전분질을 분해하여 포도당으로 만들어 주는 효소원이다. 누룩 속에는 야생 효모도 있으므로 종효모의 급원이 되기도 한다. 누룩은 주로 밀을 원료로 해서 만드는데 누룩의 종류는 크게 분국, 조국과 초국으로 구별된다. 분국은 밀을 맷돌로 갈아 체로 쳐서 나온 고운 가루로 만든 것으로 색이 희다 하여 백국이라고도 불린다. 조국은 밀기울이나 밀가루를 빼지 않은 거친 분말로 만든 것으로 일반적으로 부르는 누룩에 해당한다. 초국은 여뀌잎, 닥나무잎 등 약초를 넣거나 그 즙에 반죽하여 만든 누룩을 일컫는다. 누룩은 밀 외에도 보리겨·옥수수·귀리·쌀겨·싸라기 등을 적절히 혼합하여 제조하지만, 그 품질은 밀 단용누룩에 미치지 못한다.

누룩의 제법은 다음과 같다. 밀을 깨끗이 씻어서 충분히 말리고 낟알이 5~6조각 될 정도로 분쇄한다. 이어 원료에 대비하여 25~30% 정도 물을 주고 잘 혼합해서 1~2시간 재워둔 후, 수분이 균일하게 흡수됐다 싶으면 성형한다. 누룩의 크기가 0.8kg이나 1.6kg이 되도록 납작하게 만들어진 누룩 틀에 천으로 싼 재료를 넣고 발로 눌러 모양을 찍어낸다. 모양이 만들어지면 따뜻한 방에 볏짚을 깔고 그 위에 늘어놓고 10여 일 띄운다. 그 후 짚으로 묶어 처마 밑에 매달아두면 후숙과 건조가 진행된다(그림 3-1).
누룩에서 리조푸스(*Rhizopus* spp.), 아스페르길루스(*Aspergillus* spp.), 리키테미아(*Lichtheimia* spp.), 무코르(*Mucor* spp.) 등의 곰팡이와 사카로마이세스(*Saccharomyces* spp.)속의 효모·고초균·젖산균 등이 검출되고 있다. 이들 미생물은 특별히 접종한 것이 아니며 원료나 제조 과정에서 들어간 야생균이다. 따라서 누룩은 제조 지역이나 제조법에 따라 미생물 상이 달라질 수 있다. 또한 그로 말미암아 특색 있는 누룩이 되기도 한다. 같은 지역일지라도 계절이나 환경에 따라 미생물 상에 차이가 있다. 특히 누룩은 제조 시기에 따라 특색이 달라지는데 춘국(음력 3~5월), 하국(음력 6~8월), 추국(음력 9~11월), 동국(음력 12~2월)으로 구별하기도 한다.

한편 누룩을 제조할 때 곰팡이 배양물(*A. oryzae* 나 *A. luchuensis*)을 첨가해서 만드는 경우가 있는데, 이는 전통적인 누룩보다 일본식 입국에 가깝다. 누룩과 입국과 분국 등을 합하여 발효제라 부르고 있다.

■ 더 알아보기

잘 띄운 누룩과 잘 못 띄운 누룩의 품질 차이
잘 띄운 누룩은 쪼갰을 때 속까지 담황색이나 회백색을 띠는 곰팡이가 잘 번식된 누룩으로, 특유의 향이 있다. 잘 못 띄운 누룩은 누룩에서 부패 냄새나 메주 냄새가 나고 속이 갈색을 띤다. 이 누룩으로 술을 빚었을 때 좋지 않은 향을 내뿜는다.

(그림 3-1) 다양한 형태의 누룩 제조

라. 용수

일반적으로 수질이 술의 질을 좌우한다고 알려져 있다. 수질 중에서 발효에 직접 관계되는 물질은 물속에 있는 미량의 무기성분 때문이라고 알고 있다. 하지만 실제로 술덧 속에는 다량의 원료가 들어 있고 그 원료 속에서 용출되는 무기물은 원래 물속에 있는 것보다 훨씬 많다고 과학적으로 증명되었다. 따라서 용수의 질적인 문제는 크게 걱정할 필요가 없다. 음용상 양질이면 탁주와 약주의 용수로 충분하다. 그러나 무기질 중에서 철분은 제품의 색상과 관계되므로 가급적 낮은 함량(0.02ppm 이하)이 좋다. 반면 오늘날까지 일반적으로 인식하고 있는 청주 양조에 있어서는 '경수로 빚은 술은 맛이 거칠고, 지나친 연수로 괸 술은 힘이 없다'고 하였다.

■ 더 알아보기

술을 빚을 때 필요한 담금수의 특성
① 성상: 무색, 투명, 무미, 무취 ② 반응: 중성 또는 약알칼리성 ③ 흔적: 암모니아, 질산, 아질산
④ 철분: 0.05mg/L 이하 ⑤ 유기물: 6.3mg/L 이하 ⑥ 염소: 30~100mg/L 이하 ⑦ 칼슘·마그네슘: 30~100mg/L 이하

03

탁주와 약주 제조

우리나라 고유의 전통주인 탁주와 약주를 빚는 제조 공정을 (그림 3-3)에 나타냈다. 탁주와 약주는 원료 선별, 전처리, 제국 및 담금 과정까지는 같지만 여과 단계에서 갈라진다.

가. 보쌈바닥 국법

국법 중에서 가장 원시적인 방법이다. 증숙된 원료를 국실(누룩 띄우는 방)에서 옮겨 40℃까지 냉각하고 0.1~0.3%의 백국균(*A. luchuensis*) 종국을 균일하게 혼합한다. 이어 접종하고 품온이 28~30℃가 되면 두둑하게 쌓고 보로 덮어서 보온한다. 입국한 후 10시간 정도가 지나면 곰팡이 포자가 발아하면서 서서히 품온이 오른다. 품온이 35~36℃가 되면 전체를 혼합하면서 30℃까지 냉각시킨다. 1차 손질 후에는 기본적으로 쌓는 높이를 1/3 정도로 얇게 하고 가급적 품온이 37℃를 넘지 않도록 실온으로 조절한다.
1차 손질 후 5~6시간이 지나 37~38℃가 되면 2차 손질을 한다. 2차 손질 후에는 원료를 기존 원료 두께의 반 이하 정도로 얇게 펴고 온도가 37~38℃를 넘지 않도록 관리한다. 이렇게 해서 40시간이 되면 제국을 완료하고 다음 공정인 담금으로 간다.

(그림 3-2) 보쌈바닥 국법

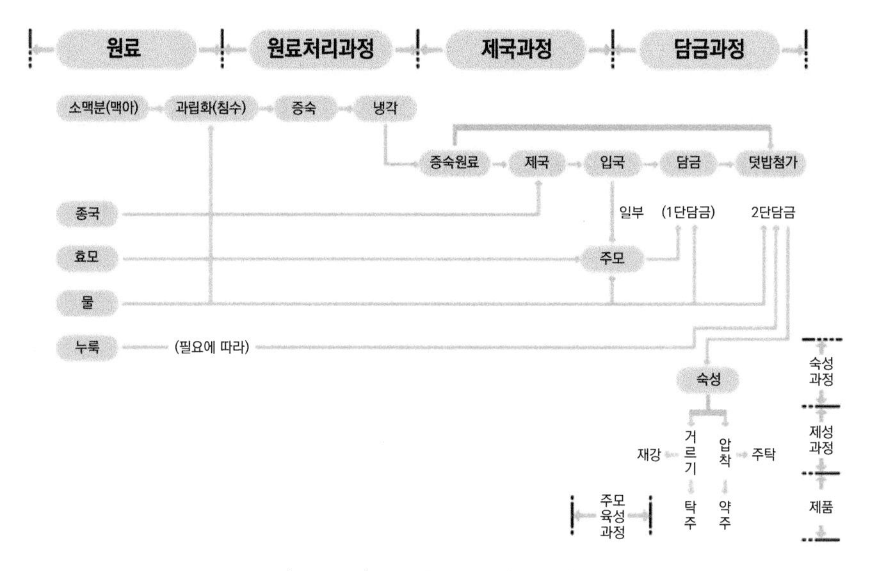

(그림 3-3) 탁주와 약주의 제조 공정도

나. 상자 국법

보쌈바닥 국법은 상자 등 준비가 필요 없는 반면에 장소가 넓어야 하고 온도 관리에 어려움이 있다(그림 3-2). 상자 국법은 이와 같은 결점을 보완할 수 있는 한 단계 발전된 방법이다. 보쌈 후 1차 손질 때나 접종 후에 바로 나무 상자에 일정량씩 담아 쌓아놓고 온도를 관리한다. 처음에는 상자에 원료를 산(山) 모양으로 담아서 막대 쌓기를 하고 2일 째 되는 날 오후에 품온이 37~38℃가 되면 2차 손질을 한다(그림 3-4). 상자는 벽돌쌓기로 하며 품온은 37~38℃ 이하로 관리하여 3일 오전에 출국을 한다.

(그림 3-4) 다양한 형태의 상자 국법

(그림 3-5) 기계 국법

다. 기계 국법

이 방법은 탁주와 약주를 제조하는 양조장에서 일부 사용하고 있다. 두껍게 (14~20cm) 쌓인 원료 사이를 온습도가 조절된 바람으로 강제 통풍시킨다. 인력을 절감할 수 있으며, 장소도 적게 필요하고, 고력가의 제품을 얻을 수 있는 이상적인 국법이다(그림 3-5).

04
주모 제조

주모는 술덧의 발효를 영위하는 효모를 확대 배양한 것이다. 술덧을 발효시키려면 다량의 효모가 필요한데 단번에 효모를 필요한 양만큼 증식하는 건 불가능하므로 처음은 적은 양부터 시작해서 서서히 늘려나가야 한다. 그 첫 단계가 주모 제조다.

가. 제조 공정

주모의 제조 공정은 아래와 같다(그림 3-6, 3-8).

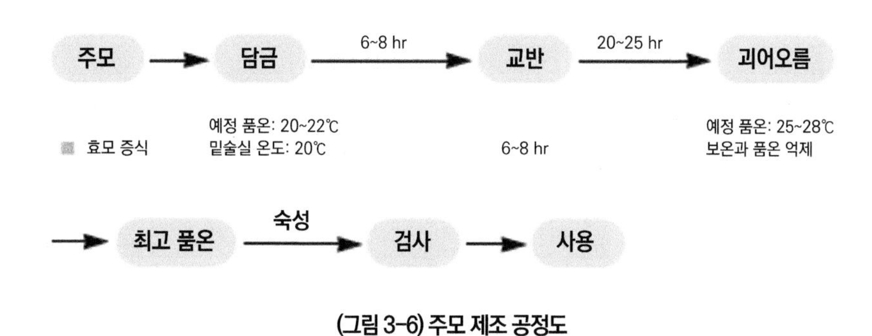

(그림 3-6) 주모 제조 공정도

나. 술덧(주요)

술덧이라 함은 주모·입국·곡자·분국 또는 기타 발효제와 증미를 담금 급수에 첨가한 전체 물료를 말한다(그림 3-9). 입국·곡자·분국·기타 발효제 등이 효소작용을 일으켜 물료를 당화시키면, 효모의 왕성한 발육에 따라 알코올 발효를 영위시키는 것을 목적으로 한다. 탁주와 약주의 술덧은 주모·1단 담금·2단 담금으로 나누어지며, 각각 그 목적과 조작을 달리한다(그림 3-7).

■ 더 알아보기

밑술 제조 시 배합 비율의 중요성

① 수국밑술(水麴酒母)

- 입국: 10kg
- 급수: 14~15L
- 배양 효모: 액체 효모 200~300mL 또는 분말 효모 40~60g
- 젖산: 밑술 pH가 3.0~3.2가 되도록 보산

② 누룩밑술(穀子酒母)

- 증미: 10kg(누룩과 덧밥을 혼합시켜 담금)
- 누룩: 2kg
- 급수: 14~15L
- 배양 효모: 액체 효모 200~300mL 또는 분말 효모 40~60g

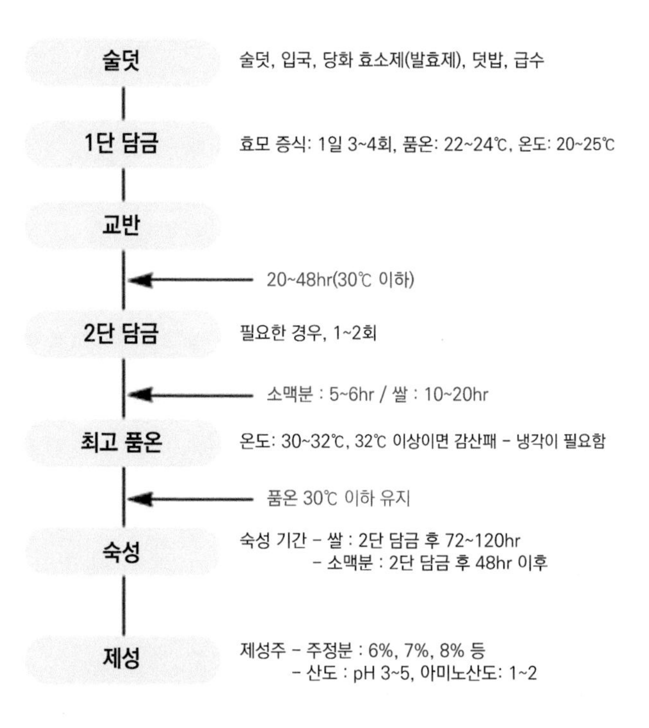

(그림 3-7) 탁주 술덧 제조 공정도

(그림 3-8) 완성된 주모와 도구

(그림 3-9) 발효 중인 술덧

05

제성과 술덧 관리 기술

가. 제성

2단 담금 후 3~4일(탁주) 또는 4~5일(약주) 후에는 발효가 종료되는데, 이때 알코올 도수는 15~16%다. 이런 술덧을 가공해서 제품화하는 과정을 제성이라고 한다. 탁주의 경우 발효 술덧을 분석해서 알코올 도수를 확인하고 제품화가 가능한 알코올 도수(6%)가 되게끔 물을 넣어 잘 혼합한다. 할수된 술덧은 20목 정도의 체로 거르고 다시 알코올 도수를 확인한 후, 저온 살균을 하거나 하지 않고 포장한다.

약주의 경우는 술덧을 술 자루에 일정량 넣고 압착기로 눌러 짠다. 여기서 얻어진 여액으로 알코올 도수를 11%로 할수하고 앙금질 후, 상등액을 그대로 또는 압력 여과기(Filter press)로 다시 여과하여 제품화하거나 60℃로 저온 살균하여 포장한다.

■ 더 알아보기

압력 여과기
필터 프레스라고도 불리는 압력 여과기는 최근 연속식 압력 여과기가 개발되면서 실용화 단계에 접어들었다. 압력 여과기가 아니면 거를 수 없는 물질이 적지 않은 까닭에 널리 사용된다. 주로 안료(顔料)·염료(染料)·제유(製油)·양조 공업 등에서 많이 사용된다.

나. 술덧 관리 기술

(1) 1단 술덧

1단 술덧은 주모, 입국, 물을 원료로 한다. 입국 자체의 용해 당화, 입국이 분비하는 산의 침출로 안전한 상태에서 효모를 증식하는 것을 목적으로 한다. 따라서 1단 술덧에서는 목적인 효모 이외의 다른 미생물은 억제해야 한다. 이를 위해서는 입국의 산도가 충분해야 하고 담금 시에 건전한 주모를 많이 첨가할 필요가 있다.

(2) 2단 술덧

2단 술덧은 1단 술덧에 주원료와 입국 외에 발효제와 물을 넣어 당화작용과 알코올 발효작용의 병행 발효를 진행시키는 것을 목적으로 한다. 따라서 2단 술덧에서는 주로 품온 조절에 의한 당화 및 발효작용을 병행하도록 유도해야 한다. 이를 위해서는 입국, 1단 술덧과 주원료의 성질에 따르는 담금 배합, 품온 경과를 취할 필요가 있다. 물론 1단 술덧에서와 같이 유해 미생물의 번식은 될 수 있는 한 억제해야 한다.

06

전통주 분류 및 제조법

가. 전통주 향미 성분

전통주는 발효 과정 중 에탄올, 가용성 고형물 외에도 포도당·맥아당·목당 등 유리당과 젖산·구연산·초산 등 유기산을 생산한다. 또한 휘발성 향기성분인 이소아밀알코올, 에스테르 향 등을 발산해 수많은 성분이 복잡하고 미묘하게 혼합되거나 반응을 일으킨다. 이는 다양한 색, 향, 맛, 입안의 촉감, 후미, 청량감 등을 느끼게 해 준다. 이들은 미생물에 의해 원료가 가수분해 되면서 생성된다.

나. 일반 단양주(一般單釀酒) 제조

주원료는 멥쌀·찹쌀·누룩이고 부원료는 밀가루·엿기름 등이다.

(1) 제조법

1단 담금에 의한 곡주 제조법은 멥쌀과 찹쌀 등을 흰무리떡, 고두밥, 물송편의 형태로 찌거나 죽을 쒀 누룩과 잘 혼합하여 빚는다. 누룩을 넣을 때 엿기름, 밀가루 등을 첨가하기도 한다.

(표 3-1) 양조법에 따른 민속주

분류	양조 방법
약주류	밀을 이용한 누룩에 쌀, 찹쌀 등과 함께 발효시킨다. 독특한 향을 주기 위해 식물의 잎과 한방 원료 등을 넣어 빚기도 한다.
가향주류	일반 처방에 가향 재료를 넣어서 빚거나 이미 만들어진 곡주에 가향 재료를 가한다.
속성주류	빠른 시일 안에 빚어내는 술이다. 대개 7~10일 걸린다. 손쉽게 빚기 때문에 일반 가정이나 대중과 친근하며, 맑은 술보다는 탁한 술이 많다.
탁주류	재주(縡酒) 또는 회주(灰酒)라고 부른다. 우리나라에서 가장 오래된 술이다.
감주류	특별한 양조법으로 달게 빚어진 술이다. 엿기름으로 만든 감주와는 다르다. 이 술은 다른 술에 비해 찹쌀이 주원료다.
소주류, 약용 소주	발효주의 저장성을 높이기 위해 고안된 것이 증류주다. 소주류는 이슬처럼 받아 내는 술이라 하여 노주라고도 한다. 불이 붙는다 하여 화주라고도 한다.
절기주류	사계절이나 명절에 따라 술은 나눠진다. 1월 : 설날 아침에 차례를 올리는 차례주, 도소주, 세배주 2월 : 정월 대보름의 귀밝이술, 이명주, 명이주 3월 : 삼월 삼짇날 봄놀이술, 두견주 4월 : 청명일에 마시는 청명주 5월 : 단오 명절의 기제술인 단오신주, 창포 향기로 악병 퇴치하는 창포주 6월 : 귀신을 쫓고 어울려 마셨던 유두주(음) 7월 : 백중날(7.15) 안주와 더불어 가무를 즐기며 마셨던 백중주, 머슴주(농주) 8월 : 8월 보름 햇곡식으로 빚은 신도주, 신곡주, 동동주, 백주 9월 : 중양절(9.9) 양반들이 즐겨 마셨던 국화주 10월 : 10월 초순에 시제주, 여름을 넘기는 과하주(혼성주) 11월 : 동짓날 마시는 동지주 12월 : 섣달 그믐날 밤에 마시는 제석주
이양주류	특이한 발효 기법을 이용하여 빚은 술이다. 생나무 통을 이용하거나, 살아 있는 대나무의 대롱을 이용하거나, 술 항아리를 땅속에 묻거나, 물속에 담가 술을 숙성시켜 만든 술이다.
과실주류	과실주는 과실 자체를 발효하지 않고 그 맛이나 성분을 우려내어 만들기 때문에 일종의 가향주라고 할 수 있다. 술을 빚을 때 과실주류를 곁들여 빚으며, 약용의 목적이나 별미를 맛보기 위해 애용되었다.

(2) 제조 공정도

단양주 제조 공정은 다음과 같다(그림 3-10).

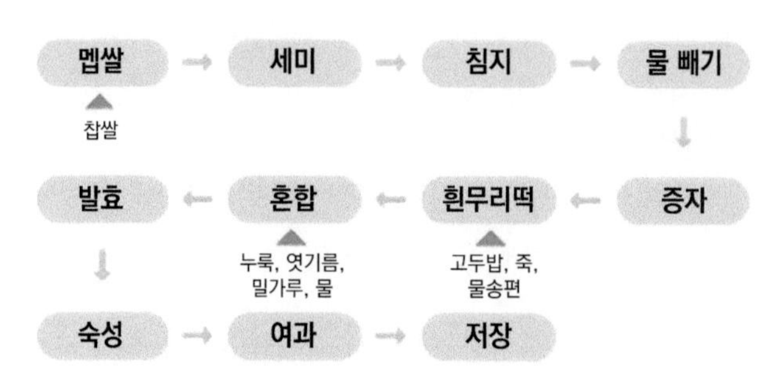

(그림 3-10) 단양주 제조 공정도

(가) 동동주(부의주)

· 원료 : 찹쌀

· 제조법 : 고두밥, 누룩, 엿기름에 물을 섞고 빚어 더운 곳에서 숙성시킨다. 품온이 너무 높아지지 않게 유지한다. 5일이 지나면 술이 맑게 익고, 15일이 지나면 술덧이 잠잠해지면서 쌀알이 동동 뜬다(그림 3-11).

(그림 3-11) 제조된 동동주

(나) 이화주

· 원료 : 멥쌀
· 제조법 : 물에 불린 멥쌀을 가루 내어 덩이로 만들어 독에 넣는다. 이어 솔잎을 켜켜이 놓고 숙성시킨 뒤 햇볕에 바싹 말려 가루를 내어 구멍떡을 만든다. 구멍떡을 쪄서 누룩 가루와 혼합하여 빚는다(그림 3-12).

(그림 3-12) 제조된 이화주

다. 속성 단양주 제조

주원료는 멥쌀·찹쌀·누룩·탁주이며 부원료는 밀가루 등이다.

(1) 제조법

1단 담금에 의한 속성주 제법으로 찹쌀로 고두밥을 짓고 식혀서, 이미 숙성된 탁주와 누룩을 혼합하여 술을 빚는다. 밀가루 등을 넣기도 한다.

(2) 제조 공정도

속성 단양주 제조 공정은 다음과 같다(그림 3-13).

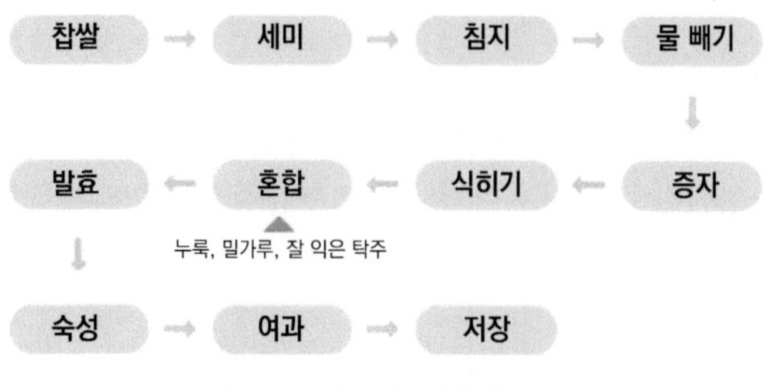

(그림 3-13) 단양주 제조 공정도

(가) 급청주

· 원료 : 탁주, 찹쌀

· 제조법 : 좋은 탁주 한 말을 끓여 찬물 한 동이로 거른 후, 찹쌀로 지은 고두밥과 밀가루와 누룩을 탁주에 섞어서 빚는다(그림 3-14).

(그림 3-14) 제조된 급청주

(나) 시급주

· 원료 : 탁주, 찹쌀, 밀가루

· 제조법 : 탁주를 찬물에 걸러 항아리에 넣고 무르게 찐 찹쌀 고두밥과 밀가루, 누룩 가루를 섞어 3일 정도 숙성시킨다(그림 3-15).

(그림 3-15) 제조된 시급주

라. 이양주 제조

주원료는 멥쌀·찹쌀·누룩이며 부원료는 밀가루·엿기름 등이다.

(1) 제조법

2단 담금에 의한 곡주 제조법으로 멥쌀과 찹쌀 등을 흰무리떡이나 고두밥 또는 물송편 형태로 찌거나, 죽을 쒀 누룩과 함께 잘 혼합하여 밑술을 만들고 다시 멥쌀이나 찹쌀 덮밥이나 누룩을 2차 담금하여 술을 빚는 방법이다. 밑술을 만들 때 엿기름, 밀가루 등을 첨가하기도 한다.

(2) 제조 공정도

이양주 제조 공정은 다음과 같다(그림 3-16).

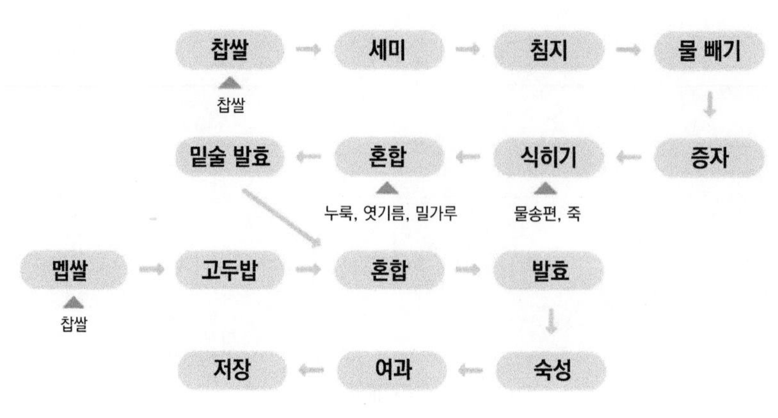

(그림 3-16) 이양주 제조 공정도

(가) 백하주

· 원료 : 멥쌀

· 제조법 : 멥쌀을 가루 내어 끓인 물을 넣고 식힌다. 이어 누룩 가루와 밑술을 섞어 3일째 되는 날 끓인 물을 넣어 식힌 멥쌀과 누룩 가루를 섞어 숙성시킨다(그림 3-17).

(그림 3-17) 제조된 백하주

(나) 회산춘

· 원료 : 멥쌀, 찹쌀
· 제조법 : 멥쌀을 씻어서 물에 담갔다가 가루 내고 떡으로 찐 후 식힌다. 끓인 물을 차게 식히고 누룩 가루를 풀어 떡과 같이 빚어 넣어 밑술을 만든다. 이어 찹쌀로 지은 고두밥을 찌고 괸 밑술과 같이 버무려 넣는다.

마. 삼양주 제조

주원료는 멥쌀·찹쌀·누룩이고 부원료는 밀가루·엿기름 등이다.

(1) 제조법

3단 담금에 의한 곡주 제조법이다. 멥쌀과 찹쌀 등을 가루 내어 죽을 쑨 후, 이어 누룩과 함께 잘 혼합하여 밑술을 만든다(1차 담금). 밑술에 다시 멥쌀이나 죽과 누룩을 섞어 두 번째 밑술을 만들고(2차 담금), 두 번째 밑술에 고두밥과 누룩 가루를 섞어(3차 담금) 술을 빚는다. 1단과 3단 담금 시에 밀가루 등을 첨가하기도 한다.

(2) 제조 공정도

삼양주 제조 공정은 다음과 같다(그림 3-18).

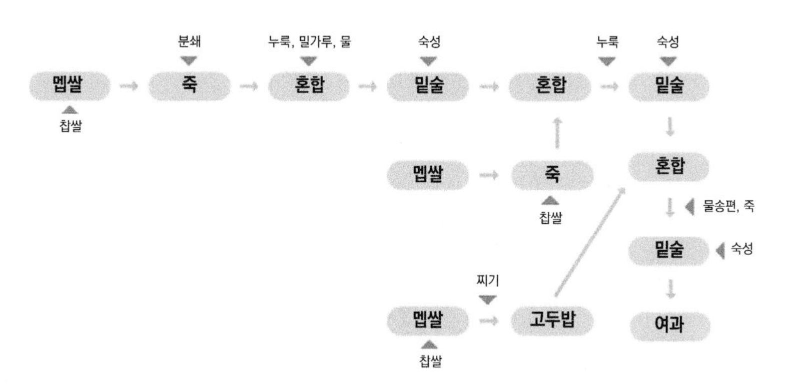

(그림 3-18) 삼양주 제조 공정도

(가) 삼해주

· 원료 : 멥쌀, 밀가루
· 제조법 : 멥쌀을 빻아서 가루 상태로 만든 후, 죽을 쑤고 밀가루와 누룩 가루를 섞어 밑술을 만든다. 12일이 지나면 멥쌀가루로 죽을 쑤고 밑술과 버무려 두 번째 밑술을 만든다. 또 12일이 지나면 고두밥을 끓이고 식힌 물에 풀어 밑술에 넣는다.

바. 약용 가향곡주 제조

주원료는 멥쌀·찹쌀·누룩·한약재(오가피 껍질, 구기자, 창포 뿌리, 복령, 고본, 백효, 용뇌, 숙지황, 하수오, 황정, 산초, 감초, 당귀, 더덕 등)·가향재(송액, 솔잎, 국화, 두견화, 복숭아꽃, 연잎, 닥나무 잎, 유자 껍질 등)며, 부원료는 밀가루·엿기름 등이다.

(1) 제조법

순곡주 재료에 약재나 꽃 등 가향 재료를 함께 넣어 빚는 술이다. 단양법이나 이양법을 이용한다. 멥쌀과 찹쌀 등을 흰무리떡, 고두밥, 물송편 형태로 찌거나 쑤고 누룩과 숙지황·산수유·감초·구기자·당귀·하수오 등 한약재와 국화꽃·도화·두견화 등 가향재료를 잘 혼합하여 술을 빚는다.

(2) 제조 공정도

약용 가향곡주 제조 공정은 다음과 같다(그림 3-19).

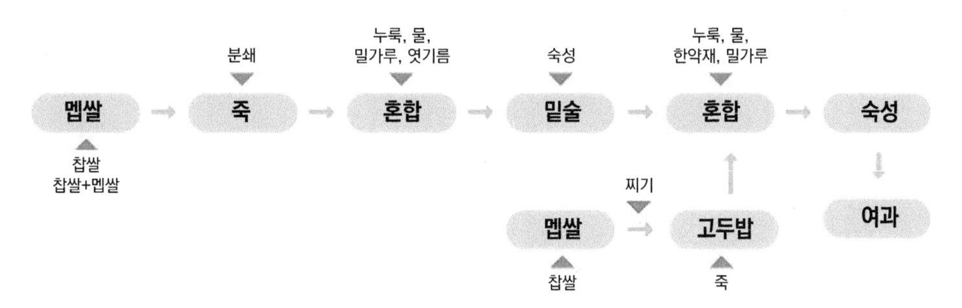

(그림 3-19) 약용 가향곡주 제조 공정도

(가) 백세주

· 원료 : 찹쌀, 숙지황, 하수오, 황정

· 제조법 : 찹쌀을 쪄서 물기가 없도록 건조시킨 후 숙지황, 하수오, 황정을 혼합하여 밑술에 조금 넣고 밀봉하고 땅속에 묻어 숙성시킨다(그림 3-20).

(그림 3-20) 제조된 백세주

사. 순곡 증류주 제조

주원료는 멥쌀·찹쌀·좁쌀·수수·보리쌀·누룩이고 부원료는 밀가루·엿기름 등이다.

(1) 제조법

전통적인 곡주 제조법인 단양법이나 이양법으로 탁주나 청주를 제조한 후, 이것을 증류하여 제조한다. 즉 멥쌀, 찹쌀, 좁쌀, 수수, 보리쌀 등 다양한 곡류를 증자하여 누룩과 혼합하여 발효시키거나 이를 밑술로 덧밥과 누룩을 2차 담금하여 술을 빚은 후, 소줏고리로 소주를 내리는 방법이다.

(2) 제조 공정도

순곡 증류주 제조 공정은 다음과 같다(그림 3-21).

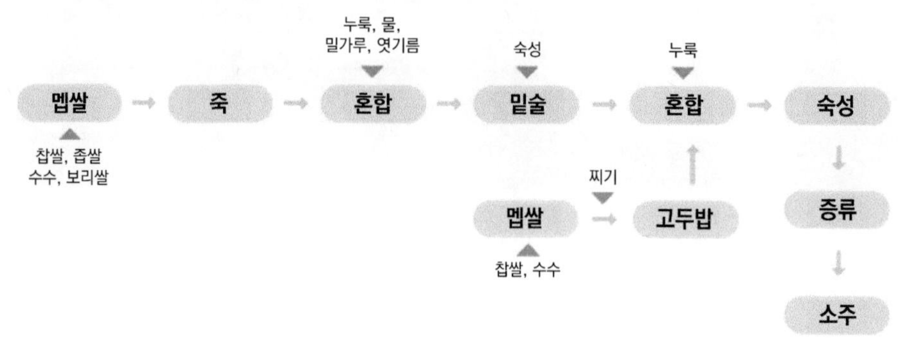

(그림 3-21) 순곡 증류주 제조 공정도

(가) 안동 소주

· 원료 : 멥쌀

· 제조법 : 멥쌀 고두밥을 빻은 누룩과 3:1로 버무리고 적당량의 물을 가해 13일 정도 발효시킨다. 만들어진 탁주를 소줏고리에 넣어 소주를 내린다(그림 3-22).

(그림 3-22) 소줏고리 설치와 안동 소주

(나) 문배주

· 원료 : 좁쌀, 참수수

· 제조법 : 누룩에 찐 좁쌀을 넣고 물은 1:1의 비율로 하여 밑술을 안친다. 5일 후 수수를 넣어 1차 덧술을 하고 다음날 다시 죽에 가까운 수수로 덧술을 하여 숙성주가 얻어지면 이를 소주로 내린다(그림 3-23).

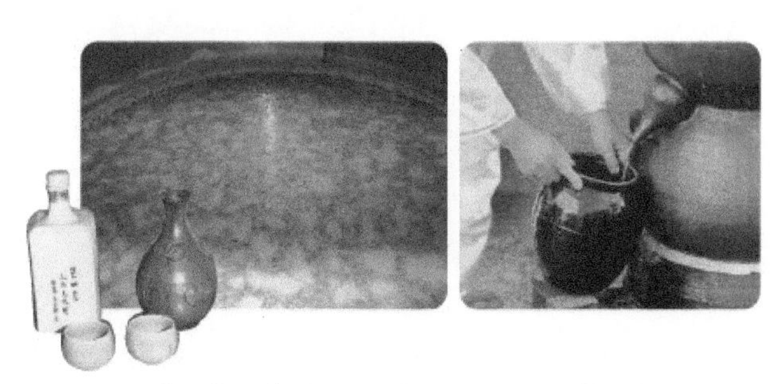

(그림 3-23) 발효를 거쳐 소줏고리로 증류한 문배주

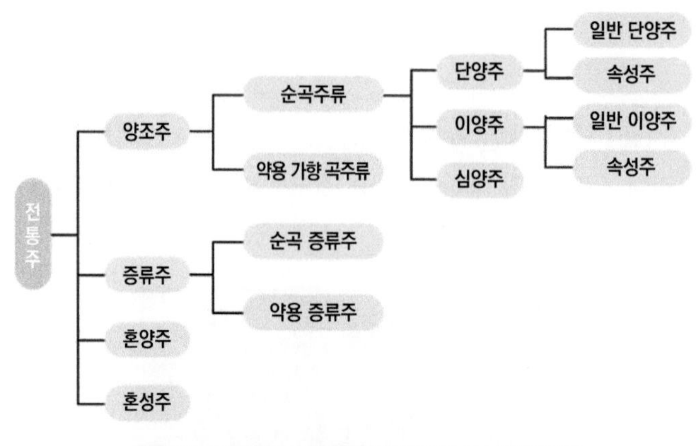

(그림 3-24) 원료와 제조법에 따른 전통주 분류 체계

■ 더 알아보기

압력 여과기

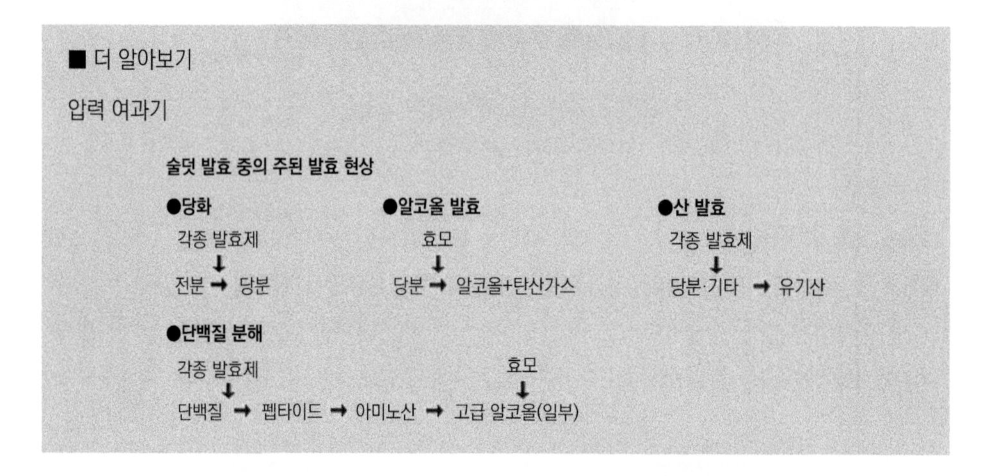

참고문헌

1. 명가명주. 박록담. 효일문화사. 1999
2. 다시 쓰는 주방문. 박록담. 코리아쇼케이스. 2005
3. 발효공학. 유주현 외 24인. 도서출판 효일. 2008
4. 양조공학. 고정삼. 유한문화사. 2008
5. 고등학교 양조기술. 경기도교육청. 니케. 2010
6. 전통주 우리술 知. 농업기술실용화재단. 2010
7. 주류제조(심화). 농촌진흥청. 2011

chapter 4

이것만 알면 나도 고품질 과일주를 생산할 수 있다

01 과일주용 원료의 특성
02 과일주 발효
03 과일주 제조
04 과일주 숙성과 품질 관리

01

과일주용 원료의 특성

우리나라에서 생산하는 대부분의 과일은 과일주용으로 사용할 수 있다. 다만 맛에 관여하는 산이나 당, 폴리페놀류의 함량, 과일주의 색에 관련되는 안토시아닌 성분, 기타 향기 성분의 함량에 따라 과일주 제조법이 조금씩 달라질 수 있다. 예를 들어 산의 함량이 많은 오미자나 매실은 희석이 필요한 반면, 캠밸얼리와 같은 포도는 희석할 필요가 없다. 당분이 적은 과일은 알맞은 알코올 도수의 과일주를 생산하기 위해서 당을 더 첨가해 줘야 한다.

■ 더 알아보기

캠밸얼리

캠밸얼리는 국내 포도 전체 재배 면적의 80%를 차지한 적이 있을 정도로 많이 재배되고 있는 품종이다. 1892년 미국 오하이오주에서 캠밸(Campbell G.W) 씨가 Moore Early에 Belvidere와 Muscat Hamburg를 교배해서 얻은 실생을 화분친으로 교배하여 육성한 품종이다.

가. 장과류

장과류에는 포도·머루·블루베리 등이 속한다. 우리나라에서 생산되는 대표적인 장과류는 캠벨얼리·MBA(일명 머루포도)·거봉·개량머루·블루베리 등이다. 이들 과종은 대부분 과일주용으로 이용되며 과일주를 생산할 수 있다. 특히 포도에는 여러 가지 품종이 있어 향과 맛과 색이 다양한 과일주를 생산할 수 있으며 포도의 종류와 이용 방법은 아래와 같다.

(1) 캠밸얼리

수확 시 캠밸얼리의 당도는 12~15°Brix이며 산의 함량은 0.5~0.7% 정도이다. 캠밸얼리의 보랏빛 색소는 델피닌계 안토시아닌 색소이며, 과일즙의 함량이 많기 때문에 포도주를 제조하면 색이 엷어진다. 떫은맛을 내는 타닌의 함량은 비교적 적은 편으로 가벼운 타입의 과일주를 만드는 데 적합하다. 캠밸얼리는 미국종과 유럽종의 교잡종으로 미국종 콩코드에서 주로 풍기는 달콤한 러브러스카향이 진하게 난다. 비교적 높지 않은 20℃ 정도에서 발효한다. 공기의 접촉을 막고 숙성시키면 러브러스카향이 진한 과일주를 만들 수 있다.

(2) MBA

MBA는 베일리(Bailey) 품종에 머스캣 함부르크(Muscat Hamburg) 품종을 교배하여 육종한 것이다. 유럽종 포도의 유전자와 머스캣 향이 함유되어 있다. 포도송이가 너슬너슬하며 당도가 높은 것이 특징이다. MBA 품종은 일본에서 도입되었다. 1966년에 생식과 양조 겸용으로 선발되어 지금까지 이용되고 있다. MBA 품종은 가을 날씨가 건조할 경우 당도가 20°Brix 이상으로 올라가기 때문에 알코올 농도 11%의 과일주를 가당하지 않고 빚을 수 있다. 캠밸얼리와 비교했을 때 안토시아닌 색소와 타닌 함량이 높아 캠밸얼리보다 무거운 타입의 과일주를 만들 수 있다. 안토시아닌 색소와 타닌 함량이 매우 높은 개량머루와 블랜딩한다면 경쟁력이 있는 고품질의 과일주을 생산할 수 있다.

(3) 개량머루

개량머루는 산의 함량이 높을 뿐만 아니라 안토시아닌 색소와 타닌 함량이 다른 포도보다 훨씬 높다. 당도는 14~17°Brix로 11% 이상의 과일주를 빚으려면 가당해야 한다. 총산은 0.8~1.2%로 높은 편에 속하기 때문에 수확 시기를 늦춰 산의 함량을 떨어뜨린 후 수확하든지, 발효할 때 일부 산을 제거할 수 있는 기술을 적용해야 한다. 발효할 때 산을 떨어뜨리는 방법으로는 유산균에 의한 말로락틱 발효가 있다. 또한 저온에서 숙성시키면 일부 주석산이 금속 이온과 결합하여 주석을 생성하게 되므로 장기간 숙성할 경우 산의 함량이 낮아진다.

나. 인과류

우리나라에서 생산되는 대표적인 인과류로 사과와 배를 들 수 있다. 사과의 산 함량은 품종에 따라 다소 차이는 있으나, 우리나라에서 가장 많이 생산되는 후지(부사)의 경우 0.3~0.5% 정도다. 저장할 경우 산의 함량이 0.2~0.3% 정도로 낮아진다. 일반적인 과일주의 산 함량은 0.4~0.5%로 가을에 수확한 사과는 과일주용으로 적절한 산의 함량을 보이나, 저장한 사과일 경우에는 사과주를 발효할 때 구연산을 0.1~0.2% 첨가해 주는 것이 좋다. 사과는 향기가 은은해 과일주 생산에 좋은 원료로 저온 발효(15℃ 내외)시키면 향기가 풍부한 과일주를 빚을 수 있다.
배는 과일즙이 풍부하나 신맛과 향기가 거의 없어 배만으로 고품질의 과일주를 제조하기는 쉽지 않다. 배는 신맛과 향기가 거의 없다는 단점을 장점으로 바꿀 수 있는데, 산의 함량이 너무 높아 단일 과종으로 과일주를 빚기가 어려운 과일과 혼합하여 이용할 수 있다. 예를 들어 오미자나 매실의 경우 산의 함량이 5~6%로 신맛이 강해 이들 자체로 과일주를 만들기는 불가능하다. 하지만 이들에 신맛이 적은 배즙을 혼합한다면 신맛을 완화시킬 뿐만 아니라 매실이나 오미자의 향을 해치지 않고 과일주를 빚을 수 있다.

다. 핵과류

핵과류는 복숭아·매실·살구·자두와 같이 과일 속에 딱딱한 핵이 있는 과일류를 말한다. 핵과류는 펙틴질 함량이 높아 착즙이 어려우며, 술을 빚으면 혼탁하고 여과가 잘 되지 않는다. 펙틴질 함량이 높은 과일의 경우 과일주를 제조할 때 펙틴 분해효소로 처리하면 착즙이 용이하여 착즙 수율을 높일 수 있다. 펙틴 분해 효소는 제조사별 차이가 크므로 제조사의 지시대로 사용하는 것이 바람직하다.
복숭아는 잘 익었을 때 은은한 향기가 나므로 15℃ 정도에서 발효해야 복숭아 향기를 보존할 수 있다. 복숭아로 과일주를 제조할 때 복숭아를 쪼개어 씨는 분리해 내고 으깬 과육을 2~3일 발효한 다음 압착하면 쉽게 발효액을 분리할 수 있다.
매실로 과일주를 만들기는 쉽지 않지만 앞에서 설명했듯이 매실즙과 배즙을 적당히 혼합하면 신맛이 부드러운 매실 발효주를 만들 수 있다. 시중에는 청매실이 많이 유통되고 있으나, 매실의 향은 조금 성숙된 황매가 강하다. 따라서 매실주용으로 황매를 사용하거나 청매를 구입하여 2~3일간 25℃에서 후숙을 하면 매실향이 풍부한 매실주를 빚을 수 있다. 단 후숙한 매실 표면에는 잡균이 많이 번식할 수 있으므로 상태가 좋지 않은 것을 골라내고 사용하기 전 찬물에 가볍게 헹구는 것이 좋다.

라. 딸기류

우리나라에서 과일주용으로 가장 많이 이용되는 과일은 복분자다. 복분자는 나무딸기류에 속하고 주산지는 고창이지만 인근 지역을 포함하여 전국적으로 많이 재배되고 있다. 복분자는 껍질뿐만 아니라 열매살(열매에서 씨를 둘러싸고 있는 살, 과육)에도 다량의 안토시아닌이 함유되어 있어 색이 진한 과일주를 빚을 수 있으며 다른 과일주의 적색 보강용으로 유용하게 사용할 수 있다.
복분자는 구연산을 많이 함유하고 있어 신맛이 매우 강하다. 수확할 때 생과의 산함량은 1.0~1.2% 정도로 매우 높고, 당 함량은 8~10°Brix정도다. 복분자 특유의 풋풋한 향과 부드러운 맛은 고급 과일주 생산에 좋은 원료가 된다. 품질 좋은 복분자주를 빚기 위해서는 좋은 품질의 복분자 원료를 확보해야 한다. 복분자는 한여름에 수확하기 때문에 수확하는 순간 야생균에 의해 급속하게 품질이 떨어진다. 따라서 수확하자마자 가능한 빨리 냉동시켜 복분자 고유의 품질을 유지해야 한다.

■ 더 알아보기

과일주 제조 시 좋은 원료란?

- 품종의 특색이 가장 높게 발휘할 시기에 수확된 것
- 수확한 후 오래 저장되지 않은 신선한 것으로 발효 전까지 품온이 15℃ 이하로 유지된 것
- 당 함량은 높고 산 함량은 0.5~0.6% 정도 되는 것(pH 약 3.6 이하)
- 레드와인 제조용인 경우 안토시아닌 색소 및 타닌이 풍부하게 함유되어 있는 것
- 발효 전 다른 야생균에 오염이 되지 않은 싱싱한 것
- 농약이나 기타 불순물에 영향을 받지 않은 것

우리나라에서 주로 사용되는 과일주용 포도 원료 특성

- 캠벨얼리: 당도 12~15°Brix, 산 0.5~0.7%, 과립은 보통이며 안토시아닌과 타닌 함량이 적음
- MBA : 당도 17~21°Brix, 산 0.5~0.7%, 과립이 작은 편이며 안토시아닌과 타닌 함량은 보통
- 개량머루: 당도 14~17°Brix, 산 1.0~1.5%, 과립이 작으며 안토시아닌과 타닌 함량이 많음

02

과일주 발효

과일주 발효 시 미생물이 과일즙에 함유되어 있는 영양원을 이용하여 에탄올을 비롯해 여러 가지 화합물을 생성하는데, 과일주는 이러한 화합물이 숙성 과정을 통해 더욱 다양한 물질로 변화된 것을 말한다. 즉 과일주는 단순히 과일의 당분을 효모를 통해 알코올로 만드는 게 아니라 과일즙과 미생물·효소 간 복잡한 화학 작용을 거쳐 생성된 복합 화합물이다. 따라서 알코올뿐만 아니라 유기산·폴리페놀·향기 성분 그리고 효모나 과일의 효소 작용에 의해 생성된 다양한 성분들이 과일주의 향기와 맛에 관여한다. 과일주는 1차적으로 원료의 특성과 2차적으로 과일즙에서 자라는 미생물에 영향을 받는다. 따라서 과일주 제조의 성공 여부는 사용 원료와 과일즙에서 일어나는 미생물을 얼마나 잘 조절하느냐에 달려 있다. 과일주를 제조하는 사람이 발효 중에 일어나는 미생물의 생리에 대해 전부를 알 수는 없지만 이들의 생육 특성 정도는 이해하고 있어야 발효를 수월하게 하고 오염을 방지하면서 과일주의 품질을 개선할 수 있다.

가. 과일주 발효 과정

과일주의 주성분은 에탄올로, 알코올 발효를 통해 과일즙에 함유되어 있는 당으로부터 생성된다. 따라서 과일주의 알코올 농도는 과일즙의 당 함량에 의해 결정된다.

알코올 발효는 효모가 혐기적 상태에서 포도당을 이용해 필요한 에너지를 얻기 위한 방편이다. 산소가 없는 상태에서는 포도당이 완전히 연소되지 않아 비연소된 알코올과 이산화탄소를 생성하게 된다. 반대로 발효액 속에 충분한 산소가 있을 경우, 효모는 포도당을 물과 이산화탄소로 분해하고 다량의 에너지를 얻어 개체 증식을 하기 때문에 알코올 생성률이 낮아진다. 발효 초기에는 발효액 속에 다량의 산소가 함유되어 있기 때문에 효모의 개체 수가 급격히 늘어난다. 반면 알코올 함량은 그다지 증가하지 않는다. 효모가 혐기적 상태에서 포도당을 이용해 알코올을 생성하는 기본 원리는 아래와 같다.

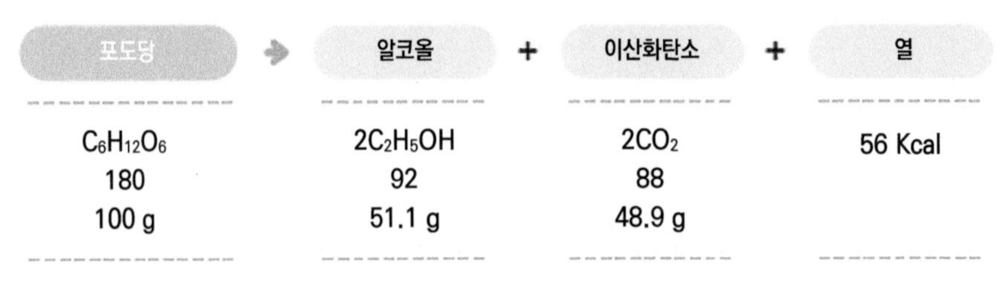

(그림 4-1) 알코올을 생성하는 기본 원리

나. 발효 부산물

과일즙이 발효되는 과정에서 다양한 반응 경로를 통해 알코올뿐만 아니라 여러 가지 발효 부산물이 생성된다. 실제로 발효 중 포도당의 약 5%는 글리세롤·호박산·젖산·초산 등의 부산물로 변한다. 또한 과일즙에 함유되어 있는 아미노산·펙틴·유기산 등은 발효 과정 중에 고급 알코올·메탄올·에스테르 등 여러 가지 물질로 변화된다. 이들 발효 부산물은 에탄올보다 양은 훨씬 적지만, 맛이나 향기에 절대적인 영향을 미쳐 과일주의 관능적인 특징을 좌우하는 중요한 요소가 된다.

다. 과일주를 제조할 때 필요한 것들

(1) 제조 기기

과일주를 제조할 때 필요한 장비에는 파쇄기·압착기·발효기·펌프·여과기·입병기 등이 있다.

(가) 파쇄기

과일을 파쇄하여 과일즙의 용출을 용이하게 한다.

(나) 압착기

과즙을 생산하거나 과일 술덧에서 발효액을 분리한다.

(다) 발효기 및 저장 용기

과일즙을 발효시키거나 발효가 완료된 과일주를 숙성하는 데 이용한다.

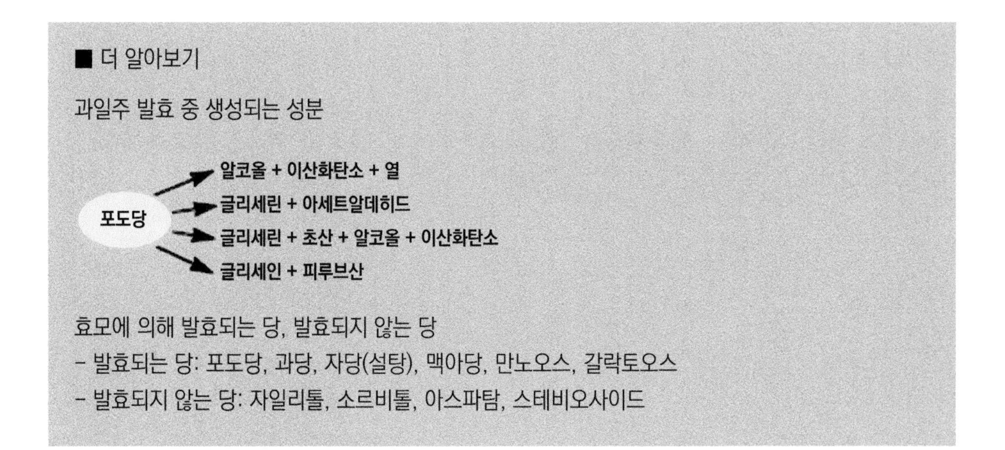
■ 더 알아보기

과일주 발효 중 생성되는 성분

효모에 의해 발효되는 당, 발효되지 않는 당

- 발효되는 당: 포도당, 과당, 자당(설탕), 맥아당, 만노오스, 갈락토오스
- 발효되지 않는 당: 자일리톨, 소르비톨, 아스파탐, 스테비오사이드

(라) 펌프

과일즙 또는 과일주 등을 이송한다.

(마) 여과기

과일즙이나 숙성이 완료된 과일주를 맑게 여과한다.

(바) 입병기

맑게 여과된 과일주를 병에 담는다.

(2) 분석 기기 및 첨가물

(가) 분석 기기

당도계, pH 메타, 총산분석(0.1N NaOH·50mL 비커·지시약), 소형 증류기, 주도계(100mL 눈금 실린더), 저울(소형·중형).

(나) 첨가물

식품첨가물용 아황산염(메타중아황산칼륨·피로아황산칼륨·메타카리·$K_2S_2O_5$), 효소제, 흡착제, 청징제, 당류, 효모, 인산암모늄.

(다) 기타

컨베이어 벨트, 지게차, 소형 탱크, 고압세척 장치, 라벨 부착기 등.

03

과일주 제조

과일주 제조는 크게 두 가지 방법으로 나눌 수 있다. 과일을 발효한 다음 압착하는 방법과 과일즙을 분리한 다음 발효하는 방법이다. 일반적으로 과일을 그대로 발효하는 방법은 적포도주 제조법과 동일하고 과일즙을 분리한 다음 발효하는 방법은 백포도주 제조법과 동일하다. 과일즙을 분리하기 어렵거나 압착기가 갖춰져 있지 않을 경우 과일을 발효시킨 다음 압착해야 발효액을 분리하기 쉽다.

가. 과일주 제조 과정

동일한 과일이라도 압착을 한 다음 발효시키면 가벼운 와인을 빚을 수 있고, 과일을 발효시킨 다음 압착을 하면 색이 진하고 맛이 무거운 과일주를 빚을 수 있다. 이렇듯 원료는 동일하지만 제조 과정에 따라 다양한 맛의 과일주를 만들 수 있다. 또한 원료의 특색에 따라서 다양한 제조법이 적용될 수 있다.

나. 원료 준비

과일 생산은 계절적으로 한정되어 있다. 예를 들어 딸기는 3월에서 5월경까지, 매실과 복분자는 6월, 캠벨얼리는 8월에서 9월, 개량머루는 9월, MBA는 다른 포도보다는 늦은 10월경에 생산된다. 이렇듯 과일은 수확 기간이 매우 짧다. 사과나 배를 제외하면 상온에서 저장할 수 있는 기간도 매우 짧다. 따라서 과일주를 생산하기 위해서는 무엇보다도 좋은 원료를 확보해 두는 것이 중요하다. 딸기나 복분자 같은 것들은 쉽게 변질되므로 수확 후 곧바로 냉동시켰다가 연중 사용하는 것이 좋다. 특히 복분자는 외기 온도가 25℃ 이상 올라간 초여름에 수확하기 때문에 수확 후 곧바로 냉동시키지 않을 경우 초산균이나 야생 효모가 급속하게 증식한다. 이들 오염균은 발효할 때 효모보다 먼저 증식하므로 발효주에서 초산취가 심하게 나는 경우가 많다. 따라서 복분자처럼 높은 온도에서 수확하고 빨리 변질되는 것들은 수확 후 얼마나 빨리 냉동시키느냐가 과일주 품질에 큰 영향을 미친다. 수확할 때 외기 온도가 25℃ 정도면 수확한 복분자의 품온은 복분자 자체의 호흡열에 의해 30℃ 이상까지 올라간다. 이때 초산균의 증식 속도는 약 40분에 2배로 증식하므로 6시간 정도 냉동을 지체했다면 거의 1,000배 정도 많은 초산균이 증식했다고 할 수 있다.

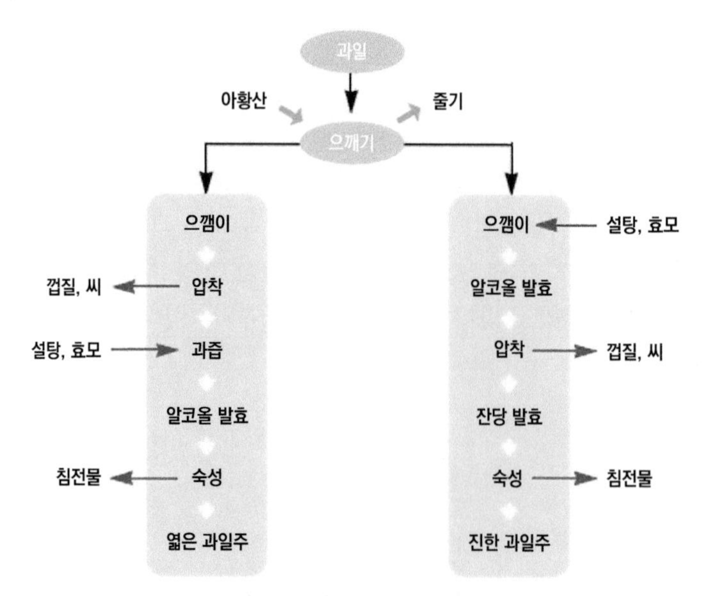

(그림 4-2) 과일주 제조 공정

원료는 가능하면 수확 후 곧바로 사용하는 것이 좋다. 매실은 대부분 청매를 수확하여 유통하므로 향기로운 매실주를 담기 위해서는 매실을 2~3일간 후숙시키는 것이 좋다. 우리나라에서 생산되는 포도는 대부분 생식용으로 재배되기 때문에 유럽의 양조용 포도보다는 경쟁력이 떨어지지만 제조법과 두 품종 이상 블렌딩 방법을 이용하여 고품질의 과일주를 생산할 수 있다. 캠밸얼리나 MBA는 우리나라에서 양조용으로 많이 이용되고 있으며, 이들 품종에 개량머루를 블렌딩하면 색도나 떫은맛을 보강할 수 있다. 블렌딩할 경우 이들 품종과 개량머루의 수확 시기가 다르므로 각각 다른 시기에 과일주를 빚어 서로 블렌딩하여 숙성시키기도 한다.

오디나 개량머루는 블렌딩용으로 매우 유용하게 이용할 수 있다. 포도는 보랏빛 안토시아닌(델피니딘계)이 많이 함유되어 있는 개량머루가 블렌딩용으로 적합하며, 붉은색을 띠는 딸기는 오디나 복분자가 블렌딩용으로 적합하다.

(표 4-1) 과종별 생산 시기

과종	딸기	오디	매실	복분자	복숭아
생산 시기(월)	3월~5월	6월	6월	6월	6월~8월
과종	캠밸얼리	개량머루	MBA	사과	배
생산 시기(월)	8월	9월	10월	11월	11월

■ 더 알아보기

블렌딩

여러 가지 종류의 조합을 의미한다. 블렌드라는 조합 기술이 고안된 것은 지금부터 140년 전으로 사람의 감각에 맞게끔 블렌드(blend)해서 만드는 경우가 많다.

MBA

캠밸얼리

복분자

(그림 4-3) 우리나라에서 많이 이용되고 있는 과일주용 원료

다. 아황산염 처리

과일주를 빚기 위해서는 과일을 으깨어 압착하거나 그 자체로 발효시켜야 한다. 과일을 으깰 때 가장 큰 변화는 과일의 세포 안에 들어 있던 폴리페놀성 물질이 공기 중 산소와 결합하면서 급격하게 산화를 일으키는 것이다. 폴리페놀의 산화 물질은 갈색을 띠게 되고 이들 물질은 과일자체의 향기를 변화시킨다.

이런 변화를 최소화시키기 위한 방법이 (폴리페놀의 산화를 방지하는 목적으로) 아황산염을 처리하는 것이다. 일반적으로 원료에 100~200ppm(0.01~0.02%) 정도 처리를 한다. 아황산염 처리의 또 다른 목적은 원료 표면에 붙어 있는 야생효모나 초산균 등을 살균하거나 생육을 억제하는 것이다. 오디나 복분자의 경우 원료 자체에 바람직하지 않은 균이 상당수 오염된 경우가 많다. 따라서 이들 균의 작용을 최소화하기 위해 아황산염 처리를 하면 과일주의 품질을 유지하는 데 효과적이다. 하지만 아황산은 인체에 유해하므로 사용량이 제한되어 있다. 우리나라에서는 과일주에서 최종 잔류 아황산 농도를 350ppm으로 규정하고 있다. 또한 아황산은 천식을 일으킬 수 있어 주의해서 사용해야 한다.

아황산염(메타중아황산칼륨·$K_2S_2O_5$)의 처리 시기는 원료를 파쇄할 때, 발효가 끝나고 1차로 침전물을 분리할 때, 저장할 때, 입병할 때 조금씩 나눠 처리한다. 원료를 파쇄할 때는 약 200ppm, 발효가 끝나고 1차로 침전물을 분리할 때는 100ppm, 6개월이나 1년 뒤에 장기 저장할 때는 50ppm 정도, 입병할 때는 잔류 아황산 농도를 분석한 다음 100ppm 농도가 되게 추가해 주는 것이 좋다.

청수

두누리

청산

(그림 4-4) 우리나라에서 개발된 양조용 품종

라. 과일즙 조정

원하는 알코올 농도를 만들기 위해서는 과일즙에 적당량의 당분이 있어야 한다. 또한 효모의 생육을 원활하게 하기 위해서는 과일즙에 적당량의 질소질도 포함되어 있어야 한다. 과일즙에 포함되어 있는 당의 약 5%는 글리세롤·호박산·젖산·초산 등 부산물로 변하고, 2.8%는 탄소원으로 소비하며, 0.2%는 발효되지 않고 잔당으로 남기 때문에 과일즙의 약 92%만이 알코올로 변한다. 과일즙의 당도를 가용성 고형물(°Brix, g/100g)로 측정할 경우 실제 당의 농도는 °Brix 농도의 약 95%(g/100mL)가 된다. °Brix 농도는 과일즙 100g 속에 들어 있는 당의 양뿐만 아니라 당 이외의 유기산이나 단백질 등을 포함하는 가용성 고형물의 함량을 나타내는 것이다. 이러한 것들을 모두 종합해 보면 최종 발효 후 알코올 농도는 과일즙의 당도에 0.57을 곱한 값이다. 즉 12%(v/v)의 과일주를 생산하려면 약 22°Brix로 과일즙의 당도를 맞춰야 한다. 원하는 당도를 맞추기 위한 가당량은 아래 식에 따라 계산한다.

$$\text{가당량} = \frac{\text{원하는 당도} - \text{현재 당도}}{100 - \text{원하는 당도}} \times \text{과일즙 무게}$$

가당량 : kg, 당도 : °Brix, 과일즙 무게 : kg(과일 무게 x 과일즙 계수)

과일즙을 발효할 때는 과일즙 자체의 무게를 이용하면 가당량을 쉽게 계산할 수 있지만 과일 으깬 것을 발효할 경우에는 과일의 양에 대한 과일즙 무게를 환산해야 한다. 즉 과일 양에 과일즙 계수를 곱하여 과일즙 무게를 환산한다. 과일즙 계수는 과종에 따라 큰 차이가 있는데, 과일 으깬 것 중 과일즙 비율이 높을수록 과일즙 계수가 높다. 예를 들어 배는 과일즙이 많기 때문에 과일즙 계수가 0.88이고, 개량머루는 0.75이다. 각 과종별 과일즙 계수는 (표 4-2)에 나타낸 바와 같다.

(표 4-2) 과종별 과일즙 계수

과종	포도	개량머루	복분자	오디	딸기
과일즙 계수	0.85	0.75	0.90	0.90	0.90
과종	사과	배	복숭아	매실	자두
과일즙 계수	0.85	0.88	0.80	0.75	0.80

과일즙에 당 함량이 25% 이상이면 발효는 지연되고 휘발산류(초산)가 많이 생성된다. 포도주 제조에 있어서 원료의 산 함량은 적포도주용은 0.5~0.6%, 백포도주용은 0.6~0.7%의 과일즙을 발효시키는 것이 좋다. 발효가 끝나면 숙성 중에 일어나는 주석 침전의 영향으로 0.1~0.15% 정도 산의 함량이 낮아진다.
과일즙의 산 함량이 높을 경우, 산의 함량이 낮은 과일즙을 희석하여 산의 함량을 조정하거나 탄산칼슘을 첨가하여 산을 제거할 수 있다. 탄산칼슘을 사용할 경우 산을 0.1% 제거하는 데 탄산칼슘 0.067%가 필요하다. 즉 탄산칼슘 0.1%를 처리하면 산의 농도는 0.15%가 낮아진다.
탄산칼슘으로 처리할 때는 전체 과일즙에 직접 하지 말고 과일즙의 일부를 분리하여 처리한 다음 전체 과일즙에 다시 넣어줘야 한다. 탄산칼슘을 전체 과일즙에 직접 처리할 경우 탄산칼슘이 과일즙의 일부 유기산과 선택적으로 반응하여 과일즙의 유기산 균형을 깨뜨릴 수 있다.

마. 효모 접종

배양 효모를 사용할 경우 관리하는 데 어려움이 많으므로 건조 효모를 이용하는 것이 좋다. 건조 효모는 보통 500g 단위로 판매하며 4℃에 저장할 경우 1~2년간 사용이 가능하다. 시중에서 유통되고 있는 건조 효모는 아황산에 내성이 있어 35~75mg/L의 아황산에서 발효가 무난히 진행된다. 사용 방법은 먼저 50%로 희석한(40℃, 1L) 살균 과일즙에 150~200g의 건조 효모를 넣고 30분간 활성화시킨 다음 100L의 과일즙에 접종한다. 건조 효모는 오래 보관할수록 활성이 떨어지기 때문에 개봉하고 1년 이상 경과했다면 첨가량을 늘려주어야 한다.

바. 알코올 발효

알코올 발효 때 가장 중요한 것은 온도 관리와 잡균의 오염 방지다. 발효액의 품온은 목적하는 과일주의 품질에 따라서 다르게 조절해야 한다. 예를 들어 발효 중 과일 속의 타닌 물질이나 안토시아닌과 같은 색소 용출을 용이하게 하기 위해서는 발효 온도가 25℃ 정도로 다소 높아야 좋다. 반대로 과일즙이나 과일의 신선한 향기를 남겨두고 싶다면 발효 온도를 15℃ 정도로 낮게 하는 것이 좋다. 일반적으로 적포도주는 23~27℃, 백포도주는 15~18℃가 적당하다. 발효 온도가 30℃를 넘을 경우, 향기 성분이 휘발하거나 초산균과 같은 유해균의 번식으로 포도주의 품질이 급격히 떨어질 수 있다. 알코올 발효는 열을 발생시키므로 반드시 냉각시킬 필요가 있다. 과일즙의 당이 1% 소비될 때 온도는 1.3℃ 올라간다. 우리나라에서 포도를 주로 생산하는 시기인 8월~9월의 평균 외기 온도가 25~30℃인 것을 감안한다면 발효기의 냉각 대책은 반드시 세워야 한다. 발효 중 온도가 가장 높게 올라갈 때는 효모 접종 후 2~3일경이다. 이때 효모의 균체 수가 최대치에 도달하며 균체 증식에 따른 발열 반응과 혐기적 상태에서 알코올 발효에 의한 발효열이 최대로 발생한다. 이후에는 품온이 조금 떨어진다. 발효 탱크가 클수록 발효열이 좀 더 오랫동안 지속된다.

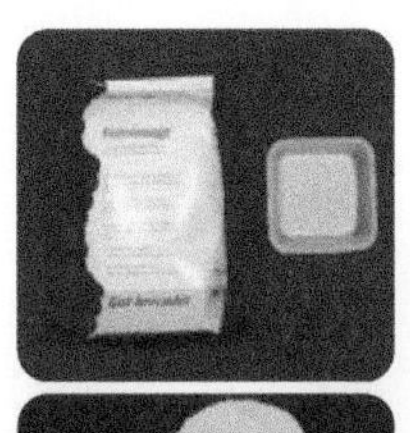
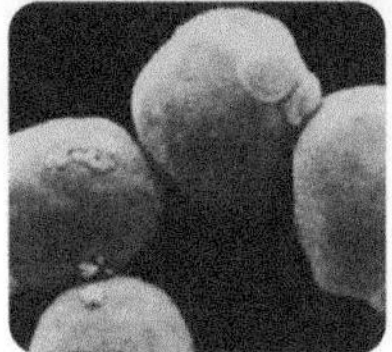

시판되는 건조 효모(위)와 효모를 전자 현미경으로 관찰한 사진(아래)

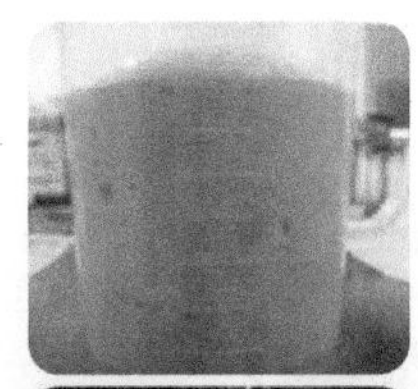
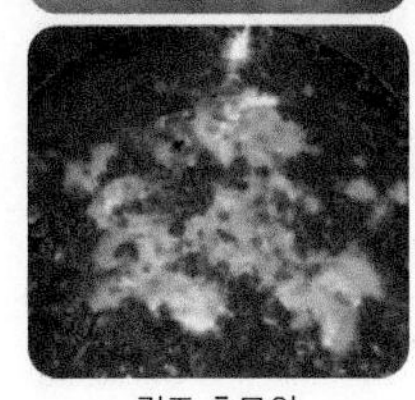

건조 효모의 활성화(위)와 접종(아래)

적포도주 발효(위)와 압착 후 잔당 발효(아래)

(그림 4-5) 알코올 발효

사. 압착과 침전물 분리

과일 100kg에 60~80L의 과일즙을 얻을 수 있다. 여기서 자연과즙(Free run)이 50L 정도, 압착 과일즙이 20L 정도 된다. 압착 과일즙에는 고농도의 폴리페놀이 함유되어 있어 떫고 쓴맛이 강하다. 또한 열매 껍질이나 종자로부터 추출된 복잡 미묘한 향기가 함유되어 있다.

압착 과일즙을 청징 처리하여 자연과즙과 혼합하여 발효하거나, 자연과즙과는 따로 발효시켜 블렌딩용이나 증류용으로 이용할 수 있다. 적포도주를 발효할 때는 안토시아닌과 폴리페놀의 추출 정도가 다른데 안토시아닌은 발효 개시부터 약 5일까지는 증가하며 그 뒤로는 약간 감소한다. 총 폴리페놀양은 발효 10일 정도까지 증가한다. 따라서 적포도주를 제조할 때 떫은맛이 너무 강하면 압착 시간을 가능한 앞당겨 떫은맛이 강한 폴리페놀의 추출을 방지해야 한다. 떫은맛이 약하여 무거운 느낌이 적으면 침용을 오랫동안 하는 것이 좋다.

압착 후 잔당 발효를 위하여 온도를 20~23℃로 낮춰서 3~5일 발효시키면 발효는 완전히 끝나고 효모와 기타 비발효성 물질이 발효통 바닥으로 가라앉는다. 말로락틱 발효를 하지 않는다면 가능한 빨리 침전물을 제거하는 것이 좋다. 침전물 제거가 늦어질 경우 침전된 효모의 분해로 인해 곰곰한 냄새가 날 수 있으며 포도주의 부영양화로 유산균이나 초산균 또는 산막효모 등 잡균이 번식하기 쉬워진다.

(그림 4-6) 원료의 동결 압착(왼쪽)과 발효 후 압착(오른쪽)

(그림 4-7) 발효를 끝내고 압착

04

과일주 숙성과 품질 관리

가. 저장과 숙성

과일주의 저장과 숙성에 가장 많이 이용되는 용기는 스테인리스 스틸제의 탱크로 밀폐가 잘된다면 발효에 사용된 탱크라도 무방하다. 저장용 과일주라면 더 이상 열이 발생되지 않으므로 단열재를 잘 피복하고 온도 조절이 가능한 저장 탱크를 사용한다면 옥외에 두어도 상관없다. 저장할 때 가장 유의할 점은 과일주가 공기와 접촉하지 않게 밀폐하는 것이다. 만약 과일주가 탱크에 가득 들어 있지 않으면 탱크의 빈 공간을 질소로 채워서 과일주의 산화를 방지해야 한다.
오크통을 사용할 경우에는 먼저 어떤 과일주를 넣어 어떤 제품의 과일주를 만들 것인가에 대해 충분히 고려해야 한다. 오크통을 사용한다고 반드시 고급 과일주가 되는 것은 아니다. 과일향이 진한 과일주일 경우 오크통에서 숙성 과정을 거치면서 되레 향긋한 과일향이 없어질 수 있다. 오크통에서 숙성할 때 주의할 점은 처음 사용할 때 새는 곳이 없는지를 점검하고 과일주를 오크통에 오래 담아 두면 오크통 표면에 곰팡이가 생기는 경우가 많으므로 저장실의 청결을 잘 유지해야 한다. 저장 중 과일주 액면이 좀 낮아지면 산화를 방지하기 위해 과일주를 꽉 채워줘야 한다. 즉 오크통에서 숙성하는 작업은 세심한 관찰과 주의가 요구된다. 단순히 오크통에 오래 두면 고급 과일주가 되겠지 라는 환상은 버려야 한다. 오크통에 넣고 아무런 조치를 취하지 않으면 1~2년 뒤에 폐액으로 처리해야 할 골칫덩이 과일주가 나올 수도 있다. 과일주의 적정 저장 온도는 15℃ 내외이다. 과일주를 숙성하는 데 좋은 저장고는 가능한 한 온도의 변화가 적은 곳이어야 한다. 습도는 60~70%로 곰팡이가 잘 생기지 않는 건조한 곳이 좋다.

(그림 4-8) 과일주의 여러 가지 숙성 방법

나. 과일주 오염 방지

과일주를 제조할 때 흔히 발생하는 오염균으로는 초산균·산막효모·유산균이 있다. 초산균이나 산막효모는 호기성균이기 때문에 발효나 저장 중에 공기가 자유로이 드나들 때 많이 발생한다. 방지 방법으로는 발효할 때 온도를 25℃ 이상 되지 않게 조절해 주고, 저장할 때 용기에 과일주를 꽉 채우고 밀폐시킨다.
유산균은 원료가 깨끗하지 않거나 발효를 끝낸 후 침전물 제거가 깔끔하지 않을 경우에 발생 빈도가 높다. 유산균은 아황산에 대한 내성이 약하기 때문에 발효를 끝내자마자 아황산을 처리하고 침전물을 제거하면 쉽게 방지할 수 있다.

곰팡이는 알코올에 내성이 약하기 때문에 과일주에는 잘 생기지 않지만 청소를 잘 하지 않을 경우 양조장의 벽·저장 용기·다공질의 기구·기타 물건의 표면에서 잘 번식한다. 특히 오크통을 사용할 경우 오크통의 표면에 곰팡이가 잘 번식하는데, 곰팡이가 포도주에 직접 영향을 미치지는 않지만 곰팡이가 생성한 냄새가 포도주 속에 녹아 들어갈 수 있으므로 각별히 주의해야 된다.

■ 더 알아보기

과일주 오염과 방지 방법
- 초산균: 발효 온도가 높을 때, 발효 중 뒤집기가 불충분할 때, 저장할 때 밀폐가 불확실한 때, 아황산 농도 낮을 때
- 산막효모: 발효를 끝낸 후 공기 유입이 많고, 알코올 농도와 아황산 농도가 낮을 때
- 유산균: 원료가 깨끗하지 않을 때, 발효를 끝낸 후 침전물 제거가 깔끔하지 않을 때, 잔류 아황산 농도가 낮을 때

방지 방법
온도는 너무 높지 않게(발효할 때 27℃, 저장할 때 20℃ 이하), 발효를 끝내고 침전물제거 확실히, 저장할 때 공기 유입 방지 또는 빈 공간은 질소로 충진, 발효 전후 적당히 아황산 처리(저장할 때 아황산으로 70~130ppm 유지)

■ 더 알아보기 2

아황산염 처리 목적과 처리 방법
- 처리 목적: 과일을 으깰 때와 과일주를 저장할 때 폴리페놀 물질의 산화 억제와 잡균 오염 방지
- 처리 방법: 과일을 으깰 때 아황산염으로 200ppm, 발효 끝내고 1차로 침전물을 분리할 때 100ppm, 여과하고 입병할 때 50ppm 처리

과일주 저장할 때 품질 관리
- 발효 완료 후 처음 1년간은 3~5개월마다 침전물 분리
- 단맛이 많은 과일주의 경우, 아황산으로 100~130ppm 정도, 달지 않은 과일주의 경우 70~100ppm 정도로 유지 요망
- 저장 용기에 공기의 유입을 방지하고 빈 공간이 없게 하거나 질소를 충진

참고문헌

1. 2007 과실류 가공현황. 농림부

2. 포도주 양조법. 야마나시현 공업기술센터

3. 일본포도주 제조기술. 배상면 주류연구소

4. 포도의 기능성 성분 연구. 식품과 개발 33권7호

5. 포도에 관한 궁금증 풀이. 경상북도 농업기술원 포도특화사업단

chapter 5

이슬처럼 받아낸 술, 증류주

01 증류주 현황

2010년 전국의 성인남녀 2,829명을 조사한 결과 우리나라의 가장 대중적인 술로 소주를 꼽았다. 소비자들은 술 하면 가장 먼저 소주(65.1%)를 떠올렸고 그 다음은 맥주(24.2%), 위스키·와인·탁주는 3~4%대로 큰 차이를 보이지 않았다. 최근 막걸리가 인기를 얻고 있지만 국민들의 인식이 바뀌기에는 좀 더 시간이 필요할 것으로 보인다. 최근 여성들의 사회 진출 횟수가 증가하고, 건강에 대한 관심이 증가하면서 고도주보다는 저도주를 선택하는 경향이 많아졌다. 이로 인해 고도주인 소주·위스키·브랜디의 소비가 감소한 반면 저도주인 막걸리의 소비가 증가했다.
그럼에도 여전히 우리나라는 세계 9위의 위스키 소비 국가이며 희석식 소주는 우리나라 전체 주류 시장의 36.8%를 차지하고 있다. 주류 산업에서 이들이 차지하는 영향력은 아직도 대단하다.

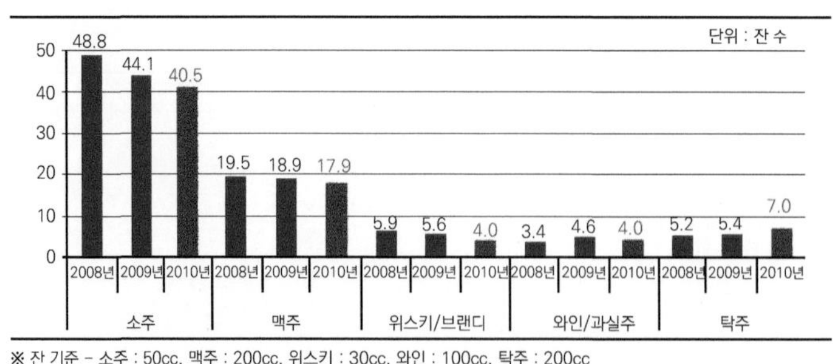

(그림 5-1) 주요 주종의 1인당 월 평균 음주량 변화

(표 5-1) 우리나라 주류 시장의 소비 동향

단위	전체	맥주	희석식 소주	위스키	과실주 약주	탁주	기타
금액(억 원) 비중(%)	77,687 (100)	35,990 (46.3)	28,590 (36.8)	2,376 (3.1)	1,131 (1.5)	4,100 (5.3)	5,500 (7.1)

* 자료: 2009년 기준, 수입 주류 제외, 공정거래위원회(2010), 주류 적자(억 원): 2.9(2006) → 4.3(2007) → 4.4(2008) → 2.3(2009)

수입 주류는 위스키 1,950,000달러, 포도주 1,120,000달러, 맥주 37,000,000달러 순으로 수입이 많았으며 2009년 총 수입액은 384,000,000달러로 매년 적자가 나고 있다.

02

증류식 소주의 개요와 분류

우리나라 성인 국민들이 한 번씩은 맛보았을 참이슬·처음처럼 등 녹색 병에 들어 있으면서 일반 소매점에서 쉽게 구할 수 있는 소주를 희석식 소주라고 하며 안동소주·문배주 등은 증류식 소주라고 한다. 희석식 소주는 타피오카 등의 원료를 발효시켜 만든 에탄올(95% 알코올)에 물과 감미료 등을 첨가하여 만든 술이다. 증류식 소주는 약주나 막걸리를 증류하여 만든 술이다. 좀 더 쉽게 설명하면 맥주를 증류하여 위스키를 만들고 와인을 증류하여 브랜디를 만든다. 이와 같이 양조주를 증류한 것이 증류식 소주다.

■ 더 알아보기

타피오카

녹말의 하나로, 열대 지방에서 나는 카사바(cassava)의 뿌리를 가늘게 자르고 압착하여 액즙을 뺀 뒤에 남은 섬유질을 갈아서 만든 것을 말한다.

그래서 희석식 소주와 증류식 소주는 맛이나 향에서 차이가 난다. 희석식 소주는 인공 첨가물로 맛을 내기 때문에 다소 인위적이며 발효 산물을 사용하지 않아 깊은 풍미를 부여하기 어렵다. 반면 증류식 소주는 원료의 향과 발효 과정 중 생성되는 다양한 향미로 소비자들에게 깊은 인상을 주는 술이다.

(그림 5-2) 양조주의 종류에 따른 증류주

그런데 우리나라에는 왜 증류식 소주가 아닌 희석식 소주가 자리매김한 걸까? 이는 우리나라의 역사와 관련이 깊다. 일본이 일제 강점기 때 세금을 포탈 하기 위해 주세법을 시행한 것이 그 시작이다. 일본은 가정에서 직접 빚어 만드는 '자가 제조주'를 금지하고, 공장에서 소주를 생산하도록 하면서 증류식 소주의 명맥을 단절시켰다. 또한 1960년대 우리나라 정부가 식량 위기로 쌀을 이용하는 소주 제조를 금지시켰고, 1970~80년대 산업 발전 시기에는 도시 노동자들이 저렴하고 깔끔한 술을 찾으면서 희석식 소주가 대중주가 되었다.

증류주는 겨우 700~800년의 역사를 가지고 있다. 이렇게 증류주의 역사가 짧은 까닭은 자연 상태에서 이뤄지는 발효 공정 외에도 공학적 원리로 이뤄지는 증류 공정을 필요로 하기 때문이다. 따라서 증류주의 역사는 증류기의 발자취라고 할 수 있다. 현재에 이르기까지의 증류기 흐름은 (그림 5-3)에 잘 나타나 있다.

증류주의 시작은 페르시아였다. 그리고 11세기에 이슬람 연금술사들이 증류법을 개선했고, 12세기 십자군에 의해 유럽 전역으로 퍼진다. 이는 포도주를 증류한 브랜디(Brandy)를 낳게 된다. 증류주는 아랍어로 '아라키', 몽골어로 '아리키', 만주어로 '알리카'로 불렸다. 우리나라에 증류주가 전래된 시기는 13세기 칭기즈칸이 한

반도에 침입(1274년)했을 때, 몽고군에 의해 '고리'라는 증류기가 전해지면서부터다. 소주는 양조주를 증류하여 이슬처럼 받아내는 술이라 하여 이슬 로(露) 자를 사용해 노주(露酒)라고 했다. 이외에도 화주(火酒)·백주(白酒)·기주(氣酒)라고 불렸다. 토속어로는 아랭이·아랑주·아래기·아랫니라고도 했다.

처음 소주가 우리나라에 들어왔을 때는 고급주로 취급되었다. 조선시대 성종 21년 사간(司諫)인 조효동은 일반 민가에서 소주를 만들어 음용하는 것은 사치스러운 일이니 소주 제조 금지령을 내리라고 왕에게 아뢴다. 이후 소주는 다양한 약재를 넣은 약소주로 발전했고, 첨가되는 약재에 따라 감홍로·구기주·매실주 등으로 탄생했다. (표 5-2), (표 5-3)에 우리나라 증류주를 만드는 제조법과 약용 소주를 나타냈다.

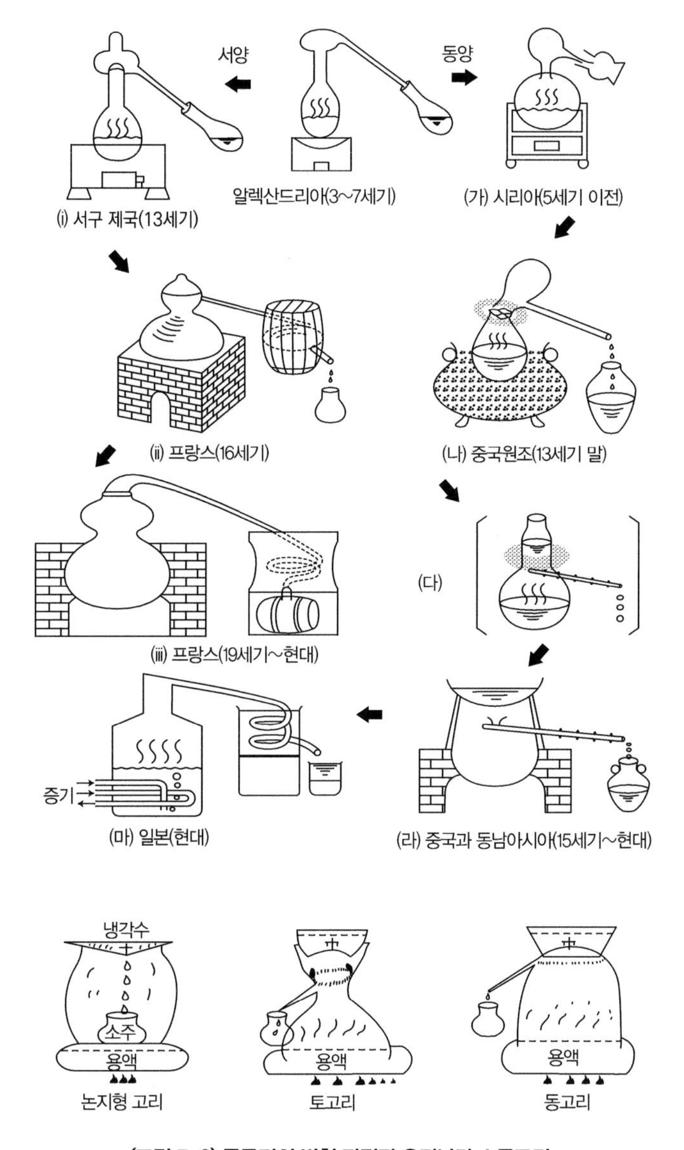

(그림 5-3) 증류기의 변천 과정과 우리나라 소줏고리

(표 5-2) 증류식 소주 제조법 (순곡 증류주)

술 이름	멥쌀	찹쌀	보리	곡물상태	누룩	물	속성기간	기타
단양소주								
1. 교맥노주	4~5말		1말 5되	죽				
2. 국미주			1말	밥	4되			
3. 모미소주			1말		4되			
4. 삼오노주	1말			죽	3되		1~2주	
5. 소맥노주			밀 1말		5되	1동이	5일	
6. 수수조수			수수					
7. 옥수수소주			옥수수					
8. 이모로주	3말		귀리 10말	고두밥	8말			
9. 진맥소주			밀 1말					
이양소주								
10. 노주이두방	1되	1되		가루	9되	8말		
		2말						
11. 모소주 ①	1되	1되		가루	4되	2사발		
		1말		고두밥				
②			1되		1되			솔잎
			○	고두밥				
12. 사철소주	2되반			가루	3홉	5되		
	1말	5되		고두밥		3되	7일	
13. 찹쌀소주	1되	1되		가루, 죽	4되	40복자		
		1말		고두밥			8일	16~18 복자를 얻는다
14. 소주특방	1되	1되		가루		9되		
		2말		고두밥			7일	
삼양소주								
15. 모소주	1되 5홉			가루, 흰무리	1되 5홉			닥나무잎
			1말	고두밥				
	5홉			죽	5홉			

(표 5-3) 약용 소주 제조법

술 이름	멥쌀	찹쌀	곡물 상태	누룩	물	숙성 기간	소주	약재	기타
소주에 약재를 넣은 약용소									
1. 감홍로							○		
2. 관서감홍로							1고리	관계 1냥, 용안육 1냥, 진피 1돈, 방풍 5푼, 정향 3푼	평양산 소주
3. 관서계당주							○	자초 1냥, 꿀	홍로주중 상품
4. 내국홍로주							1병	지초 1냥	
5. 노주소독방							○	꿀, 계피, 설탕	
6. 우담소주							○	소의 쓸개	
7. 이강주							○	배즙, 생강즙, 꿀	
8. 진라주							○	단향	외래주
9. 포도조수							○	포도, 누룩	
10. 상심주							1고리	뽕나무 열매 2되의 즙	누른빛술
곡물과 약재를 넣어 빚은 약용소									
단양 증류주									
1. 삼합주	메밀 1말	1말		1말				꿀 1되, 후추 3돈, 생강 3돈	장기, 습, 비이
2. 소주	1말		고두밥	5되	2말	6일		고추, 꿀, 계피, 설탕, 지치, 당귀, 용안육, 대추, 숙지황, 앵도즙, 저편, 치자	뽕나무, 밥나무, 참나무, 냉적, 한기, 조습담, 울결, 설사, 벌레, 장기, 통변, 눈
3. 오향소주		5말	고두밥	15근		56일	3항아리	단향, 유향, 목향, 천궁, 몰약 각 1냥 5전, 정향 5전, 인삼 4냥, 백당 15근, 호도 200개, 대추 3근	눈, 귀, 오장
이양증류주									
4. 자주	1말	1말	가루, 죽	6되 5홉			5대야	후추 3돈, 황밀 3돈	
		2말	고두밥						쌀 1되에 소주 1되 나옴
5. 적선소주방	1되 5홉		가루, 죽	3되			4말		
		1말	고두밥					송순 삶은 물	

가. 증류주의 분류

주류는 알코올 성분을 1% 이상 함유한 음료로, 생산하는 국가·지역·원재료·제조법에 따라 종류가 수없이 많다. 그중 제조법에 따라 크게 양조주·증류주·혼성주로 나뉜다.
양조주는 원료를 그대로 또는 당화한 후 알코올을 발효시켜 만든 술이다. 일반적으로 발효액을 여과하여 제품화하고 있다. 증류주는 양조주를 증류해 만든 것으로, 증류액을 저장 용기(옹기·법랑·스테인리스 스틸·나무통 등)에 저장하여 숙성시키거나 향료 식물로 향을 부여하여 제조한다. 혼성주는 양조주나 증류주에 식물의 과실·잎·뿌리 등을 침출하여 향이나 맛 또는 색소를 추출하고, 당·유기산·색소 등을 첨가하여 제조한 술이다. 각종 주류의 성분 내용과 이에 해당하는 술의 종류를 (표 5-4)에 나타냈다.

(표 5-4) 제조법에 의한 주류 분류

분류	성분		해당 주류
	알코올 성분	불휘발 성분	
양조주	낮음~중간	중간~많음	청주, 과일주(와인), 맥주, 약주
증류주	높음	적음	소주, 위스키, 브랜디
			에탄올류(보드카, 진, 럼)
혼성주	중간~높음	많음	합성청주, 리큐르, 미림

증류주의 주세법상 분류는 증류식 소주·희석식 소주·일반 증류주·리큐르·기타 주류로 세분화되어 있다.

(1) 소주

(가) 증류식 소주

녹말이 포함된 재료로, 국과 물을 원료로 하여 발효시킨 연속식 증류 외의 방법으로 증류한 것이다.

(나) 희석식 소주

에탄올 또는 곡물 에탄올을 물로 희석한 것이다.

(2) 위스키

발아된 곡류와 물을 원료로 하여 발효시킨 술덧을 증류해서 나무통에 넣어 저장한 것이다.

(3) 브랜디

과실주류(과실주 지게미를 포함한다)를 증류하여 나무통에 넣어 저장한 것이다.

(4) 일반 증류주

규정에 따른 주류 외의 것(수수, 옥수수+국, 사탕수수, 설탕+효모)이다.

(5) 리큐르

불휘발 성분(고형분)이 2℃ 이상인 증류주(인삼주, 진도홍주)다.

03

증류식 소주 제조법

가. 자가 증류기 구성

농가에서 산업적인 증류기를 설치하고 운영하기란 쉽지 않다. 따라서 본 장에서는 상위 단원에서 만든 약주, 탁주, 과일주 그리고 시중에서 판매하고 있는 가정용 자가 증류기를 이용한 증류주 제조법을 설명하고자 한다.

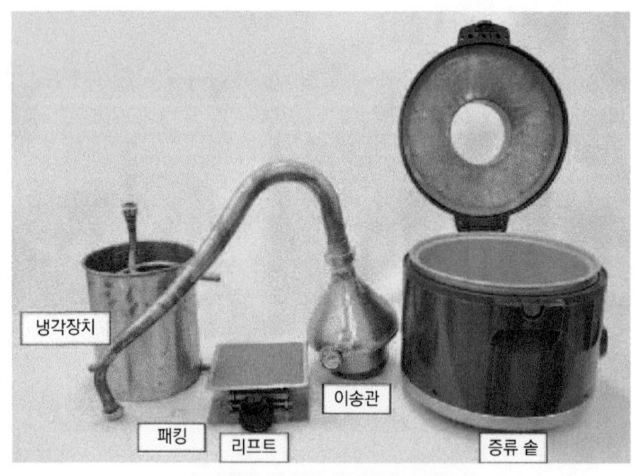

(그림 5-4) 자가 증류기의 구성

(그림 5-5) 자가 증류기 설치 모습

자가 증류기는 10L 밥솥을 개량하여 제작한 것으로, 전기밥솥 상단부에 구멍을 내고 여기에 구리를 덧대어 놓았다. 증류에 필요한 각종 부속품은 (그림 5-4)와 같으며 설치해 놓은 모습도 나타냈다.

나. 자가 증류기를 이용한 증류주 제조

자가 증류기를 이용한 증류주 제조 과정은 다음과 같다.

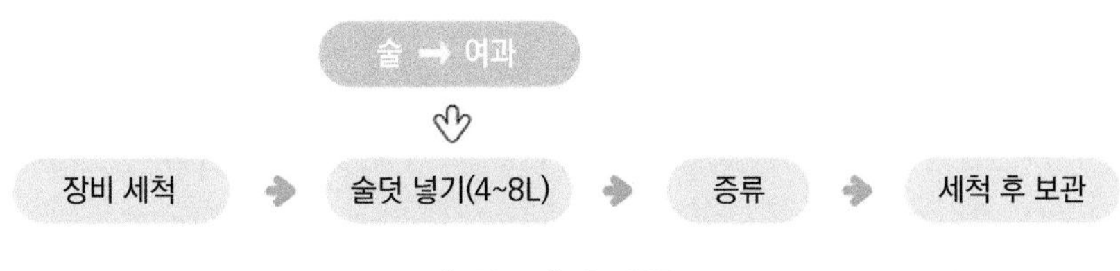

(그림 5-6) 제조 흐름도

(1) 사용 전후 세척 방법

제공된 솔(브러시)을 사용하여 가볍게 세척한다. 솔질을 한 후에는 이물질이 관에 남아 있지 않도록 물로 여러 번 씻어낸다.

(2) 증류 방법

증류 장치를 (그림 5-5)처럼 설치하고 냉각 장치는 리프트를 이용하여 증류 솥에 맞게 적당히 조절한다. 발효가 완료된 술덧은 여과(막걸리 정도)하여 증류 솥에 넣는다. 술덧에 밥알·누룩 등 고형분이 많을 경우 탄내의 원인이 된다. 냉각 장치에는 차가운 물(수돗물·지하수)이 항상 흐르게 하고 냉수 공급이 어려울 경우에는 얼음을 넣어둔다. 증류 솥의 버튼을 취사 상태로 하면 40분 후 증류가 시작된다. 술덧의 양이나 알코올 농도에 따라 증류주의 농도나 양이 달라진다. 아래 수치는 이론적인 수득량으로 실제는 이론 수치의 약 80~90%만 받을 수 있다.

(표 5-5) 증류주의 이론적 수득량

증류할 술덧의 양(L)	4			6			8		
술덧의 알코올 농도(%)	8	12	16	8	12	16	8	12	16
40% 증류주의 양(L)	0.8	1.2	1.6	1.2	1.8	2.4	1.6	2.4	3.2

(3) 증류

쌀로 제조한(알코올 15% 함유) 약주 8L를 넣고 증류한다.

(가) 증류 시간에 따른 술덧의 온도 변화

초기에는 온도가 급격하게 상승하다가 증류주가 나오는 시점부터 온도 변화가 둔화되기 시작한다. 증류 시작 후 40분이 경과된 75℃ 부근에서 첫 방울이 떨어지기 시작한다. 50분이 경과하면 본격적으로 증류가 진행된다. 이후 100℃에 도달하면 증류가 끝난 것이다.

(나) 증류액의 알코올 농도 변화

증류액이 떨어지는 초기의 알코올 농도는 70~75%다. 이후 약 1분당 0.8%씩 알코올 농도가 감소하여 약 130분 후에는 증류가 종료된다. 증류를 과도하게 진행할 경우(증류 시간을 초과할 경우) 물이 빠져나오며 술덧의 온도가 상승하면서 푸르푸랄 성분도 증가해 술의 품질에 좋지 않은 영향을 미친다. 각별히 관심을 가져야 한다.

■ 더 알아보기 : 푸르푸랄

탄 냄새를 가졌고 기름처럼 액체 형태를 띤다. 복소 고리 화합물의 한 종류다. 나일론 합성이나 살충제로 사용되기도 한다.

자가 증류기를 사용할 때 주의 사항

1. 증류기를 가동 중이거나 증류가 끝난 직후에는 장비가 뜨거우므로 주의해야 한다(특히 어린이 화상 주의).
2. 가동 전후에 반드시 세척해야 한다(구리가 부식되는 것을 방지).
3. 발효를 하고자 할 때는 전원 스위치를 빼놓아야 한다(전원 스위치를 넣을 경우, 온도가 상승하여 발효가 일어나지 않는다. 술의 발효 온도는 20~25℃가 적당).
4. 만약 증류주에 이물질이 있을 때에는 한지 등을 이용하여 여과한다.
5. 술덧의 양은 최대 10L가 넘지 않도록 해야 한다(술덧이 많을 경우, 증류할 때 넘칠 우려가 있다. 적절한 양은 8L).
6. 백탁(밀가루를 섞어놓은 것처럼 뿌옇게 되는 현상)이 발생할 경우에는 냉장고에 보관했다가 기름기가 위에 떠오르면 한지 등을 이용하여 흡수시켜 제거한다.
7. 증류주 분리

- 증류하고자 하는 술 양의 2~5%를 초류라 하여 따로 분리한다.
- 이후 본류(중류 또는 제품이라 함)라 하여 받은 술의 알코올 농도가 45~60%(향과 맛으로 결정)가 될 때까지 받고, 이후 후류라 하여 따로 받아서 모아두었다가 다음의 2차 증류에 초류와 함께 넣어서 증류한다. 후류는 최종 100mL 증류액의 알코올 농도 3~5%가 되면 종료한다.

(다) 받아진 증류주 양과 알코올 농도의 변화

증류액은 첫 방울이 나오기 시작한 후 분당 약 30mL씩 받아진다. 본류는 초기 투입한 여과 술덧 양의 40%가량 받아진다. 증류가 모두 끝난 증류주의 알코올 함량은 40%가량이며, 이는 원주에 들어 있는 알코올 양의 약 98%에 해당한다.

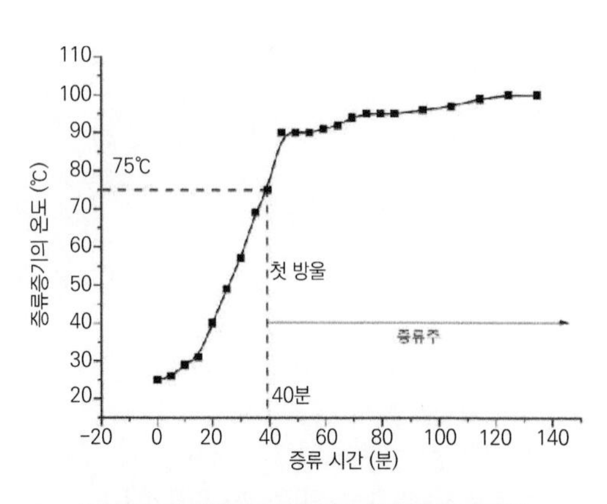

(그림 5-7) 증류 시간에 따른 술덧의 온도 변화

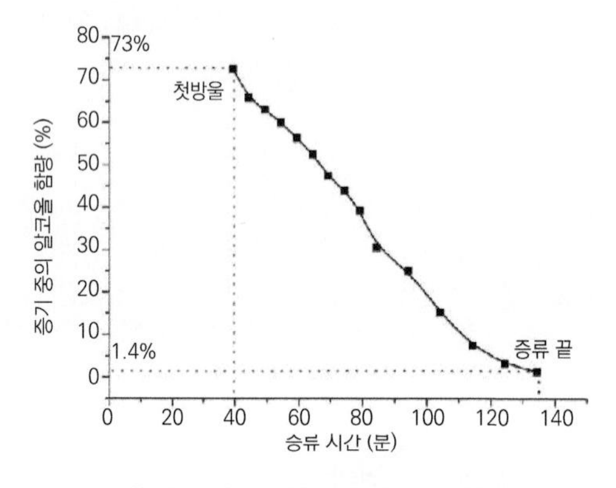

(그림 5-8) 증류액의 알코올 농도 변화

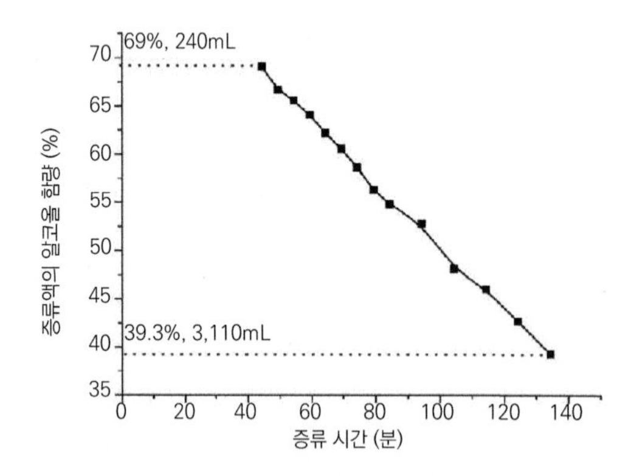

(그림 5-9) 받아진 증류주 양과 알코올 농도의 변화

다만 투입된 원주의 양만큼 증류주가 나오지는 않는다. 증류주의 알코올이 원주보다 농축되어 있어 원주량의 30~40% 정도만 회수되니 이 점 염두에 둘 필요가 있다.

■ 더 알아보기

고품질 증류주를 얻는 방법

고품질 증류주를 얻기 위해서는 탄내 성분과 기름 성분에 의한 백탁 현상을 제거해야 한다.

- 탄내 성분 제거: 술덧을 여과하여 증류한다.
- 백탁 현상 제거: 저온 보관 후 유출된 기름 성분을 거름종이로 흡착 제거한다. 증류량은 원주량의 30~40%를 수득한다.

참고문헌

1. 조호철. 2009. 우리술빚기. 넥서스Books
2. 정동효. 2010. 한국의 전통주. 유한문화사
3. 배상면. 2003. 증류식소주제조기술. 배상면주류연구소
4. 이효지. 2009. 한국의 전통민속주. 한양대학교출판부
5. 한국주류산업협회. 2011. 주류산업 107호

chapter 6

한식의 뿌리, 된장

01

예부터 다양하게 담가 먹었던 건강 기능성 식품, 된장

가. 된장의 문화적 의미

우리 선조들은 지혜와 경험을 바탕으로 농산물을 활용하여 민족의 정서와 문화가 담긴 전통 식품을 만들었다. 이 중 된장은 한국인이 식생활에서 가장 애용하는 부식 또는 조미료로 모든 음식의 기본이 된다. 탄수화물을 주식으로 하는 우리의 식생활에 있어서 단백질과 지방을 공급하는 콩은 매우 중요한 식품 재료이며 콩을 발효시킨 된장은 우리 음식에 맛과 영양을 공급하는 중요한 식품이다. 예부터 조상들은 한 해 동안 집안의 음식 맛을 좌우하는 된장 담그는 작업을 매우 중요하게 생각했다. 옛 선조들에게 장 담그는 일은 성대한 작업이었다. 장 담그기 3일 전부터 부정한 일은 피하고, 당일에는 목욕 재개를 하며 음기(陰氣)를 발산하지 않기 위해서 한지로 입을 막고 장을 담갔다. 장의 시작이 언제인지 알 수는 없지만 〈삼국사기〉에는 신문왕 3년(683)에 왕비의 폐백 품목에 장과 시가 포함되었다고 기록하고 있다. 〈삼국사기〉 기록만 따져보면 콩보다 역사가 훨씬 짧다. 하지만 중국 문헌인 〈삼국지〉를 보면 고구려인의 장 담그기에 관한 기록이 나와 있다. 3세기경으로 장 담그기가 이뤄졌음을 확인할 수 있다. 또한 조선 영조 때 고증학자였던 한치윤이 저술한 해동역사 〈신당서〉에 발해의 명산물로 '시'를 들고 있어 이를 뒷받침해 주는 증거가 된다.

(그림 6-1) 한식의 기본 조미료인 된장

한편 안악 3호분 고분벽화에도 발효 식품을 갈무리한 것으로 보이는 우물가의 독이 보인다. 현종 9년과 문종 6년에는 굶주린 백성을 위해 구황 식품으로 장을 배급했다. 〈고려사〉, 〈동국이상국집〉에 장의 존재를 확인할 수 있는 기록이 남아 있으며, 조선시대에 기록한 여러 문헌에는 장의 제조법까지 상세히 실려 있다. 콩과 밀가루를 원료로 한 간장과 된장 만드는 방법을 기록한 〈구황촬요(1554)〉를 비롯하여 〈주방문(1600년 말)〉, 〈고사신서(1771)〉, 〈산림경제(1715)〉, 〈규합총서(1809)〉 등 음식 내용을 다룬 모든 문헌에 메주 제조법·택일하는 법·즙장(汁醬)·태장(笞杖)·육장(肉醬)·급히 쓰는 장 등의 제조법이 실려 있다.

특히 조선시대에는 메줏가루와 조선 중기 이후에 도입된 고추를 이용한 만초장(고추장) 제조법을 새로 선보였다. 이후 고기와 생선을 곁들여 담근 청육장 등 다양한 장류와 향초장·별미장을 제조해 독특한 장 문화가 형성되었다. 그러나 지금은 산업화에 밀려 그 종류와 담금법이 단순화되고 있다.

■ 더 알아보기 : 된장의 오덕

된장은 음식 맛의 근본으로 독특한 성질과 관련된 오덕(五德)이 있다.

① 된장은 다른 맛과 섞여도 제 맛을 잃지 않는다.
② 오래 두어도 변질되지 않는다.
③ 비리고 기름진 냄새를 제거해 준다.
④ 매운맛을 부드럽게 해 준다.
⑤ 어떤 음식과도 잘 조화된다.

나. 재래식 된장의 분류 및 특성

재래식 된장의 종류는 간장을 빼고 남은 부산물로 만든 막된장, 메주를 이용한 토장, 메주를 이용하되 수분이 다소 많고 햇볕 또는 따뜻한 곳에서 숙성시킨 막장, 청국장에 무채나 생강 등을 넣고 숙성시킨 담북장, 막장과 비슷하게 고추와 배춧잎을 넣고 숙성시킨 즙장으로 나눌 수 있다. 이외에도 생황장·청태장·팥장·청국장·집장·두부장·지레장·무장·생치장·비지장·깻묵장·등겨장·가리장 등이 있다. 또한 된장은 한식 된장과 일본식 된장이라 불리는 개량식 된장으로 크게 나눌 수 있다. 한식 된장에는 메주로 간장을 뽑지 않고 담근 토장과 간장을 뽑고 남은 부산물로 만든 막된장 등이 있으며, 개량식 된장에는 전분질 원료에 따라 쌀미소·보리미소·공미소 등이 있다.

한식 된장은 콩으로 만든다. 콩은 수분 9%, 단백질 41%, 지질 18%, 당질 22%, 섬유질 5%, 회분 6%로, 칼슘·칼륨·철 등이 풍부하다. 지질 중 필수 지방산인 리놀레산이 53%, 리놀렌산은 8%나 들어 있어 피부병 예방·혈관질환 예방·정상 성장 등에 중요한 역할을 한다. 된장은 원료인 콩에 곰팡이, 효모, 세균에 의해 제조된 발효제인 메주로부터 만들어진다. 큰 분자의 영양소가 소화되기 쉬운 형태의 저분자 물질로 전환되어 맛과 저장성이 향상된다. 된장은 수분이 50~60%, 단백질이 12~13%, 지질이 3~8%, 당질이 4~13%, 섬유질이 3~4%, 회분이 15~18% 들어 있다. 염분은 보통 10~16%이다.

(표 6-1) 된장의 종류

분류		특징
재래 된장	막된장	간장을 빼고 남은 부산물을 말한다.
	토장	막된장과 메주 또는 염수를 혼합 숙성하거나, 메주만을 이용해 담근 된장을 상온에서 장기 숙성시킨다.
	막장	메주를 이용해 토장처럼 담되 수분이 많고 햇볕 또는 따뜻한 곳에서 숙성을 촉진시킨다. 일종의 속성 된장이다. 보리나 밀(녹말성 원료)을 띄워 담근다. 콩보다 단맛이 많고, 남부 지방(보리 생산이 많은 지역)에서 주로 만들어 먹는다.
	담북장	청국장 가공품으로 볼 수도 있다. 볶은 콩으로 메주를 쑤어 띄우고, 고춧가루·마늘·소금 등을 넣어 익힌다. 청국장에 양념을 넣고 숙성시킬 때는 메주를 쑨 다음 5~6 cm 지름으로 빚고, 5~6일 띄워 말린다. 이어 소금물을 붓고 따뜻한 장소에 7~10일 삭힌다. 단기간에 만들어 먹을 수 있으며 된장보다 맛이 담백하다.
	즙장	막장과 비슷하게 담되 수분이 줄줄 흐를 정도로 한다. 무나 고추 또는 배춧잎을 넣어 숙성시킨다. 산미도 약간 있다. 즙장은 밀과 콩으로 쑨 메주를 띄우고 이에 초가을 채소를 많이 넣어 담근 것이다. 경상도·충청도 지방에서 많이 담그는 장으로 두엄 속에서 삭히도록 되어 있다.
	생황장	삼복 중에 콩과 메밀을 섞고 띄워서 담근다. 메밀메주의 다목적 이용과 발효 원리를 최대한 이용한 장이다.
	청태장	마르지 않은 생콩을 시루에 삶고 쪄서 떡 모양으로 만든 다음 콩잎을 덮어서 띄운다. 청태콩 메주를 뜨거운 장소에서 띄우고 햇고추를 섞은 후 간을 맞춘다. 콩잎을 덮는 이유는 균주가 붙어서 분해를 용이하게 하기 위함이다.
	팥장	팥을 삶아 뭉치고 띄운 다음 콩에 섞어 담근다.
	청국장	콩을 쑤어 볏짚이나 가랑잎을 깔고 덮은 다음 40℃ 보온 장소에 2~3일 띄운다. 고추·마늘·생강·소금으로 간을 하고 절구에 넣어 찧는다.
	집장	여름에 먹는 장이다. 농촌에서는 퇴비를 만드는 7월에 장을 만들어 두엄더미 속에 넣어두었다가 꺼내어 먹는다.
	두부장	사찰음식의 하나로 '뚜부장'이라고도 한다. 물기를 뺀 두부를 으깨고 간을 세게 하여 항아리에 넣었다가 꺼낸다. 이어 참깨보시기·참기름·고춧가루로 양념하여 베자루에 담아 다시 한번 묻어둔다. 한 달 후에 꺼내면 노란빛을 띠며 매우 맛이 좋다. 두부장은 대흥사가 유명하다.
	지례장	'지름장' 또는 '찌엄장'이라고 한다. '우선 지례 먹는 장'이라 하여 붙여졌다. 메주를 빻고 김칫국물을 넣어 익히면 맛이 좋다. 이 지례장은 삼삼하게 쪄서 밥반찬으로 먹는다.
	생치장	꿩으로 만든 장이다. 암꿩 3~4마리를 깨끗이 씻고 삶아 껍질과 뼈는 버리고 살코기만 취하여 잘 다지고 찧어 진흙 같이 만든다. 이것을 체로 받쳐 놓으면 아주 연하다. 여기에 초핏가루와 생강즙과 장물로 간을 맞추고 볶아서 만드는데, 마르지도 질지도 않게 한다.
	비지장	두유를 짜고 남은 콩비지로 담근 장이다. 비지장은 더운 날에 만들지 못하는 단점이 있다.
	무장	메주 덩어리를 쪼개어 끓인 물을 식혀 붓는다. 10일 정도 재웠다가 그 국물에 소금 간을 하여 두고 먹는다.

(표 6-2) 재래식 된장과 개량식 된장의 성분 비교

성분	재래식 된장	개량식 된장
수분(%)	51.5	50.0
단백질(%)	12.0	14.0
지방질(%)	4.1	5.0
당질(%)	10.7	14.3
섬유(%)	3.8	1.9
회분(%)	17.9	14.8
열량(kcal/100%)	138	156

(표 6-3) 된장의 일반 성분 (100g당)

열량	단백질	지방	당질	회분	칼륨	인	철분	비타민 B_1	비타민 B_2
128cal	12g	4.1g	14.5g	17.9g	122mg	141mg	5.1mg	0.04mg	0.2mg

다. 된장의 건강 기능성

된장을 비롯한 장류의 기능성에 대한 많은 연구가 이루어지고 있다. 주로 장의 원료와 발효 미생물과 발효 대사산물에 대한 보고이다. 장류의 생리활성 효과와 관련된 성분에 대해 알아보면 다음과 같다.

(1) 항암 효과

장류에 함유되어 있는 기능성 물질 중 가장 주목 받고 있는 것이 이소플라본(Isoflavone)이다. 이소플라본의 화합물은 다이드제인과 제니스테인 등으로, 전립선암·유방암·자궁경부암 등을 예방하는 데 효과적이다. 또한 항암 물질의 대사를 증가시켜 암세포의 증식을 억제한다. 콩의 사포닌은 쥐를 대상으로 한 동물시험 결과 피부암 진행과 경부암·상피세포암의 성장을 억제시키며, 암세포의 DNA 합성을 저해하는 것으로 밝혀졌다. 또 다른 항암 성분으로는 멜라노이딘·기능성 펩타이드 등이 있다.

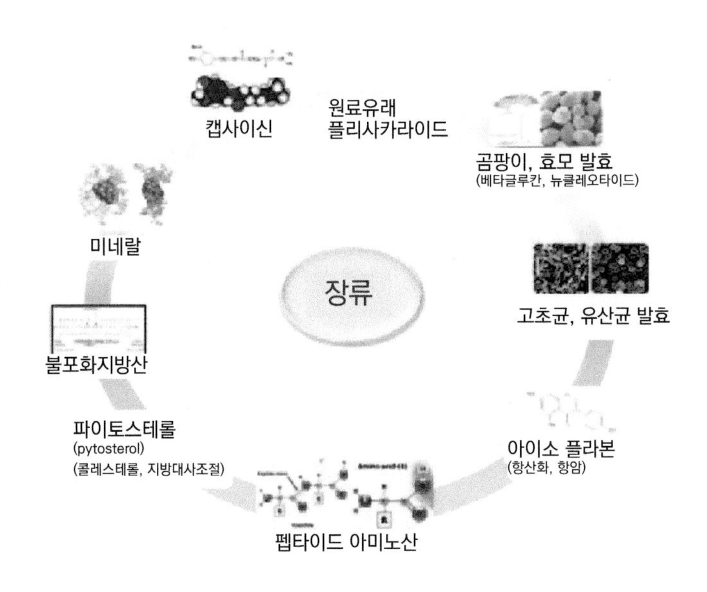

(그림 6-2) 전통장류의 건강 기능성

(2) 항동맥경화 효과

콜레스테롤은 세포막 구성 성분으로 신경 섬유·부신피질 호르몬과 관계가 깊고 적혈구를 보호해 준다. 그러나 혈관이나 세포에 침착해서 동맥경화나 고혈압 등 성인병을 유발하기도 한다. 장류에 함유되어 있는 식이섬유·멜라노이딘·사포닌은 체외로 콜레스테롤을 방출하여 혈액과 간의 콜레스테롤 농도를 저하시킨다. 또한 레시틴은 혈액 속에서 세포나 혈관벽에 부착하여 콜레스테롤을 혈액 속으로 녹여내고 노폐물을 몸 밖으로 배설하도록 한다. 이와 같은 작용은 혈액 순환을 부드럽게 해 주어 동맥경화나 고혈압 등 성인병을 예방하게 한다.

(3) 항산화 효과

장류에 함유된 토코페롤(비타민 E)은 지방의 산화를 방지해 준다. 또한 콩에서 유래한 플라보노이드류도 우리 몸속에서 지방이 산화되는 것을 막아준다. 따라서 장류는 노화나 주름살을 방지하는 데 유용하다. 노화와 관련하여 많은 비중을 차지하는 것으로 펩타이드·안토시안·멜라노이딘·사포닌·페놀산 등이 있다.

(4) 혈당강하 효과

멜라노이딘은 전분의 소화를 지연시켜 당뇨의 예방과 치료에 작용한다. 식이 섬유는 소화되기 어려운 성분이라 섭취한 음식이 위 속에 오랫동안 머문다. 이 때문에 소화된 음식은 장까지 도달하는 데 보다 오랜 시간이 소요되고 이는 혈당치의 상승을 느리게 하여 인슐린의 양이 적어도 당의 분해나 흡수가 부드럽게 이루어진다.

(5) 혈전 용해 효과

장류에는 심장병이나 뇌졸중의 원인이 되는 혈전을 녹여주는 기능성 펩타이드와 효소가 많이 들어 있다. 레시틴은 혈관에 달라붙은 콜레스테롤을 씻어내어 혈액 순환을 부드럽게 하고 필요한 영양소가 신속하게 몸의 구석구석까지 운반되도록 한다.

(5) 혈압 상승 억제 작용

우리 몸의 혈압을 조절하는 물질로 앤지오텐신(Angiotensin)이 있다. 혈압이 올라가는 주원인을 앤지오텐신 변화 효소(Angiotensin Convert Enzyme)라는 물질의 작용으로 보는데, 콩 발효물에는 이 효소의 증가를 억제시켜주는 물질이 함유되어 있어 혈압을 떨어뜨리는 효과가 있다.

(6) 장 내 균총 개선 효과

위장 내에는 젖산균처럼 좋은 균과 병을 일으킬 수 있는 나쁜 균이 공생하고 있다. 여기에 라피노즈 등과 같은 올리고당이 장내 세균 균총을 개선하여 유산균의 수를 늘린다. 또한 유산균의 증가로 면역력이 증가되는 동시에 여러 가지 이로운 물질을 생성하게 하여 설사나 장염 등을 예방하고 변비를 막아준다. 따라서 장류에 포함된 각종 미생물 및 효소가 우리 몸에 들어가면 소화 활동을 활발하게 돕고, 식이 섬유와 더불어 뱃속을 깨끗하게 청소하는 정장 작용을 한다.

02

된장 제조법과 발효 미생물

가. 된장 제조법

콩은 단백질 40%, 지방 20%, 섬유질·올리고당을 20% 정도 함유하고 있어 발효에 관여하는 미생물의 좋은 영양원이 된다. 콩으로 장을 만들 때 가장 처음은 메주를 만드는 작업이다. 대두를 이용하여 증자·성형·겉말림의 과정을 거쳐 제조된 메주를 볏짚에 매달면 곰팡이와 세균과 효모가 번식한다. 소금물(약 18~20%)에 메주를 담가 숙성시키는 동안 미생물에 의해 생성된 다양한 효소로 당화 과정·알코올 발효·산 발효·단백질 분해 과정 등이 일어나고 맛과 향이 생겨 된장 고유의 감칠맛이 생긴다(된장은 숙성될수록 색이 진해진다). 이 같은 결과물은 발효 과정 중 생성된 당과 아미노산이 아미노 카보닐 반응을 일으키기 때문에 나온다. 이 반응은 지속적으로 서서히 일어나며 그 과정 중에 여러 가지 유용 성분과 향기 성분이 생성되어 장 고유의 풍미를 결정짓는다.

건진 메주는 된장으로 사용된다. 건진 메주는 단백질의 분해 산물인 아미노산과 저분자량의 펩타이드를 함유하고 있어 짠맛을 덜 느끼고, 생선류와 육류의 비린내와 누린내를 가려주며, 신맛과 쓴맛과 떫은맛을 약화시키는 완충 작용을 한다.

(표 6-4) 재래식 된장과 개량식 된장의 성분 비교

아미노산	재래식 된장	개량식 된장
Aspartic acid	8.67	10.32
Threonine	3.82	3.63
Serine	4.46	4.50
Glutamic acid	13.81	18.60
Proline	4.47	5.59
Glycine	4.17	3.88
Alanine	6.40	4.09
Valine	5.80	4.84
Isoleucine	5.04	4.61
Leucine	8.28	7.42
Tyrosine	5.26	3.50
Phenylalnine	5.87	4.71
Lysine	6.48	4.71
Histidine	2.07	1.70
Arginine	3.58	4.89
Methionine	0.81	0.80
Cystine	1.35	1.05
Tryptone	1.46	0.84

나. 된장 발효에 관여하는 미생물

발효가 진행되는 동안 곰팡이·세균·효모와 같은 다양한 발효 미생물이 효소를 분비한다. 효소는 영양 성분을 분해하고 분해한 물질에서 새로운 물질을 만들어 반응이 쉽게 일어날 수 있도록 도와주는 촉매 작용을 한다.
우리 몸속에는 섭취한 음식물을 분해하여 흡수할 수 있도록 하는 소화 효소가 있다. 흡수한 물질에서 몸을 구성하는 성분을 만들고 에너지를 얻는 데는 수많은 효소들이 작용한다. 이와 같이 식물체인 농산식품의 원료, 동물체인 축산식품의 원료, 수산식품의 원료에도 수많은 효소가 들어있다. 사람들이 지금까지 식품으로 사용해 온 대부분의 동식물은 미생물이 발효하면 크게 오염될 수 있을 정도로 많은 수분을 가지고 있다. 미생물에 오염된 식품은 외관이 변하거나 유독 성분을 남겨 먹을 수 없게 만들지만 때로는 미생물로 오염된 식품의 맛이 더 좋아지기도 한다.

미생물은 단일 또는 여러 개의 세포로 구성되어 있다. 아주 작아서 눈으로는 보이지 않는다. 모양이나 성질에 따라 효모, 곰팡이, 세균으로 크게 나뉜다.

(1) 곰팡이

곰팡이는 균사에 의해 실처럼 보인다고 해서 사상균(絲狀菌)이라고도 한다. 영양 세포의 증식으로 균사가 자라면서 가지를 만드는데, 영양 세포의 영향을 받은 생식 세포는 균사 끝에 아포자를 생성하거나, 포자낭 포자를 생성하거나, 접합 포자를 생성한다. 증식 속도는 비교적 느린 편이며, 유리산소가 필요로 하는 호기성으로, 증식 온도 범위는 20~35℃ 정도다. 영양소 중 좋아하는 천연 물질은 녹말 등 탄수화물이며 미량 영양소를 필요로 하지 않는다. 생육 pH는 4~6으로 산성이며, 대사 적용의 형태는 가수분해형과 산화형이다. 탄수화물에서의 대사산물은 당과 유기산이며 단백질에서의 대사산물은 펩타이드·아미노산이다.

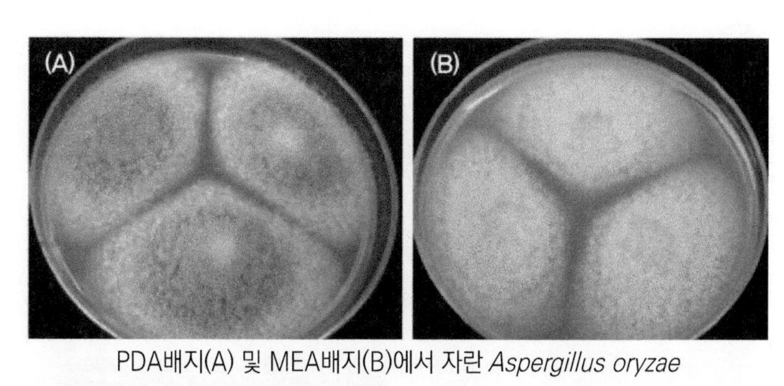

PDA배지(A) 및 MEA배지(B)에서 자란 *Aspergillus oryzae*

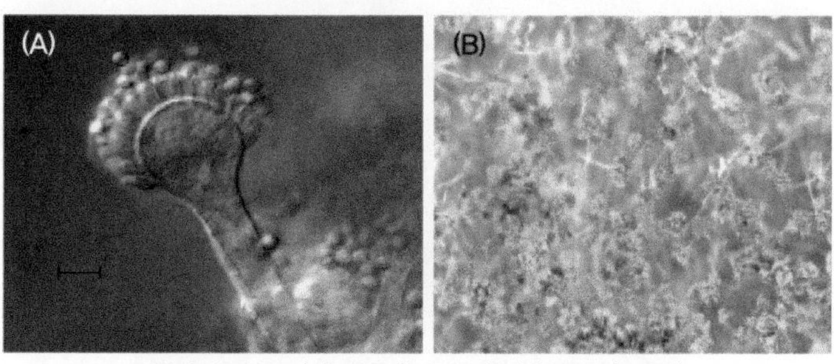

현미경 관찰 : (A) 광학 (X1,000). (B) 실체 (X100)

(그림 6-3) 아스페르길루스 오리재(*Aspergillus oryzae*)

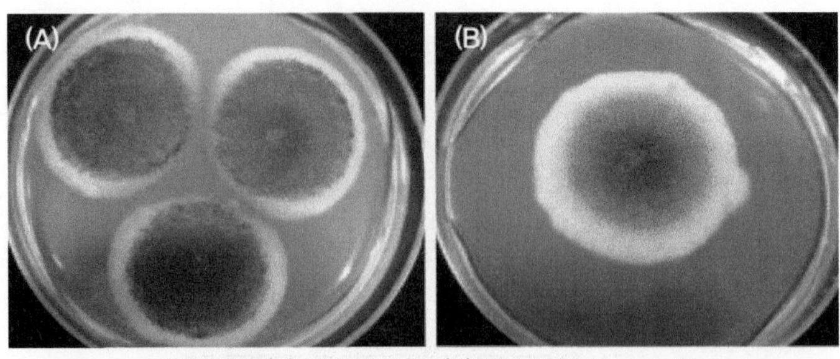

PDA배지(A) 및 MEA배지(B)에서 자란 *Aspergillus niger*

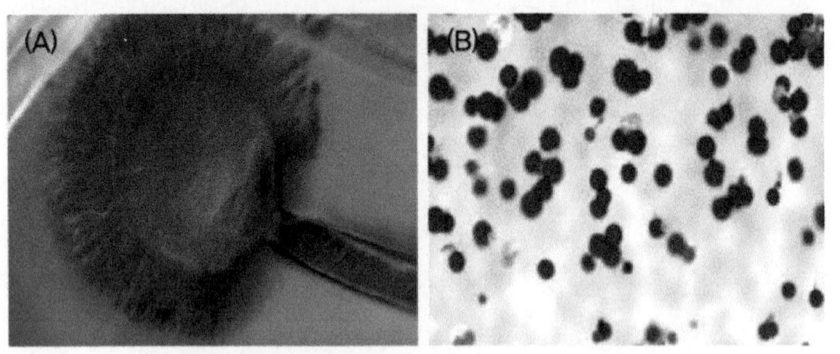

현미경 관찰 : (A) 광학 (X1,000), (B) 실체 (X100)

(그림 6-4) 아스페르길루스 니게르(*Aspergillus niger*)

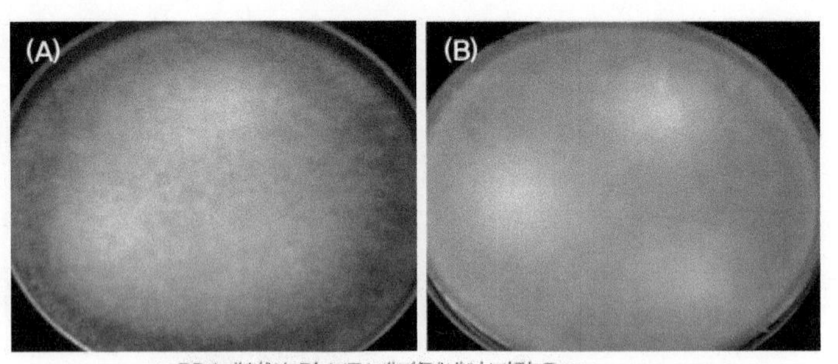

PDA배지(A) 및 MEA배지(B)에서 자란 *Rhizopus oryzae*

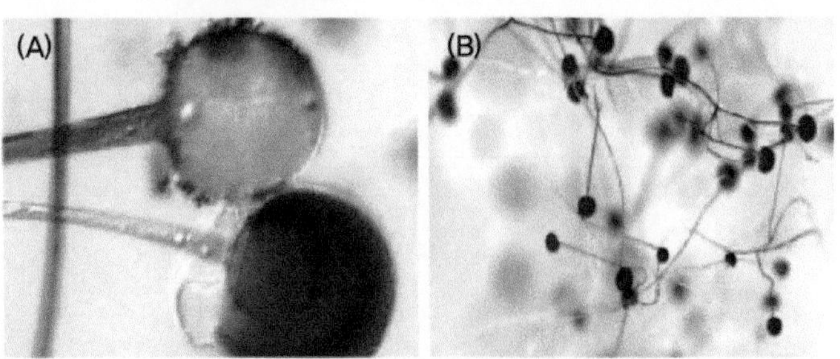

현미경 관찰 : (A) 광학 (X1,000), (B) 실체 (X100)

(그림 6-5) 리조푸스 오리재(*Rhizopus oryzae*)

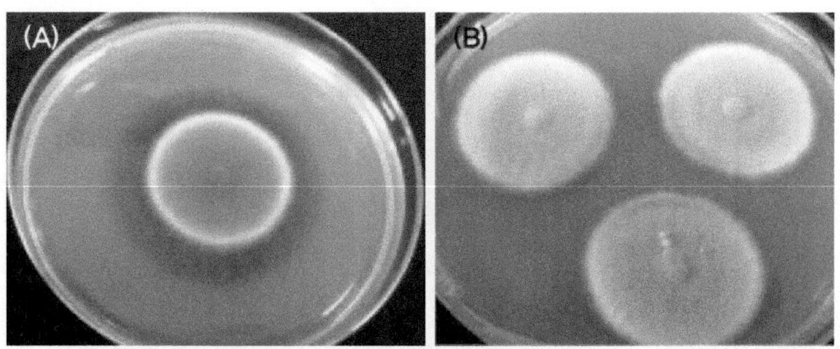

PDA배지(A) 및 MEA배지(B)에서 자란 *Penicillium polonicum*

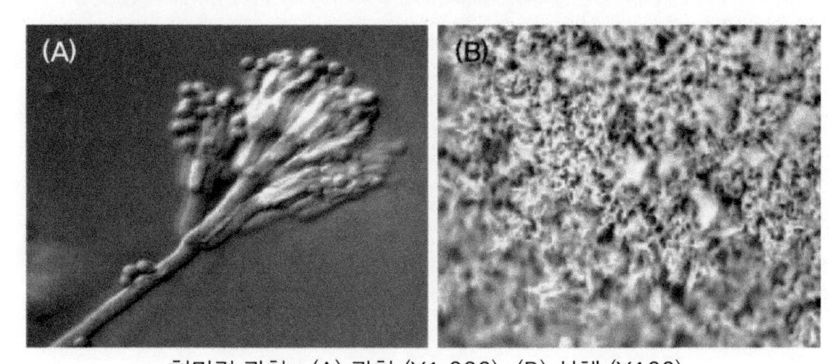

현미경 관찰 : (A) 광학 (X1,000), (B) 실체 (X100)

(그림 6-6) 페니실리움 폴로니쿰(*Penicillium polonicum*)

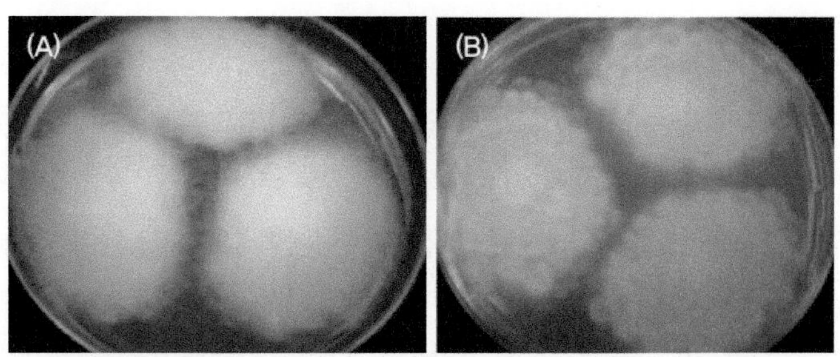

MEA배지(B)에서 자란 *Absidia corymbifera*의 앞면(A)과 뒷면(B)

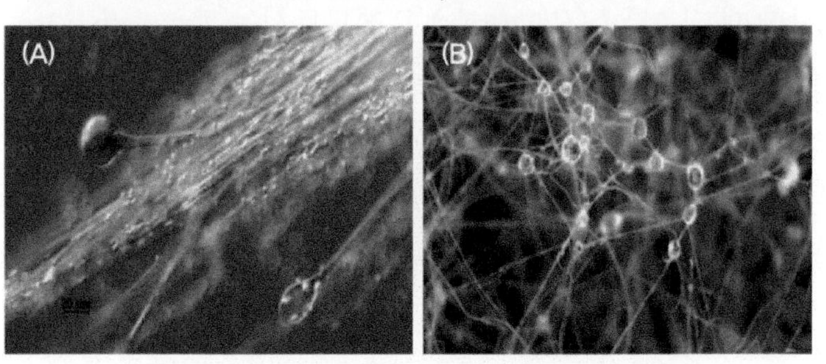

현미경 관찰 : (A) 광학 (X1,000), (B) 실체 (X100)

(그림 6-7) 압시디아 코림비페라(*Absidia corymbifera*)

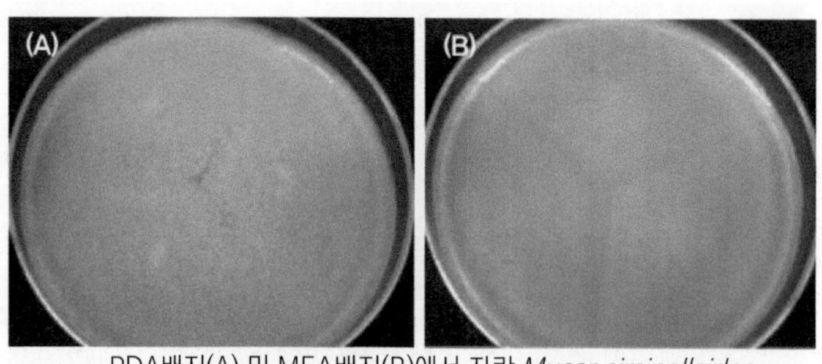

PDA배지(A) 및 MEA배지(B)에서 자란 *Mucor circinelloides*

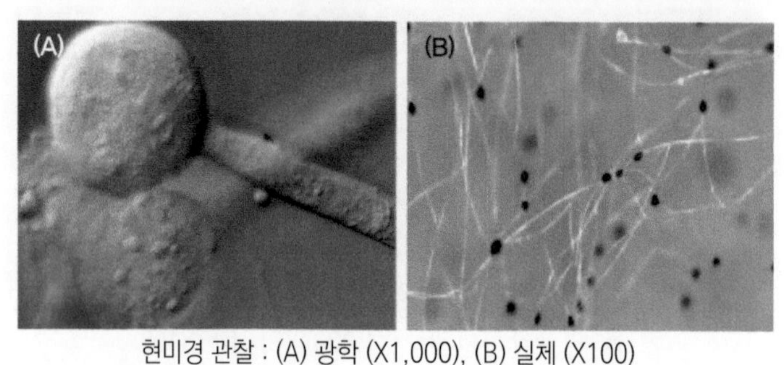

현미경 관찰 : (A) 광학 (X1,000), (B) 실체 (X100)

(그림 6-8) 무코르 시르시넬로이데스(*Mucor circinelloides*)

곰팡이의 중요한 기능은 효소에 의한 분해 작용과 합성 반응으로 식품의 구성 성분으로부터 새로운 화합물을 합성할 수 있는 것이다. 이러한 곰팡이 발효는 식품이 본래 가지고 있던 성질을 바꾸어 맛과 영양에 관여하는 유익한 물질을 생성하게 된다. 누룩곰팡이(*Aspergillus*)속은 된장·간장·주류를 제조하는 데 이용하며, 푸른곰팡이(*Penicillium*)속은 치즈 제조와 페니실린과 같은 항생제 합성에 이용한다. 이 외에도 시트르산을 비롯한 유기산·비타민류·아밀라아제·프로테아제를 비롯한 효소류를 생산할 때 리조푸스(*Rhizopus*), 트레모트시윰(*Tremotbcium*) 등이 이용되고 있다. 털곰팡이(*Mucor*)속은 발효 공업에서 자주 쓰이는 편은 아니지만 무코르 록시(*Mucor rouxii*)가 에탄올 발효에서 아밀로균으로 이용되기도 한다. 메주의 표면은 털곰팡이나 거미줄 곰팡이(*Rhizopus*)속이 유난히 많이 자라서 흔히 백색이나 백회색을 띤다.

(2) 세균

고초균과 유산균 등 세균이 관여한다. 강력한 프로테아제와 아밀라아제를 내어 장류와 청국장 제조에 널리 이용된다. 생식 세포의 어떤 세균은 세포에 한 개의 내생포자를 형성한다. 증식속도는 비교적 빠른 편으로 산소 요구가 다양하다. 산소의 유무에 관계없이 성장하는 통성혐기성, 반드시 산소를 필요로 하는 절대호기성, 산소가 없는 혐기적 조건에서만 생장하는 편성혐기성 등이 있다. 증식온도 범위는 10~50℃로 종류에 따라 저온균·중온균·고온균으로 나뉜다.

영양소는 단백질과 탄수화물을 좋아하고, 미량 영양소는 비타민 등을 필요로 한다. 생육 pH는 미산성·중성·알칼리성으로 다양하고, 대사 적용의 형태는 가수분해형·산화형·환원형·산화환원형 등이다. 탄수화물에서 대사산물은 알코올·알데히드·케톤·유기산이며, 단백질에서 대사산물은 펩타이드·아미노산·아민류 그리고 항균 효과를 나타내는 니아신(niacin)을 생성하기도 한다.

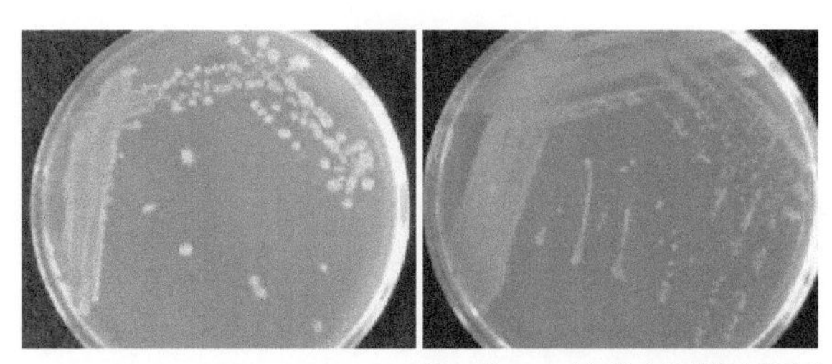

(그림 6-9) 바실루스 서브틸리스(*Bacillus subtilis*) 콜로니 형태

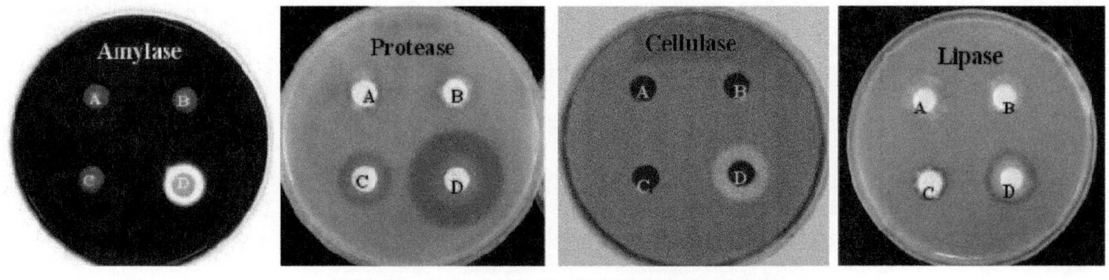

(그림 6-10) 효소 분비능이 우수한 발효 미생물

(3) 효모

효모는 진핵 세포의 구조를 가진 고등 미생물로, 자낭균류의 불완전 균류에 속한다. 효모란 알코올 발효 때 생기는 거품으로 네덜란드어 'Gast'에서 유래했다. 자연계에서 원시적으로 술을 만들 때 관여했던 것으로, 토양·공기·물·과실 표면 등에 널리 분포한다. 자연계에서 분리된 효모는 야생 효모(Wild yeast)로 우수한 성질의 효모를 분리하여 목적에 맞게 순수하게 계대 배양한 것을 배양 효모(Culture yeast)라 한다.
영양 세포는 모세포에서 낭세포가 출아하여 증식되며, 생식 세포의 어떤 효모는 세포에 1~8개의 내생 포자를 생성한다. 증식 속도는 보통이며, 통성 호기성으로 유리산소가 존재할 경우 증식에 좋다. 증식 온도 범위는 20~30℃고, 생육 pH는 5~6.5로 미산성이다. 대사 적용의 형태는 환원형·산화 환원형이다. 탄수화물에서 대사산물은 알코올과 알데히드이고, 단백질에서의 대사산물은 고급 알코올이다. 발효 식품에 관여하는 실용 종류는 사카로미세스(*Saccharomyces*)속, 토룰롭시스(*Torulopsis*)속 등이다.

■ 더 알아보기

사카로미세스속
자낭균류 효모의 하나로, 빵 효모· 맥주 효모 등 유용한 것이 많다. 유전학의 연구 재료로 널리 쓴다.

대부분 효모류는 알코올 발효 능력이 강해 예부터 주류 양조, 알코올 제조, 제빵 등에 이용되었다. 상업용 양조효모나 제빵효모는 비타민 B_1 ·비타민 B_2 를 제외한 비타민 B군의 좋은 급원으로, 세포에 비타민 B_1 (티아민)·비타민 B_2 (리보플라빈)·판토텐산·니아신·비타민 B_6·폴산·바이오틴·p-아미노벤조익산(P-amino benzoic acid, PABA)·이노시톨·콜론 등이 저축된다. 흡수와 합성은 효모와 배지의 종류에 따라 큰 영향을 받는다. 티아민·니아신·바이오틴 등은 효모에 의해 배지에서 쉽게 흡수한 반면에 피리독신이나 이노시톨은 비교적 적게 흡수한다.
사카로미세스속은 각종 주류를 만들 때 관여하는데, 맥주 발효의 상면 효모(*Sacch. sake)*와 빵 효모(*Sacch. cerevisiae*)가 여기에 속한다. 맥주 발효의 하면 효모

(*Sacch. carlsbergensis*)·당밀 효모(*Sacch. formosensis* NO.396)·칸디다 우틸리스(*Candida utilis*)·토룰롭시스 우틸리스(*Torulopsis utilis*)는 배지에 있는 질소물이나 탄소를 동화시킨다. 효모는 세균보다 고삼투압성에 저항성이 있어 당의 농도가 높은 과일즙·벌꿀·시럽·건조 과일처럼 염의 농도가 높은 식품에 생육하여 변패를 일으키기도 한다.

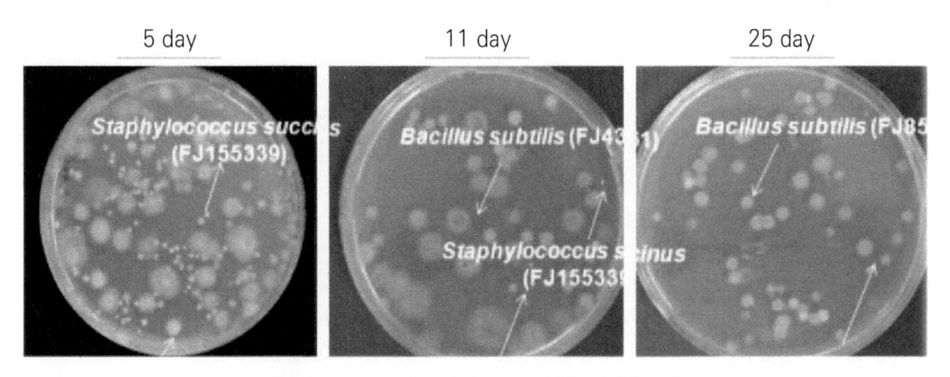

(그림 6-11) 된장 숙성 중 유해 미생물 저감화 효과

(표 6-5) 메주와 된장을 제조할 때 미생물의 특징

미생물	관련 미생물	주요 역할과 특징
곰팡이	*Aspergillus oryzae* *Aspergillus sojae* *Penicillium lanosum* *Mucor abundans* *Absidia corymbifera* *Rhizopus oryzae*	메주 표면은 물론 겉말림이 잘된 메주의 내부까지 존재한다. 메주 덩어리의 갈라진 틈으로 균사가 발육하여 생성된다.
세균	*Bacillus subtilis* *Bacillus amyloliquefaciens* *Bacillus pumilus* *Leuconostoc mesenteroides* *Pediococcus halococcus*	메주의 표면과 내부에 고루 분포되어 있다. 내부에는 주로 세균이 존재한다.
효모	*Pichia burtonii* *Rhodotorula flava* *Torulopsis dattila*	된장의 풍미에 관여하고 일부 알코올 발효를 한다.

03 메주 종류와 제조법

가. 메주 제조법

메주는 간장·된장·고추장 등 전통 장류를 만들 때 가장 중요한 원료다. 메주는 사용하는 원료의 종류나 제조법에 따라 미생물에 의해 제조되는 한식 메주(재래식)와 아스페르길루스 소재(*Aspergillus sojae*)나 아스페르길루스 오리재(*Aspergillus oryzae*)에 의해 제조되는 개량식 메주로 구분된다. 메주의 형태는 벽돌형·구형·분말형·낱알형·국수형 등 다양한데, 재래식 메주는 주로 벽돌형과 구형이다. 한식 메주는 제조법과 시기에 따라 약간의 차이가 있으나 일반적으로 대두만을 사용하여 자연 발효에 의해 제조되는 것을 말한다. 개량식 메주는 대두 이외에 다른 전분질을 사용하여 제조한다.

나. 전통 메주

(1) 전통 메주 만들기

대두 16kg과 물을 준비한다. 먼저 메주는 돌과 벌레 먹은 것을 골라 선별하고 깨끗이 씻어 여름에는 8시간 겨울에는 20시간 정도 물에 담가 불린다. 불린 콩은 불순물을 가려낸 후 다시 수세하여 물기가 빠지도록 소쿠리에 밭쳐 놓는다. 이어 솥에 불린 콩과 물을 넣고 2시간 정도 충분히 삶은 뒤, 돌절구나 분쇄기를 이용해서 찧는다. 그런 다음 메주 틀에 베보자기를 깔고 찧어 놓은 메주를 눌러 담아 속이 꽉 차도록 하여 메주 형태를 완성시킨다. 메주의 형태는 주로 목침형 또는 둥근 원형으로 한다. 형태가 완성되면 짚을 깔고 7일간 겉말림을 한다. 이후 건조가 끝나면 발효실에 옮겨 약 28~30℃에서 10~15일간 띄운다. 바닥에 짚을 깔고 그 위에 메주를 놓은 다음 메주 위에 다시 짚을 까는 방법으로 층층이 쌓아 수분 발산과 통기가 잘되게 한다. 전통적으로 음력 10월에 시작해 겨우내 실내에서 매달아 띄우므로 건조와 띄우기가 동시에 진행된다. 발효가 끝난 메주는 통풍이 잘되는 곳에 저장했다가 사용한다. 발효되어 잘 띄워진 메주는 흰색과 갈색이 섞인 빛을 띤다. 흰 곰팡이가 겉으로 나오고 속은 황갈색이어야 좋다.

■ 더 알아보기

돌절구, 분쇄기

돌절구는 곡류를 정백하거나 제분하는 데 쓰는 돌로 만든 절구를 말하며, 분쇄기는 암석 기타 고체 원료에 강한 하중 또는 충격을 주어 필요한 크기의 작은 덩어리로 만들거나, 분체(粉體)로 분쇄하는 기계를 말한다.

(2) 전통 메주의 선택과 보관

재래식 메주는 음력 10~11월에 제조된 것을 고른다. 콩 특유의 구수하고 향긋한 향이 나야 한다. 또한 메주 표면이 노르스름하고 붉은 색조가 섞인 것이 좋다. 보관할 때는 통풍이 잘되는 곳에 보관한다. 포장된 상태로 두지 않아야 한다.

다. 개량식 메주

개량식 메주의 제조법은 1960년대에 들어와서 여러 학자들에 의해 연구되기 시작했다. 자연 발효가 아닌 황국균(*Aspergillus* spp.)을 접종하고, 대두 이외에 전분질인 보리·밀·밀가루 등을 첨가해 제조한다. 개량식 메주의 종류는 다음과 같다.

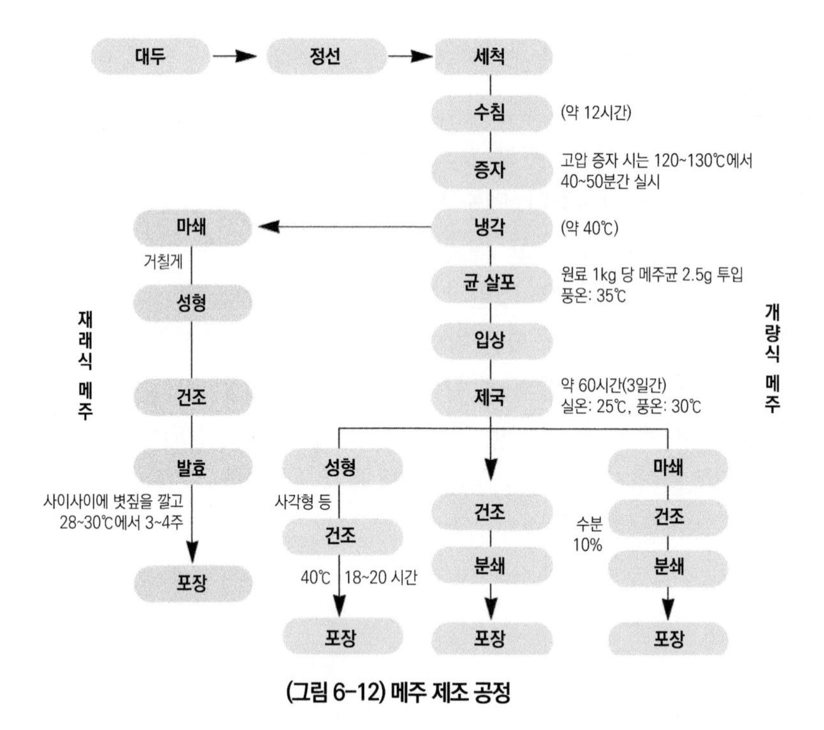

(그림 6-12) 메주 제조 공정

(1) 콩알 메주

증자한 밀가루에 아스페르길루스 오리재 등 국균을 접종하여 삶은 대두에 1% 정도가 되도록 섞은 후 35℃에서 발효·숙성시킨 것이다. 알알이 메주라고도 한다.

(2) 장류 제조용 코지

밀가루나 대두에 대해 0.1~0.2%(w/w) 정도의 아스페르길루스 소자나 아스페르길루스 오리자 등 국균을 접종하여 35℃의 제누룩방에서 온습도를 조절해 40~44시간 발효시킨 것을 말한다.

■ 더 알아보기

코지

쌀·보리·대두·밀기울 등을 원료로 하고, 여기에 코지균(*Aspergillus*속 곰팡이)을 배양한 것을 말한다.

(3) 개량식 메주 만들기

대두 20~40kg과 누룩곰팡이 50g(아스페르길루스 오리재나 아스페르길루스 소재)을 준비한다. 먼저 콩을 잘 씻고 물에 8~10시간 담근 후, 솥에 삶거나 찜통에 찐다. 찐 콩의 물을 빼고 30~35℃에서 식힌다. 그런 다음 찐 콩에 누룩곰팡이를 넣어 골고루 잘 혼합하고, 재래식 방법으로 콩을 찧어 일정한 모양을 만든 다음 덩어리 메주를 만든다. 얇을수록 좋다. 이렇게 만든 메주 덩어리를 따뜻한 곳(20~25℃, 온돌방 등)에 종이를 깔고 서로 닿지 않게 나열해 보온하면 6~12시간 안에 흰 곰팡이가 생긴다. 이때 과열되지 않도록 자주 뒤집어 주어야 한다. 3~4일 정도 경과하면 흰 곰팡이가 황록색으로 변하며, 5~10일간 띄우면 메주가 완성된다. 개량식 메주는 순수 배양한 단백질과 전분 분해력이 강한 황국균을 접종시켜 단기간에 제조할 수 있다. 간장·된장·고추장·막장 등을 제조할 때 이용하는 방법이다. 연중 어느 때나 제조할 수 있지만 2~5월, 10~12월에 만드는 것이 가장 적당하다.

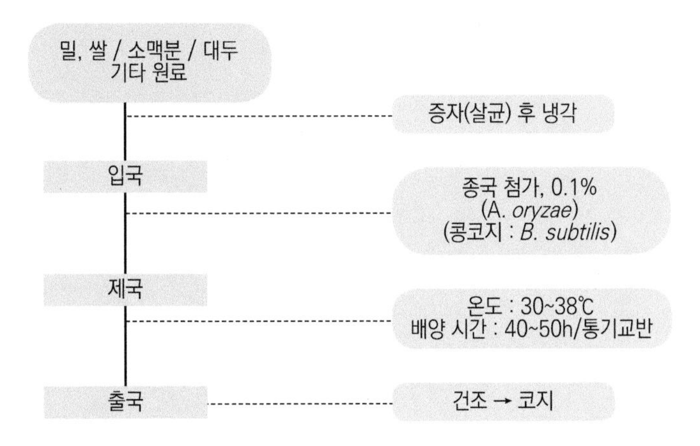

(그림 6-13) 코지 제조 공정

(4) 개량식 메주와 코지 관리

코지는 주로 아스페르길루스 오리재와 바실루스 서브틸리스를 접종하여 제조하는데, 사용 균주에 의한 효소(단백질 분해, 전분질 분해) 활성이 적합한 수준이 되어야 한다. 또한 활성할 때 색·외관 품질·향이 좋아야 한다. 배양 관리에 주의하여 잡균의 오염을 예방하여야 하며, 장기간 보관 시 저온저장하여야 한다.

04

된장 종류별 제조법

가. 재래식 된장

메주를 볏짚으로 싸서 고초균과 곰팡이가 자연 접종되도록 띄우고 염수를 첨가해 숙성시킨다. 발효가 끝나면 메주 덩어리를 걸러내어 액체 부분은 간장을 만들고, 고형분은 소금을 첨가하여 항아리에 재워 재래식 된장으로 쓴다. (그림 6-14)는 재래식 된장의 제조 공정도다.

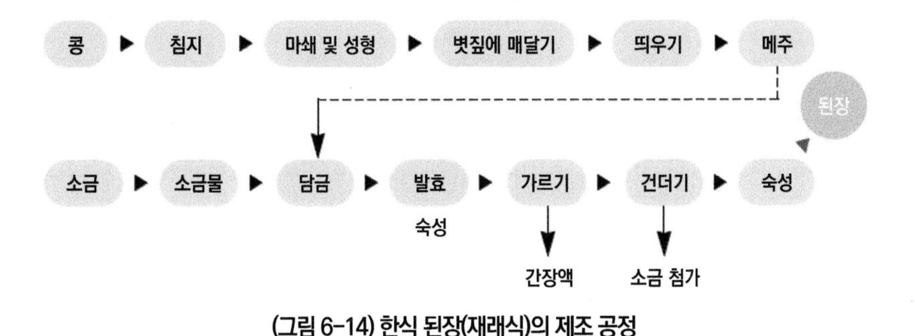

(그림 6-14) 한식 된장(재래식)의 제조 공정

(1) 제조법

메주 표면을 물로 씻고 두세 쪽으로 쪼개어 햇빛에 충분히 말린 다음 담금에 사용한다. 예부터 음력 1월과 3월 사이에 장을 담갔는데, 이는 비교적 낮은 온도를 유지하여 숙성에 불필요한 미생물의 증식을 억제하기 위함이다. 소금은 물에 녹여 소금 농도가 18~20%가 되게 한 후 정치하여 윗물만을 사용한다. 대두 한 말에 해당하는 메주와 염수를 2~3말이 되도록 항아리에 넣어 상온에서 2~3개월 발효시킨다. 담근 후에는 대나무로 엮은 발을 메주 위에 놓고 돌로 눌러서 메주가 소금물 속에 잠기게 하는 것이 좋다. 그 후 액체 부분과 고체 부분을 분리해서 2차 발효시키면 액체 부분은 간장, 고체부분은 된장이 된다.

■ 더 알아보기

소금의 역할
소금의 농도가 지나치게 낮으면 숙성 중에 불필요한 미생물이 증식한다. 반면 소금의 농도가 지나치게 높으면 성분의 분해와 숙성이 억제되어 좋지 않다.

숯과 고추의 역할
숯은 불순물과 좋지 못한 냄새를 흡수하고, 고추는 액면에 미생물이 자라는 것을 억제한다.

나. 일본 된장

일본 된장은 땅콩버터와 같은 조직감, 구수한 고기맛과 유사한 풍미를 가지며 '미소'라 불린다. 우리처럼 쌀을 주식으로 하는 일본 사람들의 식단에 꼭 들어가는 것도 미소국이다. 미소는 색과 풍미가 중요한 발효 식품으로 재래식 된장과 원료의 종류(쌀·보리), 곡류의 비율·염과 농도, 발효 시간·온도 등에서 차이가 난다. 증자된 콩에 첨가되는 전분질 원료에 따라서 쌀미소, 보리미소, 콩미소로 구별된다. 모든 미소는 콩과 코지(쌀코지·밀코지·보리코지)의 혼합물로 소금을 첨가하여 발효·숙성된다.

(1) 원료 처리

미소에 사용되는 원료는 콩과 전분질 원료인 쌀·보리·밀 및 소금이다. 콩은 백색이나 황색을 띤 것을 사용하며 토사 등 물질을 철저하게 세척한다. 일반적으로 콩의 침지는 25℃에서 16~17시간 실시하며, 침지액은 콩의 건조 중량의 2배 정도가 적당하다. 콩의 증숙은 0.8kg/cm² 압력솥에서 20~30분 정도 증자하며, 백색계의 미소 제조용은 1kg/cm²에서 10분 정도 증자한다. 쌀의 경우 장기 숙성용 적색계 미소 제조일 때는 낮은 정백도로 하고, 백색을 띠는 백색계 미소 제조일 때는 높은 정백도로 한다. 쌀은 25℃에서 17시간 정도 침지하여 수분이 40% 정도가 되게 하고 중량은 45% 증가되도록 한다. 쌀이나 보리는 평압증숙으로 증자한다. 쌀은 60~90분 정도 증숙하고, 보리는 40~60분간 찐다. 증숙 후의 증미는 쌀의 1.5배 정도로 무게가 증가한다.

(2) 제조 공정

미소의 제조 공정은 대두·식염·쌀·보리의 원료 처리 공정, 전분질 원료를 이용한 코지 제조 공정, 원료들의 혼합 담금 공정, 발효 공정과 제품화 단계로 구별된다. 원료인 쌀의 중량 0.1%에 해당되는 쌀코지를 첨가한다. 이어 쌀 중량의 1.7배에 해당되는 콩을 증자하여 쌀코지와 혼합한 후에, 초기 건조한 콩 무게의 38%에 해당되는 소금을 첨가한다. 그런 다음 콩·코지·소금의 혼합물을 마쇄기에 통과시켜서 분쇄한 후 일정 기간 숙성·발효시킨다.

(3) 제국

도정미나 보리를 증자한 후 아스페르길루스 오리자를 접종한다. 미소용 제국은 장유용 제국과 유사하다. 쌀과 종국의 혼합물을 나무 상자(23×40cm)에 5cm 정도의 두께로 펼친 후 3일 동안 발효시킨다. 곰팡이가 생육하면 43℃를 초과하지 않게 한다. 발효 2일에 온도를 40℃까지 도달하게 하여 단백질 분해 효소의 생산을 최적화한다. 제국 과정에서 원료의 수분 함량, 발효 온도 등은 접종된 곰팡이로부터 분비되는 가수분해 효소들이 생산될 때 큰 영향을 미친다. 쌀 3kg에서 약 3.85kg의 코지를 얻을 수 있다.

(4) 담금

담금은 코지·소금·스타터 등을 혼합하고 마쇄하여 용기에 다져넣는 작업이다. 이에 양질의 숙성 미소를 첨가하면 유용한 내염성 효모(*SacchaRomyces rouxii*)와 젖산균(*Pediococcus halophilus*)의 적용효과를 얻을 수 있다. 미소의 수분 함량은 발효 숙성에 매우 중요한 영향을 끼친다. 미소의 종류·계절·발효법·원료 등에 따라 차이는 있지만, 대략 45~50%가 적당하다. 담금 용기를 고를 때 개방형 콘크리트(2×2×2m)는 고르지 않는다. 비위생적이며 온도 조절이 어렵기 때문이다. 대체로 2톤 용량의 이동식 스테인리스 탱크를 사용하는데, 이동이 자유로워서 작업이 간편하다. 혼합할 때는 회분식 혼합기를 사용하거나 연속식 방법을 사용한다.
미소를 목적한 만큼 원활하게 발효시키기 위해서 담금할 때 젖산균과 효모 등 배양액을 첨가한다. 효모는 한천 배지(yeast/malt extract)에서 활성화시키고 0.3% yeast extract, 0.3% malt extract, 0.5% peptone, 10% 소금을 포함하는 액체 배지에서 진탕 배양하여 제조한다. 효모의 첨가량은 미소 1g에 10^5 CFU/mL의 생균수가 되게 하고 종수(種水)에 혼합해서 사용한다.
유포자 내염성 효모(*Sacch. rouxii*)는 알코올과 미소의 향기 성분을 생성하여 좋은 제품을 만드는 데 기여한다. 내염성 젖산균(*P. halophilus*)은 스타터로 이용된다.

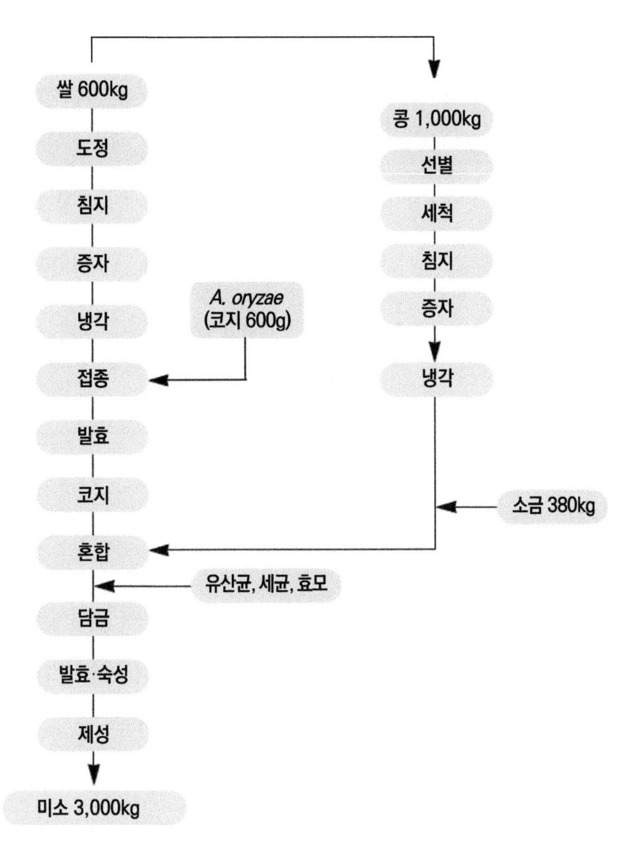

(그림 6-15) 쌀미소의 일반적 제조 공정

(5) 숙성

미소 제조에 사용되는 원료들의 혼합물(미숙성 미소)을 분쇄한 다음, 용기에 넣고 판자 뚜껑을 덮은 후 위에 중석(重石)을 눌러 놓는다. 그러면 된장독 안에 수분이 고르게 분포된다. 이후 28℃에서 7일간 저장하고, 35℃에서 60일 발효시킨다. 일반적인 발효 온도는 30℃지만 상황에 따라 숙성기간이 수개월 걸리기도 한다.

발효 중 아밀라아제는 전분을 엿당·포도당으로 분해해 단맛을 준다. 단백질 분해 효소들은 단백질로부터 펩톤·펩타이드·아미노산 등을 생산하고, 지질 분해 효소인 리파아제는 유리 지방산을 생산한다. 젖산균은 풍미에 영향을 주는 젖산과 초산을 생산하며, 효모에 의해 알코올이 생성된다. 또한 알코올과 유기산류로부터 에스테르가 생성되어 독특한 향을 형성한다.

(표 6-6) 미소의 성분 분석 (미소 100g당 성분 함량)

미소	열량 (kcal)	수분 (g)	단백질 (g)	지방 (g)	탄수화물 (g)	회분 (mg)	칼슘 (mg)	소금 (g)
Ama (단맛)	178	42.0	11.0	4.0	34.9	7.0	70.0	5.5
Shinshu (짠맛, 밝은색)	158	47.0	13.5	5.9	19.6	14.0	90.0	12.5
Akairo-kara (짠맛, 진한색)	156	47.0	13.5	5.9	19.1	14.5	11.5	13.0
Mame (콩의 주원료)	180	45.0	19.5	9.4	13.2	13.0	340.0	11.0

다. 절충식 된장

우리나라의 전통 된장은 가정에서 소규모로 생산되며 된장의 품질을 좌우하는 메주 제조법의 표준화도 이뤄지지 못한 상태다. 일부 기업에서 대량으로 생산하는 한식 된장이나 공장 된장은 대두와 밀가루를 혼합해서 제조한다. 미생물도 일본 된장에 쓰이는 아스페르길루스 오리재(*A. oryzae*)와 바실러스 서브틸리스(*B. subtilis*)를 사용하여 된장을 제조한다.

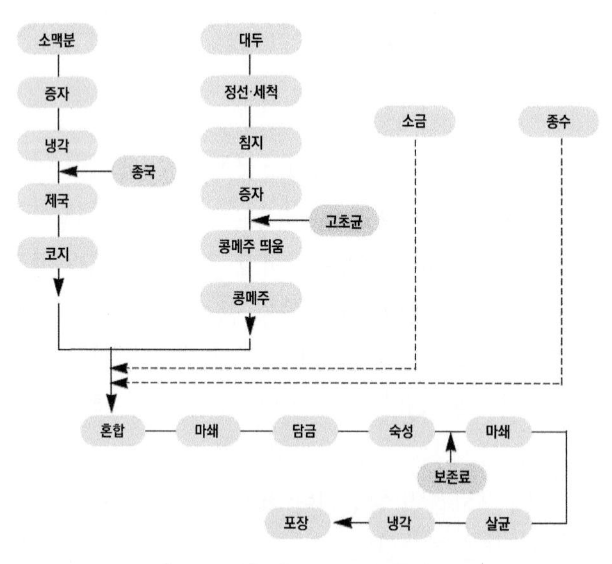

(그림 6-16) 절충식 된장의 제조 공정

(1) 원료 처리

단백질 원료는 대두를, 전분질 원료는 밀가루·보리쌀·밀쌀 등을 주로 사용한다. 대두는 세척하고 침지하여 NK관에서 0.8kg/cm^{2}로 30분간 증자한다. 밀가루는 수분 함량이 35% 정도가 되도록 반죽하고 증숙기로 처리한 후, 35℃ 이하의 온도로 냉각하여 종균을 접종한다.

(2) 제국

순수 배양된 바실러스 서브틸리스(*B. subtilis*) 종균을 생리적 식염수에 현탁하고 증두에 분무하며 균일하게 혼합한 후, 제국 상자에 일정량 담아 발효시킨다. 발효실의 온도는 40℃로 유지하면서 70시간 정도 띄우기를 하여 콩메주를 제조한다. 완성된 콩메주는 표면이 꼬들꼬들 말라 있으면서 다른 냄새 없이 독특한 청국장 냄새가 나는 것이 좋다. 밀가루과 같은 전분질 원료는 황국균에 의한 통상적 국법으로 약간 노국(老麴)이 되도록 제국한다. 황국균의 종국 0.2%를 증자된 밀가루에 균일하게 혼합하고, 누룩방에서 밀코지를 만든다. 전분코지는 표면에 약간씩 포자가 앉을 정도이며 특유의 독특한 향이 있는 것을 고른다.

(3) 담금

완성된 콩메주와 밀코지에 소금과 종수를 일정 비율로 혼합하고 마쇄하여 용기에 다져 넣는다. 된장의 종류에 따라 원료의 배합 비율을 달리하는데, 배합 비율은 된장의 성분·풍미·숙성 기간·저장성 등에 영향을 준다. 각 원료의 담금 비율은 (표 6-7)에 나타냈다. 단백질의 함량이 높을수록 고품질의 된장이 된다. 된장 담금에 혼합하는 액체를 종수라 하는데 보통 종수에는 물, 염수, 대두 증자액, 효모 및 세균 배양물 등이 사용된다. 종수를 첨가하면 담금 작업이 편해지고 된장의 중량이 증가하며 숙성을 촉진하는 이점이 있다. 수분 함량은 된장의 숙성과 품질에 영향을 주는데, 담금할 때는 48~52% 정도가 적당하다. 식염을 많이 넣으면 짠맛이 증가하고 숙성이 지연되지만 저장성은 증가한다. 반면에 식염이 적으면 숙성이 빠르며 산미가 증가하지만 때로는 부패된다. 된장의 숙성 기일은 계절에 따라 차이가 있으나 보통 40~70일이다.

(표 6-7) 절충식 된장의 담금 비율 (1,000kg 기준)

	특품	중품	하품
대두	408	330	250
밀가루	102	180	2,690
식염	110	110	110

(4) 춘장

식품공전에 따르면 춘장은 대두·쌀·보리·밀·탈지 대두 등을 주원료로 하여 식염·종국을 섞어 발효하여 숙성시킨 후, 캐러멜 색소 등을 첨가하여 가공한 것이다. 우리나라 식품위생법에 따르면 장류에 간장·된장·고추장·청국장·춘장 등을 포함시키고 있다. 춘장은 중국식과 일본식으로 분류할 수 있다. 중국식은 캐러멜 색소를 첨가하지 않고 콩을 발효해 검은색을 띠도록 오랫동안 숙성시킨 것이다. 우리가 사용하는 춘장의 대부분은 일본식으로, 일본 된장(미소)에 캐러멜·물엿 등 첨가물을 혼합하여 제조한 것으로 자장면의 재료로 사용된다.

(5) 원료 처리

춘장의 원료는 밀가루·대두·탈지 대두·밀쌀·소금·종국 등이다. 원료 대두의 이물질을 제거한 후 NK증자기에 각각 투입하여 침지시킨다. 하절기에는 9시간, 동절기에는 15시간 정도 침지한다. NK증자기에 증기를 투입하면서 물을 완전히 빼낸다. NK증자관의 압력이 1kg/cm^{2}가 될 때까지 증기를 투입하여 증자한다. 이어 NK증자관의 증기를 빼고 대두를 냉각시킨 후 증자관을 회전시킨다. 그리고 컨베이어를 이용하여 한 번 더 냉각시켜 대두 사일로로 이송한다. 밀쌀은 세척한 후 NK증자관에 투입하여 침지한다. 이어 탈지 대두와 밀쌀을 혼합하여 NK증자관에서 증자한 후 냉각시킨다.

(6) 제조 공정

연속 증자기에서 증자하여 냉각한 밀가루에 종국(*A.oryzae*)을 투입하고 36~40℃의 온도로 48시간 동안 제국한 후 출국한다. 대두·밀쌀·탈지 대두를 침지한 후 스팀을 가해 증숙하고, 밀곡자·식염·정수를 혼합하여 마쇄한 후 발효 탱크에 삽입하여 2~3개월 숙성시킨다. 숙성된 당화물은 초퍼기(Ø1.5mm)로 마쇄한 후 캐러멜과 첨가물을 혼합하여, 60℃에서 30분간 스팀 열처리 살균 냉각하여 제품화한다. 춘장의 제조 공정은 다음과 같다.

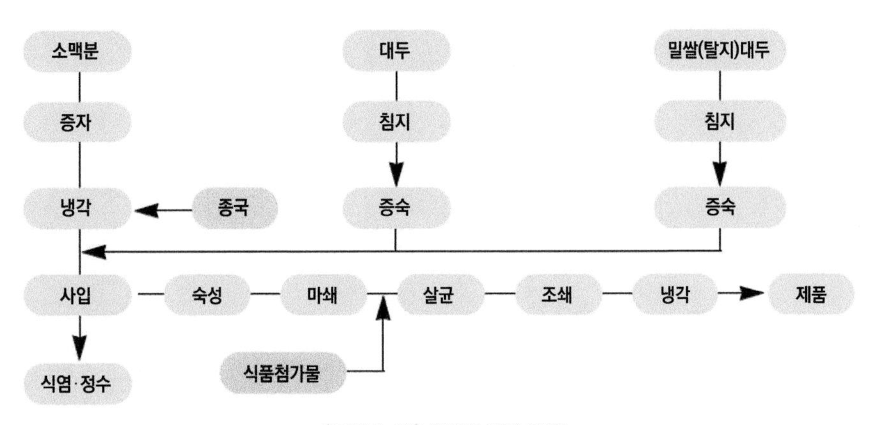

(그림 6-17) 춘장의 제조 공정

■ 더 알아보기

장류 유래 발효 미생물
발효란 미생물이 탄수화물 등을 에너지원으로 유용한 대사산물을 생성하는 현상을 말한다. 발효에 관여하는 효소는 아밀라아제, 말타아제, 프로테아제, 리파아제가 있다.

효소
효소는 생물체 내에서 촉매 역할을 하는 단백질이다.
- 아밀라아제: 전분 가수분해하여 맥아당과 포도당을 생성한다(α-amylase, β-amylase, glucoamylase).
- 말타아제: 맥아당을 분해하여 포도당을 형성한다.
- 프로테아제: 단백질과 펩티드의 결합을 가수분해한다.
- 리파아제: 지방을 분해하여 중성지방과 글리세롤로 나눈다.
- 장류 발효에 관여하는 미생물은 세균, 곰팡이, 효모가 있다.

참고문헌

1. 식품미생물학. 지구문화사
2. 발효 식품-이론과 실제. (주)교문사
3. 전통발효식품. 보성
4. 발효학원론. 라이프사이언스
5. 발효 식품학. 효일
6. 식품성분표(7개정판). 농촌진흥청
7. 식품의약품안전청(http://www.kfda.go.kr)

chapter 7

상차림의 기본 음식, 김치

01 김치 이야기
02 김치 만들기
03 발효와 미생물
04 김치 관련 법규 및 규제 이해하기

01

김치 이야기

가. 김치의 정의

김치는 배추·무 등 주재료에 소금·고춧가루·젓갈·마늘·생강 등 부재료를 첨가해서 발효시킨 것으로, 독특한 향미가 있어 외국인까지도 맛과 식품학적 가치를 인정하고 있다. 우리나라 식품위생법에서는 김치를 절임류에 포함시키고 '통상적으로 식용하는 야채·과일·버섯·어패류·해조 등 원료를 그대로 또는 전처리한 후 소금·간장·된장·고추장·식초·겨자 등에 절임(무침·조림·발효한 것도 포함)한 식품'이라 규정짓고 있다.

나. 김치의 역사

우리나라 문헌에서 김치가 처음 등장한 것은 조선시대 중엽이지만 여러 자료에서 추정해 봤을 때 삼국시대 이전부터 식용되었을 것으로 학자들은 공통된 견해를 내고 있다. 〈삼국지〉·〈위서동이전〉·〈삼국사기〉·〈동옥저전〉 등의 기록에서 소금과 젓갈의 이용법과 김치와 같은 발효 식품의 상용화 등을 짐작할 수 있다. 또한 통일신라시대에는 국물김치가 새롭게 제조되어 널리 이용되었다. 이전만 해도 대체로 채소를 소금에 절여 만든 장아찌류가 대부분이었다. 그러나 통일신라시대에 이르러 천초(川椒)·생강·귤피 등 향신미 있는 조미료가 음식에 사용되면서 나박김치·동치미 같은 국물김치가 개발된 것으로 추측된다. 중종 20년(1525년)에 편찬된〈간이벽온방〉에 나박김치라는 단어와 저(沮)를 '팀치'라고 표기한 것으로 보아 오늘날의 '김치'라는 단어는 팀치→딤치→짐치→김치로 변화했을 것으로 추정된다. 비교적 현대적인 조리 방법으로 김치를 언급한 것은〈조선조리제법〉으로, 김치를 김장 김치와 일반 김치로 분류하여 설명해 놓았다. 이어 1743년에 쓰인〈조선무쌍신식요리제법〉에서는 김치의 종류를 소개했으며, 1749년에 쓰인〈경도잡지〉에서는 김치의 부재료인 새우젓·소라·전복·조기 등을 제채(잘게 썬 김치)와 침채(보통 김치)로 구분하여 92종의 김치류를 설명했다. 이외에도〈산림경제〉에서는 여러 가지 양념을 첨가해서 김치를 담는다는 설명을〈증보산림경제〉에서는 처음으로 김치 양념으로 고추를 사용해 담근 방법이 소개되었다.

다. 한국인의 식생활 속 김치

(1) 상차림의 기본 음식

우리나라의 식생활은 주식과 부식의 조합이다. 주식은 쌀 등 곡류로 만든 밥이 대표적이며, 부식은 여러 종류의 반찬을 일컫는다. 우리의 상차림을 보면 밥과 국(또는 찌개)과 김치는 기본적으로 놓여 있다. 김치는 부식임에도 3첩, 5첩, 9첩, 12첩 반상 모두에 포함되어 우리 상차림의 기본 음식으로 자리 잡았다.

(2) 음식 맛을 대표하는 다소비 식품

김치는 우리 음식 맛을 대표하는 식품으로 지역적으로 시대에 따라 다양하게 발전했다. 색·향·조직감이 함께 어우러진 독특한 발효 식품으로 오랜 시간 우리 민족의 사랑을 받아왔다. 2011년 국민건강영양조사에 의하면 배추김치는 백미·우유 다음으로 가장 많이 섭취하는 다소비 식품으로 하루에 68.6g을 섭취한다. 또한 하루에 12.3kcal를 섭취하여 열량을 내는 음식이 아님에도 불구하고 에너지 섭취량의 주요 급원 식품으로 28위를 차지했다.

라. 김치의 영양과 지역적 특성

(1) 김치의 영양

김치의 재료는 종류에 따라 다르며 같은 김치도 지역과 시대에 따라 차이가 많다. 이것은 김치의 재료 중 70% 이상을 차지하는 주재료가 다양한 탓이다. 배추김치·깍두기·총각김치·파김치·갓김치·오이김치·동치미 등 수없이 많은 김치가 만들어지는데, 어떤 부재료를 사용하느냐, 어떤 것을 넣고 빼느냐에 따라 맛이 다양해진다. 이러한 김치의 영양 성분은 (표 7-1)에 제시된 바와 같이 대부분 물로 이루어졌지만 다양한 영양소를 함유하고 있다. 또한 열량이 낮아서 대표적 웰빙 식품이라 불러도 손색없다.

■ 더 알아보기

우리 고유의 상차림 및 반상

우리 고유의 상차림 및 반상은 반찬 수에 따라 3첩, 5첩, 7첩, 9첩, 12첩으로 나뉜다.

- 3첩 반상 : 기본적인 밥, 국, 김치, 장 외에 나물, 구이 혹은 조림, 마른 찬이나 장과 또는 젓갈 중 선택한다.
- 5첩 반상 : 밥, 국, 김치, 장, 찌개 외에 나물, 구이, 조림, 전, 마른 찬이나 장과 또는 젓갈 중 선택한다.
- 7첩 반상 : 밥, 국, 김치, 찌개, 찜, 전골 외에 생채, 숙채, 구이, 조림, 전, 마른 찬이나 장과 또는 젓갈 중에서 한 가지, 회 또는 편육 중에 한 가지를 선택한다.
- 9첩 반상 : 밥, 국, 김치, 장, 찌개, 찜, 전골 외에 생채, 숙채, 구이, 조림, 전, 마른 찬, 장과 또는 젓갈, 회 또는 편육 중에 한 가지를 선택한다.
- 12첩 반상 : 밥, 국, 김치, 장, 찌개, 찜, 전골 외에 생채, 숙채, 구이 두 종류, 조림, 전, 마른 찬, 장과, 젓갈, 회, 편육, 별찬으로 구성한다.

(표 7-1) 김치 종류에 따른 기본 식품 성분 함유량

김치 종류	섭취 100g 기준						
	열량 (kcal)	수분 (g)	단백질 (g)	지질 (g)	회분 (g)	탄수화물 (g)	섬유소 (g)
갓김치	41	83.2	3.9	0.9	3.5	8.5	1.7
고들빼기	66	71.6	4.1	2.7	9.7	11.9	2.6
깍두기	33	88.4	1.6	0.3	2.3	7.4	0.7
나박김치	9	95.1	0.8	0.1	1.5	2.5	0.8
동치미	11	94.2	0.7	0.1	2.0	3.0	0.5
무청김치	23	85.9	2.7	0.7	0.5	2.4	-
배추김치	18	90.8	2.0	0.5	2.8	3.9	1.3
백김치	8	95.7	0.7	0.1	1.5	2.0	0.5
열무김치	38	84.5	3.1	0.6	3.2	8.6	1.5
열무물김치	7	95.7	0.7	0.0	1.8	1.8	0.3
유채김치	41	82.4	3.5	0.8	3.2	10.1	2.8
유채물김치	13	94.7	1.0	0.1	1.2	3.0	0.4
총각김치	42	86.4	2.5	0.6	2.0	8.5	0.7
파김치	52	80.7	3.4	0.8	3.3	11.8	1.5

(표 7-2) 김치 종류에 따른 무기질과 비타민 함유량

김치 종류	섭취 100g 기준											
	무기질						비타민					
	칼슘 (mg)	인 (mg)	철 (mg)	나트륨 (mg)	칼륨 (mg)	retinol (RE)	(RE) retinol (ug)	베타-카로틴 (ug)	B_1 (mg)	B_2 (mg)	niacin (mg)	C (mg)
갓김치	118	64	1.3	911	361	390	0	2342	0.15	0.14	1.3	48
고들빼기	115	70	4.1	2231	164	914	-	-	0.31	0.15	0.9	11
깍두기	37	40	0.4	596	400	38	0	226	0.14	0.05	0.5	19
나박김치	36	7	0.1	1256	66	77	0	460	0.03	0.06	0.5	10
동치미	18	17	0.2	609	120	15	0	88	0.02	0.02	0.2	9
무청김치	3	-	-	-	-	170	0	1021	0.04	0.07	3.3	19
배추김치	47	58	0.8	300	300	48	0	290	0.06	0.06	0.8	14
백김치	21	25	0.3	116	116	9	0	53	0.03	0.02	0.3	10
열무김치	116	51	1.9	606	606	595	0	3573	0.15	0.29	0.6	28
열무물김치	40	16	0.8	216	216	9	0	53	0.08	0.03	0.3	9
유채김치	677	77	10.0	464	464	444	0	2666	0.20	0.23	1.2	56
유채물김치	37	23	4.2	112	112	6	0	34	0.08	0.04	0.7	19
총각김치	42	21	0.4	349	349	127	0	762	0.04	0.07	0.5	20
파김치	70	55	0.9	336	336	352	0	2109	0.14	0.14	0.9	19

(2) 김치의 기능성

김치는 2006년 미국의 〈Health〉 잡지에서 세계 5대 건강식품으로 선택되어 다시 한번 김치의 우수성을 인정받았다. 이러한 김치의 기능성은 첫째, 발효 중 생성된 젖산 등 유기산과 재료에서 오는 식이 섬유소 덕분에 변비 예방에 좋은 효과를 보인다. 또한 김치를 섭취하면 장 내에서 발암전구 물질을 발암 물질로 전환시키는 미생물 효소의 활성을 유의적으로 감소시킨다. 이 외에도 대장의 산도를 낮추어 대장암 예방에 중요한 역할을 한다. 둘째, 김치 속에 있는 유산균은 살아 있는 균(Probiotic)으로 우리 인체에 유리하게 작용하여 요구르트의 균과 같이 정장 작용, 항돌연변이 및 항암 작용 등에 관여한다. 셋째, 김치를 섭취하면 혈청 콜레스테롤의 양을 감소시키고 혈전을 만드는 피브린을 분해하는 활성을 가져 동맥경화를 예방할 수 있다. 넷째, 김치에는 비타민 C·베타-카로틴·페놀 화합물·엽록소 등이 많아 항산화 작용을 보이고 노화를 억제하는데, 특히 피부 노화를 억제한다. 다섯째, 김치는 발암 물질로 인한 돌연변이의 유발성을 억제하여 항암 효과를 나타낸다. 여섯째, 흰쥐를 이용한 실험에서 고지방 식이를 해도 체중 감량 효과를 나타내는 다이어트 효과를 보였다. 마지막으로 김치 유산균과 그 배양액은 조류독감 바이러스의 감염을 억제하는 효과를 나타냈다. 몇몇 실험에서도 김치와 김치 유산균이 바이러스의 성장과 감염을 예방한다는 것을 확인했다.

〈표 7-3〉 김치의 주요 기능성 물질과 생리 기능성

구분	기능성 물질	생리 기능성
재료 기원	카로티노이드와 Chlorophylls	항산화, 항노화, 항암성
	아스코르브산	항산화, 항노화, 항암성
	식이 섬유소	항암성, 항비만, 항변비
	Phenolics 캡사이신 Gingerol Allicin 및 유황 화합물 인돌 화합물	항산화, 항노화, 항암성 면역증진, 항암, 항비만 용혈, 항균, 식욕 증진 항암, 항균, 활력 증진 항암
발효 기원	젖산과 유기산 젖산균 당단백질 아세틸콜린 덱스트란 박테리오신 γ-Aminobutyric acid	항균성, T-cell 조정 항균성, 항암성 항암성, 항균성, 면역 증진 항변비, 정장 작용 항변비, 정장 작용 항균성 항변비, 정장 작용

(3) 김치의 지역적 특성

지방의 토질과 기후에 따라서 김치의 재료가 되는 채소의 종류와 품질이 다르다. 그래서 그 지역에 맞춰진 식습관에 따라 김치는 다양한 특성을 나타내게 된다. 특히 김치는 발효 식품인 탓에 기온에 따라 숙성 양상이 다르게 나타난다. 또한 지방에 따라서 젓갈, 고춧가루, 찹쌀풀, 소금 등의 용도도 달라 대표적인 맛이 다르게 나타난다.

(가) 서울·경기도

적당히 짜다. 젓갈은 새우젓·조기젓·황석어젓 등 담백한 것을 즐겨 쓰다가 6.25 이후에 멸치젓이 추가되었다. 요즘은 동태·갈치·생새우도 쓴다.

(그림 7-1) 우리나라 김치 지도

서울은 섞박지·보쌈김치·총각김치·깍두기·장김치·배추통김치·감동젓무김치 등이 있고, 경기도는 배추김치·총각김치·개성식보쌈김치·순무김치·꿩김치·고구마줄기김치·백김치 등이 있다.

■ 더 알아보기

황석어젓

황석어젓은 참조기로 담근 젓갈로, 황석어식해라고도 한다. 황석어와 참조기는 같은 것으로 서로 바꾸어 부르기도 하지만, 황석어젓을 참조기젓이라고 하지는 않는다.

새치

새치는 임연수어로 쏨뱅이목 쥐노래미과의 바닷물고기다. 두꺼운 껍질이 맛있어 강원도에서는 껍질쌈밥으로 먹기도 한다.

(나) 충청도

충청도는 서해에 접하고 있어 조기젓·황석어젓·새우젓 등을 많이 쓴다. 서울을 비롯한 중부 지방과 비슷하다. 간은 중간 정도로 소박하다. 갓·미나리·김장파·삭힌 풋고추·청각 등을 주로 쓴다. 나박김치·비늘김치·호박김치·총각김치·열무물김치·가지김치·박김치·돌나물김치·시금치김치·새우젓깍두기·굴깍두기 등이 있다.

(다) 강원도

김칫속은 중부 지방과 같다. 생태와 오징어채와 말려서 잘게 썬 생태 살을 젓국으로 버무려 간을 맞추고, 국물은 멸치를 말려 받혀서 넣는다. 강원도 김치로는 해물김치·새치김치·꽁치김치·북어배추김치·콩나물김치·아가미깍두기·배추고갱이김치·봄원추리김치·돌나물김치·오징어김치·무청김치·해초김치·돌나물물김치·더덕김치 등이 있다.

(라) 전라도

전라도 김치는 특히 젓갈을 많이 쓴다. 또한 찹쌀풀을 넣어 맛이 진하고 매우며 국물이 걸쭉하다. 전라도에서는 고춧가루보다 마른 고추를 불려서 갈아 걸쭉하게 만든 젓국을 많이 쓰는데, 젓국은 멸치젓 특히 추자멸치젓을 많이 이용한다. 김치는 파김치·동치미·고들빼기김치·돌산갓김치 등이 유명하다.

(마) 경상도

기후가 따뜻한 탓에 저장에 용이하도록 소금·고춧가루·마늘 등을 많이 사용해 다소 자극적이다. 그러나 생강은 적게 쓴다. 기온이 높아 12월에 김장한다. 김치 국물을 흥건하게 하고 밀가루풀, 국수, 보리 쌀 삶은 물을 사용하는 것이 특징이다. 김치는 멸치젓석박지·햇배추김치·콩밭열무김치·부추젓김치·콩잎쌈김치·박김치·고추김치·가지김치 등이 있다.

(바) 제주도

기후가 따뜻하여 배추가 밭에서 월동하고 다른 채소들도 많아서 김장의 필요성이 덜하다. 종류는 단순하다. 갓물김치·톳김치·실파김치·청각김치·솎음배추김치·전복김치·유채김치 등이 있다.

마. 김치 세계화와 코덱스 규격

2001년 7월에 'Kimchi'가 코덱스로 공인받으면서 김치가 세계적 음식으로 발돋움할 수 있는 기초를 마련하였다.

■ 더 알아보기

코덱스(Codex)

코덱스(Codex)는 유엔식량농업기구(FAO)와 세계보건기구(WHO)가 공동으로 운영하는 국제식품규격위원회에서 식품의 국제 교역 촉진과 소비자의 건강 보호를 목적으로 제정되는 국제 식품 규격이다.

(1) 김치의 코덱스 규격

(가) 김치의 정의

김치는 주원료인 절임 배추에 여러 가지 양념(고춧가루·마늘·생강·파·무 등)을 더한 음식으로, 제품의 보존성과 숙성도를 확보하기 위하여 저온에서 젖산을 생성하여 발효한 제품이다.

(나) 필수 원료

배추, 고춧가루, 마늘, 생강, 파, 무, 소금.

(다) 선택성 원료

과실류, 채소류, 참깨류, 견과류, 당류, 젓갈류, 찹쌀풀, 밀가루풀.

(라) 식품 첨가물

- 향료 : 코덱스에서 허용하는 천연 향료 또는 이에 준하는 향료를 사용한다.
- 풍미 개선제 : 5-구아닐산2나트륨, 5-이노신산2나트륨, L-글루타민산나트륨을 사용한다.
- 산도 조절제 : 발효 과정에서 생성되는 유기산(시트르산·초산·젖산)만 허용한다.
- 호료 : 밀가루풀이나 찹쌀풀의 대체제로 카라기난(Carrageenan), 잔탄검(Xan than Gum)을 사용한다.
- 조직 증진제 : 김치의 조직감 개선 효과를 위해 솔비톨의 사용을 허용한다.

(마) 품질 기준

- 산 함량 : 젖산으로, 0.6~0.8%를 포함하면서 1% 이하로 설정한다.
- 염도 : 적정발효 농도인 1~4%(염화나트륨 함량)로 설정한다.
- 색 : 고추에서 유래한 붉은색이 좋다.
- 맛 : 매운맛, 짠맛, 신맛을 가져야 한다.
- 조직감 : 적당히 단단하고 아삭아삭한 씹는 맛이 있어야 한다.

02
김치 만들기

가. 김치 재료의 특성과 선택

(1) 김치 재료

김치의 주재료는 전체 재료의 70% 이상 사용되는 것을 말하며, 배추·무·열무 등이 있다. 그 외 부재료는 주재료와 달리 김치의 맛·모양·향·색에 결정적인 영향을 주며, 감칠맛·매운맛·신맛·상쾌한 맛을 포함한다. 또한 질감과 양감을 부여하고 발효를 도와준다.

(2) 김치 맛을 좌우하는 재료

(가) 배추

배추는 김치의 주재료로 연중 생산 체계가 확립되어 계절에 관계없이 수확하여 출하하고 있다. 재배 양식은 14가지로 다양하지만, 수확·출하·이용에 따라 늦가을배추·월동배추·봄배추·여름배추 등으로 구분한다.

(표 7-4) 김치 만들기에 사용되는 각종 재료

분류		관련 재료
주재료		배추, 무, 열무, 총각무, 오이, 파, 갓, 양배추, 부추, 풋고추, 고들빼기, 더덕 등
향신료		빨간 고추, 파, 마늘, 생강, 겨자, 후추, 양파, 계피 등
조미료	소금	소금 혹은 소금물
	젓갈류	멸치젓, 새우젓, 조기젓, 꼴뚜기젓 등
	일반 조미료	참깨, 간장, MSG, 설탕, 물엿 등
기타 부재료	채소류	무, 당근, 미나리, 갓 등
	과실류	배, 사과, 은행, 잣, 대추 등
	곡물류	쌀, 보리, 밀(가루) 전분 등
	어육류	새우, 명태, 오징어, 조기, 굴, 쇠고기, 돼지고기 등
	기타	양송이 등

(표 7-5) 배추의 재배 양식에 따른 수확기와 재배 지역

재배 양식	파종기(월)	수확기(월)	재배 지역
가을 재배	8	11	전국
늦가을 재배	9(상순)	12(중순)	남부 해안
월동 재배	9(중순)	2~3	남부 해안
하우스 재배	1	3~4	남부 해안
터널 재배	2	5	전국
봄육묘 재배	3	6	전국
봄노지지 재배	4	6~7	전국
준고랭지 재배	5~7	7~9	해발 400~600m
망사피복 재배	5~7	7(하순)~9(상순)	해발 400~600m
얼갈이 재배(하우스)	7(하순)	9(하순)	전국
얼갈이 재배(터널)	11~2	2~4	전국
얼갈이 재배(노지)	2(상순)	4(중하순)	남부 해안
얼갈이 재배(비가림)	3~4	4(중순)~6(상순)	전국
얼갈이 재배(노지)	6~8(상순)	7(중순)~9(중순)	전국

① 봄배추

봄배추는 대체로 3월이나 4월에 수확한다. '노랑봄'은 원통형 배추로, 외엽은 진한 초록색이고 내부는 노란색이다. 김치 맛이 우수하고, 절임 과정에서 조직감의 변화가 적으며, 발효 과정에서 가스 발생도 적다. '매력'은 결구 내부가 노란색으로 맛이 고소하며, '정상'은 외엽이 적고 두께가 얇으며 맛이 좋다. '개나리'는 배춧속이 노랗고 맛이 좋으며 상품성이 좋다.

② 여름배추

대체로 7월 중순에서 8월 중순까지 수확하며 주로 고랭지에서 재배된다. 여름배추는 속칭 '노랭이' 계열이 맛이 있고 소금에 절이는 시간이 짧으며 조직감도 좋다. 그러나 자체 색인 노란색 때문에 김치의 빨간 고춧가루 색을 나쁘게 할 우려도 있다.

③ 가을배추

중간 정도 크기(2~3kg)로 잎들이 얇고 잎 수가 많다. 또한 위는 부분적으로 펼쳐 있고, 싱싱한 푸른 잎이 붙어 있으면서도, 속은 노란색을 지닌 것이 좋다. 잎의 흰 줄기 부분인 중륵(잎맥)이 얇고 넓은 것을 선택한다. 맛은 고소하면서 약간 단맛이 나는 것이 좋다. 조직감은 보통 정도의 경도가 좋다.

④ 겨울배추

가을배추와 함께 맛과 저장성이 좋아서 김치 재료로 널리 이용된다. 대체로 12월 초순부터 이듬해 2월 초순에 수확하는 배추로, 겨울배추 품종인 '동풍'은 중륵이 얇고 맛이 좋다. 생체 무게는 1.7~3.4kg이고 길이는 25~35cm 정도가 김치용으로 많이 이용되고 있다.

(표 7-6) 품질과 저장성이 우수한 계절별 배추 품종 (2000년 기준)

계절 분류	품종명
봄배추	노랑봄, 매력, 정상, 하우스금가락, 고랭지여름, 개나리, 산촌
여름배추	강력여름, 노랑여름, 정상, 강한여름, 고랭지여름, 여름대형가락, 산촌, 신춘1호
가을배추	불암3호, 노랑김장, 노한자, 진한금, 삼진, 오광, 가락, 흑장미, 금진주
겨울배추	동풍, 청풍, 만풍, 설왕, 하루방월동, 동장군, 무적, 삼동

노랑봄배추

노랑여름배추

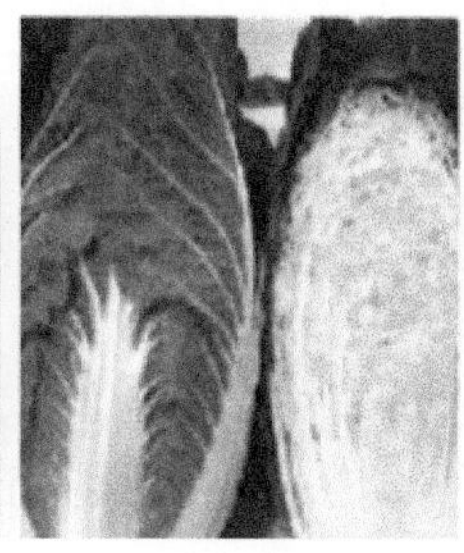
노랑김장배추

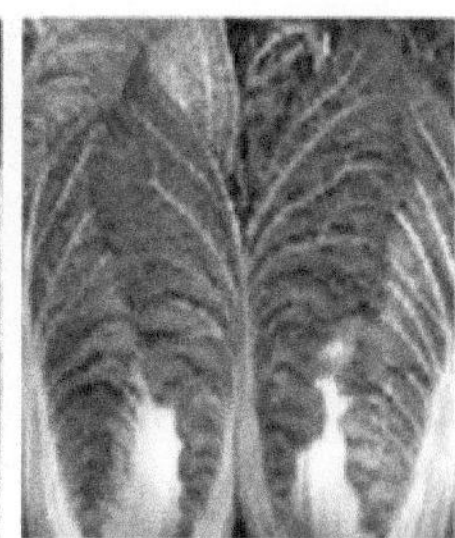
노랑동풍배추

(그림 7-2) '노랭이' 계열의 여름배추

(나) 무

현재 우리나라에서 널리 재배되고 있는 품종은 재래종 무 계통(서울무·진주대평 등)과 작은 무 계통(총각무·서울봄무 등) 그리고 외국산 무 계통(궁중무·연마무 등)이 있다. 일반적으로 김치용 무는 모양이 바르고, 흠이 없으며, 육질이 단단하고 치밀한 것을 택하고 있다. 재래종 무 계통인 가을무는 조선무로 불리며 육질이 연하면서도 아삭아삭한 조직감을 가지고 있다. 따라서 김치를 담근 후 쉽게 물러지는 경향은 없으나 품종에 따라 다른 탓에 깍두기용은 그중에서 약간 경도가 높은 것을 택한다. 작은 무 계통인 총각무는 총각김치용으로 쓰인다. 다른 계통의 무보다 육질이 단단하고 치밀하기 때문에 씹히는 조직감이 독특하다. 외국산 무 계통의 대형 무는 육질이 비교적 연하다. 부분적으로 깍두기 담금에 이용되기도 하지만 대체로 김칫소의 재료로 사용된다.

(다) 고추

고추의 품종은 신미종·감미종·가공용종·관상용종 등으로 분류한다. 재래종은 신미종에 분류되나 단맛과 매운맛이 적당한 편으로 김치 재료로는 최적이다. 건고추의 품질은 건조 방법에 따라 달라진다. 햇볕 등 좋은 환경에서 태양열로 건조된 양건고추는 선명한 붉은색을 띠는 등 깨끗하나, 화건고추는 온도의 영향으로 급격하게 수분이 증발되고 열에 의해 영양소가 파괴되어 흑변이나 갈변 현상이 일어나는 경우가 있다. 건조고추를 선택할 때는 일반적으로 표피가 매끈하고 빛깔이 선명하며 붉고 크기와 모양이 고른 것이 좋다. 또한 꼭지가 잘 부착되어 있고 건조가 잘된 것을 택한다.

(라) 마늘

재래종은 난지형과 한지형으로 분류할 수 있다. 대표 품종은 만생종의 소인편종(육쪽마늘)과 다인편종(여러 쪽 마늘)이다. 김치용으로는 매운맛이 강한 다인편종을 많이 이용한다. 김치용 마늘은 크기와 모양이 균일하면서, 외형이 둥글고, 매운맛이 강하며, 표피가 다갈색 또는 자홍색을 띠는 것이 좋다. 또한 인편을 감싸고 있는 겉껍질과 속껍질이 강하게 부착된 것이 좋으며, 싹이 돋지 않고 육질이 견고하면서 변색되지 않아야 한다.

(마) 젓갈

젓갈은 침장원(沈藏源)의 종류·원료의 종류·이용 부위에 따라 어류·갑각류·연체류·어패류 내장·아가미·어패류 생식소 등 많은 종류로 나뉜다. 김치에 쓰이는 젓갈은 주로 소금만을 침장원으로 쓴다. 가장 중요한 기능은 역시 감칠맛의 부여다. 김치에 사용되는 젓갈의 종류별 사용 빈도를 보면 새우젓(37.3%), 멸치젓(28.3%), 멸치액젓(25.9%) 순으로 단일 젓갈을 사용(38.2%)하는 것보다는 두 가지 이상의 젓갈을 혼합한 것(61.8%)을 더 선호한다. 멸치젓은 봄철에 담금한 춘젓을 많이 선택하며 이른 봄, 초물로 담근 것보다 살이 오른 중물로 만든 것이 좋다. 새우젓은 살이 통통하고 단단하며 형태가 분명하면서 붉고 노란색으로 삭은 것이 좋다. 젓국은 단맛과 고소한 맛이 있으면서 비린내가 없는 것이 좋다.

■ 더 알아보기

침장원

침장원(沈藏源)이란 가라앉혀서 저장한다는 뜻의 한자어로, 젓갈이나 식해 등 염장 발효에 사용되는 재료다. 식염, 술, 누룩, 엿기름, 곡물, 야채 등이 이에 속한다.

나. 김치 담그기

(1) 배추김치

(가) 배추 다듬기

(그림 7-3) 배추김치

배추의 겉잎과 뿌리를 제거한 다음 큰 배추는 4쪽, 작은 배추는 2쪽으로 나눈다. 이어 배추의 하단부를 5cm 정도 칼집 낸다.

(나) 배추 절이기

배추 절임은 염수법이나 건염법 또는 혼합법으로 한다. 건염법은 먼저 배추를 2쪽이나 4쪽으로 절단하고 배추의 하단부를 4~5cm 정도 칼집 내어 가볍게 세척한다. 이어 잎줄기 사이에 소금을 뿌리고 용기에 쌓아 절인다. 이 방법은 절임 상태가 균일하지 않으나 많이 이용한다. 천일염 등 소금의 사용량은 배추의 6~10% 수준이며 보통 7~10시간 절임 중 2~3회 정도 상하좌우로 배추의 위치를 전환시킨다. 혼합법은 절단한 배추를 한층 쌓고 소금을 뿌리는 동작을 반복하여 가늘림한다. 이때 소금의 양은 배추 무게의 10% 수준으로, 2/3 정도를 먼저 배추에 골고루 뿌리고 나머지 1/3은 배추 무게에 해당하는 물에 녹인 다음 쌓아둔 배추 위에 부어 7~8시간 절인다.

(다) 절임 배추의 세척과 탈수

절임 처리가 끝난 배추를 세척하면 표면의 염분과 기타 이물질이 제거된다. 절임 배추는 생배추에 비해 조직이 유연하기 때문에 세척하기 쉽다. 세척 과정에서 절임 배추의 소금 농도는 1.8~2.5%가 되도록 조정한다. 세척 효율은 당장은 세척의 횟수가 늘어나면서 줄어들지만 시간이 지날수록 전체 세척 효율은 높아진다. 세척하는 방법에 대한 실험에 의하면 좌우로 세척하는 것보다 흐르는 물에 9~15회 상하로 세척하는 것이 더 효과적이었다. 탈수는 절단면을 아래로 하여 쌓은 것이 미미하지만 더 효과적이며 4시간 경과했을 때는 95% 수준으로 가장 효율이 좋았다.

(라) 양념의 재료 구성

김치 담금에 사용하는 재료들은 전처리를 한 다음, 바로 사용하거나 냉장 보관했다가 필요할 때 일정량 혼합해서 사용한다. 통배추김치의 양념 재료별 배합 비율은 (표 7-7)과 같다.

(표 7-7) 배추김치를 만들 때 사용한 배추에 따른 양념 재료

통배추 사용		절임 배추 사용	
양념 재료	배합비율(%)	양념 재료	배합비율(%)
무채	57.61	절임 배추	77.40
고춧가루	14.38	무	8.51
멸치액젓	2.87	마늘	1.55
새우젓	2.87	생강	0.31
마늘	7.67	고춧가루	1.78
생강	1.91	새우젓	1.86
찹쌀풀	2.87	까나리액젓	0.93
대파	4.31	찹쌀풀	2.32
쪽파	0.95	배	1.93
갓	2.87	파	2.01
부추	1.44	굴	1.16
설탕	0.25	설탕	0.23
계	100	계	100

(마) 양념 혼합과 양념소 넣기

전처리한 양념 재료를 정해진 배합비에 따라 버무린다. 먼저 채 썬 무와 고춧가루를 섞어 무색이 빨갛게 되도록 한 다음 파·마늘·생강·갓·미나리·젓갈 등을 넣어 가볍게 버무려 섞는다. 마지막에 젓국·소금물·찹쌀풀 등을 넣어 양념소가 촉촉하게 되도록 하고, 양념소는 배춧잎 사이사이에 넣되 절인 배춧잎에 바르듯이 뿌리 쪽부터 줄기와 잎 안으로 고루 넣는다. 소를 넣은 다음에는 잎을 줄기 쪽으로 접고, 긴 잎 한 자락으로 감아 싸서 소가 밖으로 떨어지지 않도록 한다.

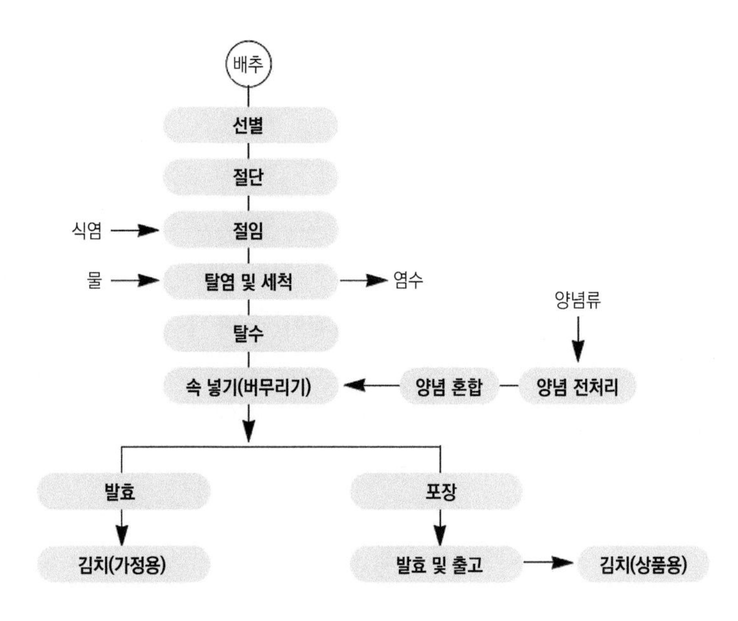

(그림 7-4) 배추김치 가공 공정도

(2) 맛김치

(가) 전처리와 소금 절이기

전처리 과정에서 겉잎을 제거하고 밑동을 잘라내는 등 다듬기를 끝낸 배추를 3~5cm 크기로 절단하여 소금 절임을 한다. 실제로 맛김치용 배추 절임은 실온에서 10% 염수에 2시간 내외로 행한다. 염수는 절단한 배추 총 중량의 2.5배인 것을 이용한다.

(나) 양념 혼합

보통 맛김치는 단기간 발효하여 짧은 시간에 소비하는 것이 특징이므로 개운하고 감칠맛을 내기 위해서 새우젓·찹쌀풀·생강·생굴 등을 활용하기도 한다. 맛김치는 고춧가루·멸치젓·소금 등을 약간 줄이는 것이 일반적이다. 소규모로 담그거나 가정에서는 재료 모두를 혼합하기 전에 양념 혼합물을 먼저 만든다. 고춧가루·다진 마늘·다진 생강·다진 새우젓·찹쌀풀·소금물을 넣어 골고루 섞는다. 이 양념 혼합물에 절단한 절임 배추를 넣고 고르게 버무린다. 이어 미리 절단해둔 대파·미나리·실파 등을 넣고 다시 버무려 완성한다.

(3) 무김치(깍두기)

(가) 전처리와 소금 절이기

(그림 7-5) 깍두기

깍두기는 먼저 깨끗이 씻은 무를 1.5~2.5cm 크기의 정방형으로 절단한 후, 무 무게의 3%에 해당하는 소금을 뿌려 30분 이상 절인다. 무의 크기에 따라 2~3시간 절이기도 한다. 대량으로 품질을 균일하게 담글 경우 염수법 절임을 택할 수도 있다. 이때는 5~7% 염수에 20~70분 정도 절이며, 염수 온도는 5~10℃가 좋다. 염수법으로 절인 무는 반드시 탈수를 해야 하며 망이나 소쿠리에 담아 50~70분 정도 물을 뺀다.

(나) 재료 구성

일정 크기로 썰어둔 무에 고춧가루를 넣고 버무려 고춧물을 들인다. 여기에 다진 마늘과 생강 그리고 젓갈을 넣어 버무린 뒤 준비한 쪽파·미나리·대파를 넣고 가볍게 섞고 버무린다. 필요에 따라 소금·간장·설탕 등으로 맛을 조정한다. 재료 구성과 배합 비율은 지역 또는 김치 공장에 따라 다르지만 단순화한 재료 구성의 예를 들면 다음과 같다. 무가 1,000g일 때 고춧가루 40g, 마늘 24g, 생강 10g, 쪽파 50g, 새우젓 40g, 멸치가루 10g, 찹쌀가루 풀 10g, 설탕 10g이다.

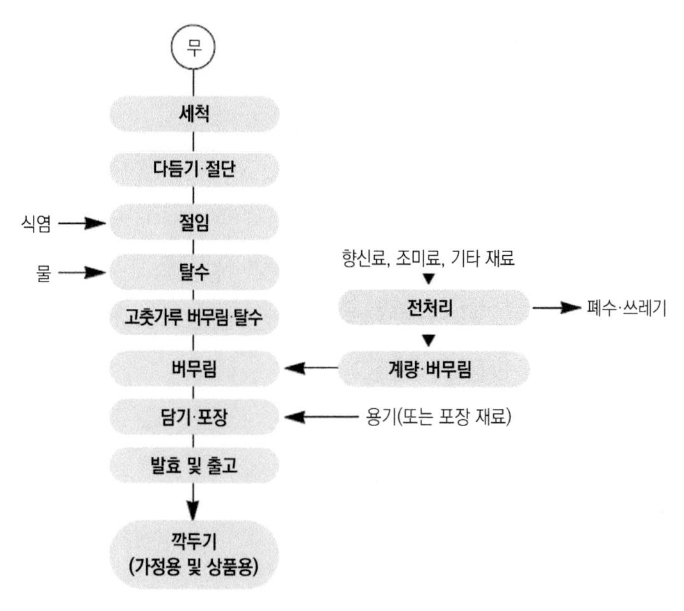

(그림 7-6) 깍두기 가공 공정도

(4) 동치미

(가) 재료 선택과 전처리

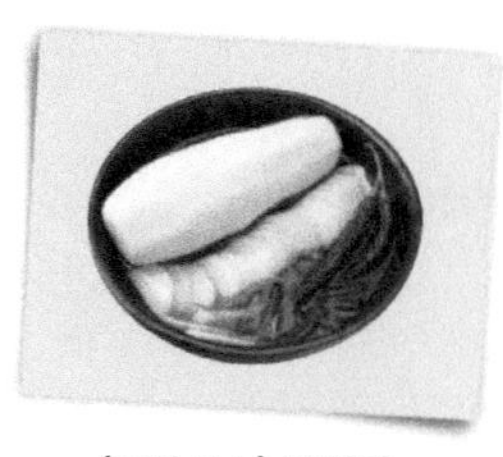

(그림 7-7) 동치미

국물 맛을 내기 위하여 배·유자·석류 등을 이용한다. 고춧가루·젓갈류·생선 등을 거의 사용하지 않는 것이 특징이다. 동치미용 무는 맵고, 표면이 고르며, 무청은 싱싱하고 윗부분이 파란색을 띠지 않는 중간 또는 작은 것이 좋다. 무는 무청을 잘라내고 깨끗이 씻은 다음 소금에 굴려 하루 이틀 정도 절여둔다. 대파는 뿌리 부분만, 쪽파는 전체를 씻어서 사용한다. 갓은 상처가 나지 않도록 씻고, 소금물에 삭힌 풋고추는 세척하여 물기를 빼서 사용한다. 마늘과 생강은 박피하여 얇게 썬다. 배는 껍질째 깨끗이 씻은 뒤 꼬치 등으로 구멍을 여러 군데 만든다.

(나) 배추 다듬기

동치미의 기호도는 일반 김치류의 소금 농도(2.0~2.5%)보다 낮은 것이 좋다. 따라서 1.5~2.0%(무와 국물 간 평형을 이룬 후의 평균 소금 농도) 사이가 좋다.

단순화시킨 동치미의 재료 구성은 무 1,000g, 마늘 10g, 생강 5g, 배 90g, 소금 60g, 물 1.5L다. 양파·대나무 잎 추출물·인삼·솔잎 등을 첨가한 동치미를 시도하고 있다.

(다) 동치미 담기

일정량의 향신료(마늘·생강·파 등)를 베(또는 망사)주머니에 넣은 다음 실로 묶어 김칫독 바닥에 넣고, 그 위에 절인 무·배·쪽파·갓·삭힌 풋고추를 한 층씩 켜켜이 쌓는다. 그 위를 무거운 것으로 누른 다음, 만든 소금물(2~5%) 용액을 부어 수일간 숙성시킨다.

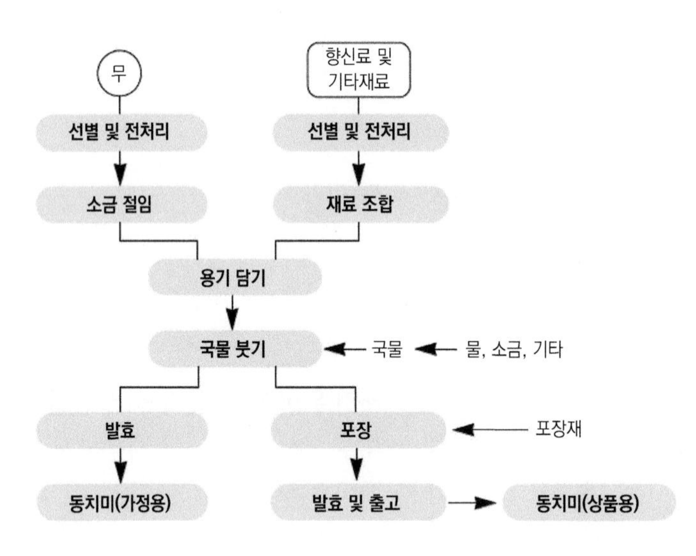

(그림 7-8) 동치미 가공 공정도

(5) 총각김치

(가) 재료 선택

(그림 7-9) 총각김치

총각김치는 흔히 '알타리 김치'로 불리는 품종으로, 봄에는 '초봄알타리무', 여름에는 '초롱알타리무', 가을에는 '풍미알타리무'를 사용한다. 일반적으로 알이 작고 단단한 것이 좋다. 또한 상대적으로 당도가 높고 덜 매운 것을 사용한다.

(나) 소금 농도와 재료 구성

무는 세척 후 5% 염수에 넣어 낮은 온도에서 4~6시간 정도 절인 후, 2~3회 세척하고 탈수한다. 갓 등은 미리 5~10% 염수에 20~40분간 절인 뒤 탈수하여 사용한다. 재료 구성은 총각무 1,000g일 때 고춧가루 40g, 마늘 25g, 생강 12g, 대파 20g, 쪽파 130g, 갓 300g, 새우젓 30g, 멸치젓 80g, 찹쌀풀 90g 그리고 설탕 약간, 소금은 적절한 분량을 넣어 짠맛을 조절한다. 재료 구성과 배합 비율은 지역이나 개인에 따라 다를 수 있다. 이외에도 미나리·실고추·액젓·통깨 등도 일정 비율로 배합한다.

(다) 총각김치 담기

총각김치를 담을 때는 깍두기 담는 공정에 준하여 실시하되 특히 다음을 고려한다. 먼저 불린 고춧가루에 마늘·생강 다진 것·액젓·젓갈을 넣어 고루 섞은 다음, 찹쌀풀을 넣어 잘 버무린다. 여기에 기타 재료도 넣는다. 이것을 물기를 뺀 절인 무에 넣고 가볍게 치대어 골고루 섞이도록 한다. 이때 너무 강하게 버무릴 경우 풋내가 날 수도 있으니 주의한다. 마지막에 설탕과 소금으로 간을 맞춰 버무린 무를 몇 개 모아 소금에 절인 쪽파로 묶어서 용기에 차곡차곡 담는다.

(6) 갓김치

(가) 재료 선택

(그림 7-10) 갓김치

(갓김치는 장기간 저장해도)쉽게 연화되지 않으며, 좋은 상태로 조직감을 유지하고, 색도 양호하게 유지되는 특성이 있다. 이 때문에 기호도가 높다. 김치용으로 많이 이용되는 갓은 만생평경대엽, 청경대엽, 적갓 등이다. 갓김치용으로는 청갓을, 갓물김치는 재래종인 적갓 계열을 사용한다. 갓을 선택할 때는 너무 길이가 긴 것은 피하고 꽃대가 없는 것을 고려한다. 갓은 보통 정도의 향을 내는 것이 좋다. 너무 굵거나 잎이 두꺼우면 향이 강하다. 포기당 무게 20~50g 범위의 것이면 좋다.

(나) 소금 농도와 재료 구성

갓은 건염법이나 염수법으로 행하지만 웬만하면 염수법을 택한다. 건염법은 갓 무게의 10% 정도인 소금을 갓에 골고루 뿌렸을 때, 갓 포기마다 소금 농도가 다르다는 큰 결점이 있다. 염수법은 비교적 균일하게 절여지고, 김치를 담금 후 고루 익는다. 보통은 갓 무게의 2배인 6~10% 소금물에 담가 절인다. 온도는 5~15℃의 범위로 시간은 10% 소금물로 절일 때 40~50분이면 좋다. 재료 구성은 갓 1,000g을 기준으로 마늘 45g, 생강 15g, 쪽파 250g, 고춧가루 100g, 당근 45g, 설탕 7.5g, 찹쌀풀 40g, 멸치젓 35.5g, 새우젓 45.5g이다. 대체로 양념의 사용량이 많다. 특히 고춧가루 배합비가 높은 편으로 얼큰하고 맵게 배합한다.

(다) 갓김치 담기

통배추김치에 따라 실시하되 미리 고춧가루를 젓갈에 섞어두고 마늘·생강 등 양념재료를 넣어 버무린다. 여기에 미리 만들어 식혀 둔 찹쌀풀을 넣고, 나무 주걱으로 혼합하여 양념 풀국을 만든다. 절인 갓과 절인 쪽파에 양념 풀국을 적셔 문질러 고루 버무린 다음, 용기에 차곡차곡 담아 5~15℃ 범위에서 발효시킨다.

(7) 파김치

(가) 재료 선택

(그림 7-11) 파김치

파김치에 사용하는 쪽파는 대파보다 짧고 탄력이 있으며, 굵기가 고른 것이 일반적이다. 파김치의 재료는 잎이 파랗고 싱싱한 것으로 하되 전체 길이가 30~35cm 범위로 길지 않은 것을 택한다. 또한 머리 부분이 크지 않으며 굵기가 고른 것이 좋다. 3월부터 부드러운 쪽파가 생산된다. 4월 중순 이후의 것은 머리 부분이 굵어지고 조직이 거칠기 때문에 좋지 않다. 8월이 되면 다시 품질이 좋은 쪽파가 김장철까지 계속 생산되어 공급된다.

(나) 소금 농도와 재료 구성

파김치는 전통적으로 쪽파를 멸치액젓에 절여 담금하거나, 소금물에 파를 절인 후 마늘·생강·고춧가루·액젓을 넣어 맛을 낸다. 재료 구성은 쪽파 1,000g일 때 멸치액젓 150g, 마늘 40g, 생강 20g, 고춧가루 90g, 설탕 10g 통깨 10g, 찹쌀풀 90g이다.

(다) 파김치 담기

먼저 쪽파를 멸치액젓에 절여 담금한다. 쪽파를 씻어 물기를 뺀 다음, 쪽파를 한 켜씩 펴고 멸치액젓을 골고루 뿌린다. 그리고 1~2시간(부드러운 파일수록 소요 시간이 줄어든다) 절인 후, 절임에 사용했던 멸치액젓과 남은 액젓에 고춧가루를 풀어 다른 부재료와 함께 넣고 잘 혼합한다. 절인 파에 양념을 골고루 버무리면서 가지런히 흰머리 부분부터 정리하여 6~10개씩 묶거나 서로 엉키지 않도록 한다. 염수 절임법으로 할 때는 먼저 씻은 파를 5~8% 소금물(쪽파의 2배)에 넣어 잠기게 하고 30~40분간 절인다. 이어 가볍게 씻어 탈수한 뒤 멸치액젓에 절인 방법을 따른다. 이 방법은 대량 생산할 때 멸치액젓에 절인 것보다 효율과 경제 면에서 유리하다.

(8) 오이소박이

(가) 재료 선택

(그림 7-12) 오이소박이

열무김치와 더불어 여름철 별미로 꼽힌다. 젓갈류는 쓰지 않고 오이 특유의 시원한 맛을 그대로 살린다. 열무김치용 부재료 외에 설탕·MSG·참기름 등이 추가로 필요하다.

(나) 소금 농도와 재료 구성

오이는 6~7cm 정도로 토막을 내고 십자 형태로 쪼개는데, 끝부분은 붙어 있도록 한다. 이것을 10% 소금물에 절여서 하룻밤 두고 자루에 넣어 누르는 방법으로 물기를 뺀다. 재료는 오이 1,700g(오이 10개), 소금 90g, 부추 100g, 대파 25g, 마늘 12g, 생강 5g, 고춧가루 25g, 설탕 3g, 새우젓 50g이 필요하다.

(다) 오이소박이 담기

곱게 채를 친 파·생강·마늘과 소금 등 기타 양념을 섞어서 잠시 두면 숨이 죽는다. 이것을 오이의 십자 사이에 적당히 넣고 차곡차곡 단지로 옮긴 다음, 위에 깨끗한 돌로 눌러놓는다. 하룻밤이 지나면 식용할 수 있다. 소를 넣을 때 잣을 2~3알씩 넣어주면 한결 맛이 좋다.

(9) 열무김치

(가) 재료 선택

(그림 7-13) 열무김치

여름철에 즐겨 먹는 김치류로, 젓갈을 쓰지 않기 때문에 비교적 담백하다. 부재료로 오이·미나리·파·마늘·생강·고춧가루·소금·밀가루가 쓰인다.

(나) 소금 농도와 재료 구성

살살 씻은 열무에 열무 무게의 12% 되는 소금을 뿌린 다음 30분 정도 절인다. 재료 구성은 열무 1,000g에 풋고추 40g, 대파(흰 부분) 100g, 오이 340g, 마늘 100g, 붉은 고추 60g, 생강 10g, 밀가루풀(밀가루 30g+물 1,600g)이 필요하다.

(다) 열무김치 담기

4~5cm 길이로 썬 열무를 절이고 물기를 뺀 다음, 적절하게 썬 오이와 고춧가루·생강·마늘·파 채친 것을 넣고 섞어서 단지에 넣는다. 밀가루는 숭늉 정도의 농도로 풀을 쒀 삼삼하게 소금으로 간을 하고 단지에 붓는다.

03

발효와 미생물

가. 발효 단계

김치는 채소류를 주재료로 하여 야생의 미생물에 의해 발효된 식품으로 주어진 환경 조건에 따라 다르나 일반적으로는 제1단계(발효 개시 단계), 제2단계(제1차 주발효 단계), 제3단계(제2차 주발효 단계), 제4단계(후발효 단계)로 나뉜다. 이처럼 모든 변화는 일정한 패턴을 가진 단계성이 있다. 이는 주어진 환경 조건에서 번식하는 미생물의 수와 종류의 변화에 기인한다.

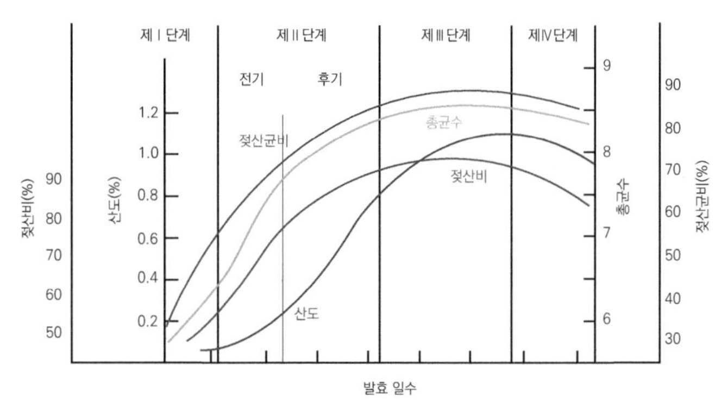

(그림 7-14) 김치의 발효 단계와 특성 변화

제1단계에서는 총균수가 적으며 산도와 젖산균비와 젖산비가 낮다. 이때는 미생물의 생육이 시작되지 않은 시기로, 총균수는 김치즙액 mL당 10^7 이하를 나타낸다. 젖산균비도 낮아 50~60%로 잡균의 비율이 매우 높다. 제2단계는 총균수가 급속하게 증가하는 시기로 미생물의 번식이 아주 빠르게 일어난다. 즉 젖산균의 활동이 많아지면서 산도와 젖산비가 빠른 속도로 높아진다. 제3단계는 다른 미생물의 번식이 거의 정지되고, 젖산비와 젖산균비가 90% 정도로 유지된다. 젖산의 생성은 젖산균의 번식에 의하여 비교적 왕성하지만 발효 속도가 느리다. 다만 산도는 김치에 함유된 당분의 함량에 따라 차이는 있으나, 0.8~1.2% 정도로 최대에 달하며 강한 산미를 띤다. 제4단계는 산도·총균수·젖산균비·젖산비가 낮아지는 시기로 젖산균의 번식이 정지되면서 죽어 없어지기 시작한다. 아울러 잡균의 번식과 활동이 강해지면서 휘발성산이 축적되며 젖산의 분해가 일어나 부패를 동반하기도 한다.

나. 발효 단계에 따른 발효 미생물

김치의 발효 단계에 따라 미생물의 수와 종의 구성에 변화가 나타난다. 미생물은 김치 조직보다 국물에서 더 많이 생육하는데, 김치 담금 원료에서부터 나타날 수 있는 각종 미생물은 일부만이 활발하게 활동을 시작한다. 종의 구성은 담금 원료의 종류나 첨가량, 발효 온도에 따라 다소 상이하지만 거의 일정한 균종의 패턴 즉 김치 발효 미생물 그룹을 이룬다. 이는 소금·마늘·생강·파 등 향신료의 항균 작용과 젖산·박테리오신 등에 기인하는 것으로 보인다.

(표 7-8) 발효 단계별 주요 미생물

제1단계	제2, 3단계	제4단계
Aeromonas salmonicida	*Leuconostoc mesenteroides*	*Lactobacillus plantarum*
Erwinia mallotivora	*Leuconostoc dextranicum*	*Lactobacillus brevis*
Erwinia nigrifluens	*Leuconostoc paramesenter-oides*	*Hansenula silvicora*
Pleisimonas shigellodides	*Lactobacillus plantarum*	*Hansenula capsulata*
Xenohabdus luminescence	*Lactobacillus brevis*	*Brettanomyces crustesianus*
Bacillus cereus	*Lactobacillus maltaromicus*	*Torulopsis etcheilsii*
Bacillus circulans	*Pediococcus pentosaceus*	*Rhodotorula glutinus*
Leuconostoc mesenteroides	*Streptococcus faecalis*	*Pichia membranaefaciens*
Leuconostoc lactis	*Staphylococcus xylosus*	*Pediococcus cerevisiae*
Leuconostoc paramesenter-oides	*Pediococcus cerevisiae*	*Kluyneromyces marxianus*
Lactobacillus plantarum	*Saccharomyces fermentati*	*Bacillus subtilis*
Staphylococcus xylosus		*Candida kefyr*
Pseudomonas marina 등		

04

김치 관련 법규 및 규제 이해하기

가. 식품공전상의 김치 규격

납은 0.3mg/kg 이하, 카드뮴은 0.2mg/kg 이하여야 한다. 타르 색소와 보존료는 검출되면 안되고, 대장균 그룹은 살균 포장 제품에 한해서 음성이어야 한다.

나. 농산물품질 관리법

종전에는 가공한 김치에 배추의 원산지만 표시하면 됐지만, 새로운 규정에 의하면 수입 김치 속이나 다진 양념(고춧가루·마늘·양파·생강 등 혼합제품), 고춧가루, 마늘 등 제2원료의 원산지도 표시 대상으로 포함한다고 적혀 있다. 또한 종전에는 원산지를 표시할 의무가 100m² 이상인 음식점에만 있었지만, 제정된 시행령에는 650,000개 음식점으로 확대·적용하고 있다(2010년 8월 11일 부터 시행).

다. 김치의 위생과 HACCP

HACCP은 위해 요소 분석(Hazard Analysis)과 중요 관리점(Critical Control Point)의 영문 약자로, '해썹' 또는 '위해요소중점관리기준'이라고 한다.

(1) HACCP 도입 목적

안전한 김치 생산이 목적으로 소비자의 식품에 대한 건강과 안전 의식이 높아진 데 이유가 있다. 이를 통해 생산 현장에서 식품안전관리에 대한 마인드를 고취시키고 원료 입고부터 유통까지 안전성을 확보하고자 한다.

(표 7-9) HACCP 도입 목록

구분	원료명	보관 방법
농산물	배추, 무, 파, 양파, 쪽파, 생강, 부추, 마늘	냉장
기타 원료	고춧가루	상온
	멸치액젓, 새우젓	냉장
분말 원료	백설탕, 정제염	상온
물(용수)	상수도, 지하수	상온
포장재	내포장재 – 폴리프로필렌(OPP) : 외면, 폴리에틸렌(PE) : 내면	상온
	외포장재 – 골판지 상자	

(2) 기계 장치와 작업 현장 개선 내용

(가) 절임 공정

절임통은 플라스틱 용기에서 스테인리스 용기로 교체한다. 절임통을 설계할 때는 개폐식 누름판으로 절임한다.

- 소금물을 만들 때는 식용에 적합한 소금을 사용한다.
- 소금물을 재사용할 경우에는 변질로 이취가 나는지 확인할 필요가 있다(pH 5.0 이하).

· 배추 정선과 이절 작업 : 정선 작업을 마친 배추를 자동 이절기로 이절한다.
· 세척 공정 : 자동세척기를 사용하여 3단 이상으로 공기방울 세척을 실시한다.
· 양념 제조 : 야채류를 절단하고 분쇄할 때 사용기계 배출구에 자석을 부착하여 파손된 칼날 등 금속 파편의 혼입을 방지한다. 또한 양념은 혼합기를 이용하여 혼합하고, 제조된 양념은 이동 기구를 사용하여 운반한다.
· 작업장 바닥 : 각 공정별 현장의 바닥은 레진 몰탈로 처리한다. 또한 배수 라인을 설치하여 바닥에 물고임 현상을 없애고, 배수 통로의 뚜껑은 스테인리스 재질로 마감 처리한다. 전처리 배수구의 청결 상태 점검은 필수다.
· 위생복 : 1인당 사물함 2개씩 지급한다. 사물함 1로 위생복·위생모자·위생장화·앞치마·위생장갑을 지급하고 사물함 2는 외출복을 보관하는 용도로 쓴다.
· 위생실 : 1인 1기 장화 소독기를 설치한다. 또한 에어 샤워실, 세탁실, 화장실도 마련한다. 화장실에는 세면대, 물비누, 손톱솔, 헤어드라이기 등을 비치한다.
· 폐기물 처리장 : 여닫게를 설치하여 외부와 차단시킨다. 폐기물은 당일 외부로 방출한다.
· 배기 시설 및 전기 시설 : 작업 현장에 공조시설을 완비하여 배기와 흡기가 잘 이루어지도록 한다. 또한 천장에 응결수가 발생하지 않도록 한다. 전등은 매입형 전등을 사용하고, 전선은 벽속으로 매립 또는 스테인리스 재질의 봉으로 천장부터 연결하여 노출되지 않도록 한다. 소화기는 노출시키지 않고 박스 형태로 벽에 부착하여 투명한 문 처리로 쉽게 확인할 수 있도록 한다.
· 부자재실 : 선반을 설치하고 품목별로 정리한다.

■ 더 알아보기

독(Jar)의 원리를 응용한 김치냉장고 개발

- 개발 취지

우리 선조들은 일찍이 발효 식품 보관 온도의 중요성을 깨닫고 사계절 온도 변화가 심한 자연환경 속에서 적절하게 발효된 김치를 계속 즐길 수 있도록 독을 땅속에 묻어 김치를 저장하였다. 이러한 점에 착안하여 과학으로 풀어낸 것이 바로 김치냉장고다.

- 작동 조건

땅속 김장독은 온도의 변화가 크지 않아 김치발효 억제로 맛있는 김치를 오랫동안 유지할 수 있었다. 김장철인 11월 하순의 땅속 온도는 평균 5℃, 12월 초순부터 이듬해 2월까지 0~-1℃ 유지가 김장독의 김치 숙성 및 보관 조건이 된다.

- 작동 원리

직접 냉각 방식인 김치냉장고는 저장실의 온도 편차를 1℃ 이내로 줄여 내부 온도를 고르게 유지하는 정온 기술을 개발, 우리 선조들이 이용했던 독의 과학 원리를 구현하여 김치 소비의 새로운 획을 그었다.

- 기대 효과

김치냉장고의 보급률이 80% 이상을 차지하면서 이제는 식생활의 필수품으로 자리매김하였다. 지속적인 김치냉장고의 소비가 이루어지면서 시장이 확대되었고 소비가 증대된 만큼 계속해서 김치냉장고의 발전이 거듭되고 있다. 앞으로 김치 관련 소비 시장과 함께 지속적 발전이 이루어질 것으로 기대된다.

참고문헌

1. 발효식품학. 신광출판사
2. 김치의 발효와 식품과학. 효일
3. 발효식품학. 신광출판사
4. 김치의 담금과 가공 저장. 효일
5. 네이버 백과사전(http://100.naver.com/)
6. 2011 국민건강통계. 국민건강영양조사(제4기). 보건복지부
7. 식품성분표(7개정판). 농촌진흥청
8. 김치과학. 푸른세상
9. 네이버 카페. 여수미평초 5학년 5반(http://cafe.naver.com)
10. 국제식품규격위원회(www.codexalimentarius.net)
11. 국립원예특작과학원. 기술정보(www.nihhs.go.kr)
12. 이론과 실제 발효식품. 교문사
13. 식품의약품안전청(www.kfda.go.kr)
14. 한국의 상차림. 효일문화사
15. 식품과학기술대사전. 광일출판사

chapter 8

건강한 삶의 파수꾼, 식초

01 발효식초 개요
02 식초의 소비 변화
03 식초의 기능성
04 종초 제조법
05 식초 제조법
06 식초 제조에 관여하는 초산균
07 식초의 분류
08 식초의 품질 특성
09 맺음말

01

발효식초 개요

가. 식초의 역사

식초는 술과 함께 인류의 식생활에서 가장 오랜 역사를 갖는 발효 식품 중 하나이다. 식초는 동서양을 막론하고 소금과 같이 음식을 조리할 때 산미(酸味)를 갖게 하는 조미료일 뿐만 아니라 살균제 및 피부염 치료 등에 사용된 민간 의약품으로도 널리 사용되었고 오늘날에는 이·미용 재료로도 사용되고 있다. 식초(Vinegar)는 고대에서는 '쓴 술(苦酒)'로 불리어 술의 한 종류라고 생각되었다. 영어의 식초(Vinegar)는 프랑스어 비네그레(Vinaigre)가 어원인데, Vin(와인)과 Aigre(시다)의 합성어로 신맛을 내는 포도주에서 온 것이다. 우리나라에서는 전통식초가 언제부터 만들어졌는지 분명하지 않지만 6세기 중국의 가장 오래된 농서인 〈제민요술〉과 16세기 조선 세종 때 이수광의 〈지봉유설〉에 '고주(苦酒)', '순초(淳酢)', '혜(醯)', '미초(米酢)'로 기록된 것으로 보아 술의 일종 혹은 술을 숙성한 것으로 여겼을 것이다. 세계 각지에 수많은 종류의 술이 있듯이 식초 또한 다양하게 진화되어 왔다.

나. 식초의 구분

식초는 곡류·과실류·주류 등을 주원료로 하여 발효시켜 제조한 발효식초와 빙초산 또는 초산을 음용수로 희석하여 만든 희석초산으로 크게 분류된다. 이를 좀 더 상세하게 살펴보면 현미·쌀 등의 전분질을 당화하여 알코올 발효와 초산발효 과정으로 생산되는 곡물식초, 알코올을 희석하여 무기염 등을 혼합하여 초산발효시킨 주정식초, 과즙 30% 정도 첨가한 과실식초(사과·배·포도 식초 등), 순수한 과일을 원료로 알코올 및 초산발효의 2단계 발효에 의해 생산되거나, 병행복발효에 의해 생산되는 감·사과·포도식초 등과 마늘·양파·매실을 첨가하여 생산되는 식초, 감자를 이용한 감자식초 등이 있다.

이러한 발효식초는 온화하고 감칠맛을 낼 수 있으며 각종 유기산과 아미노산을 함유한 건강식품인 데 비하여 빙초산은 단순히 산미 역할 밖에는 하지 못하며 석유화합물이란 점에서 많은 문제점이 있다. 이러한 빙초산은 석유 화합물의 부산물인 에틸렌과 황산의 반응으로 형성된 알코올을 분해하여 생성된 초산을 원료로 생산되고 있다(그림 8-1).

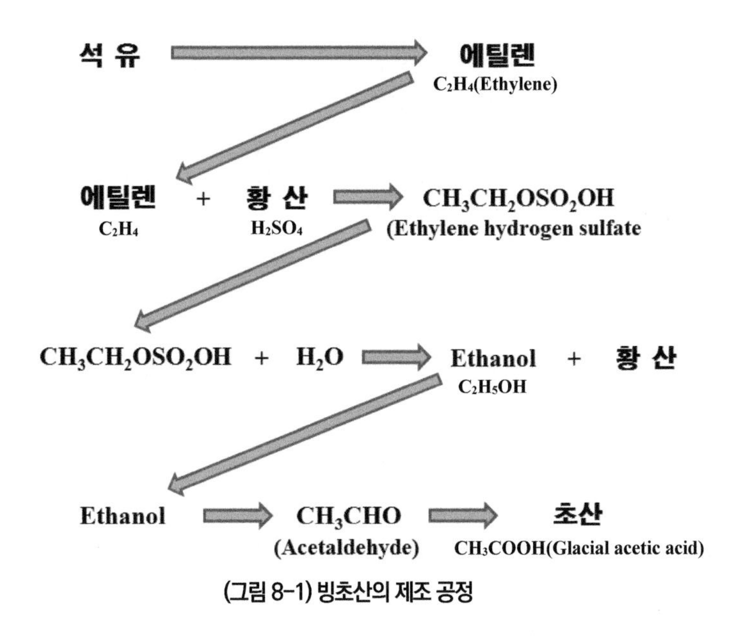

(그림 8-1) 빙초산의 제조 공정

발효식초는 초산균이 알코올을 산화·발효시킨 조미료로서 합성식초인 빙초산이나 초산을 사용하지 않은 것으로 현재 조미용으로 시판되고 있는 식초이다. 초산(Acetic acid)은 구연산(Citric acid)과 사과산(Malic acid)과 같은 유기산의 한 종류로서 식초의 신맛을 내는 주요성분이다. 특히 발효식초에는 초산 이외에 수십 종류의 유기산류, 아미노산류, 무기염류 등이 발효과정에 만들어져 우리 인체에 영향을 미치는 다양한 성분이 있으며 이들 성분에 의해 독특하고 풍부한 향과 맛이 난다(그림 8-2).

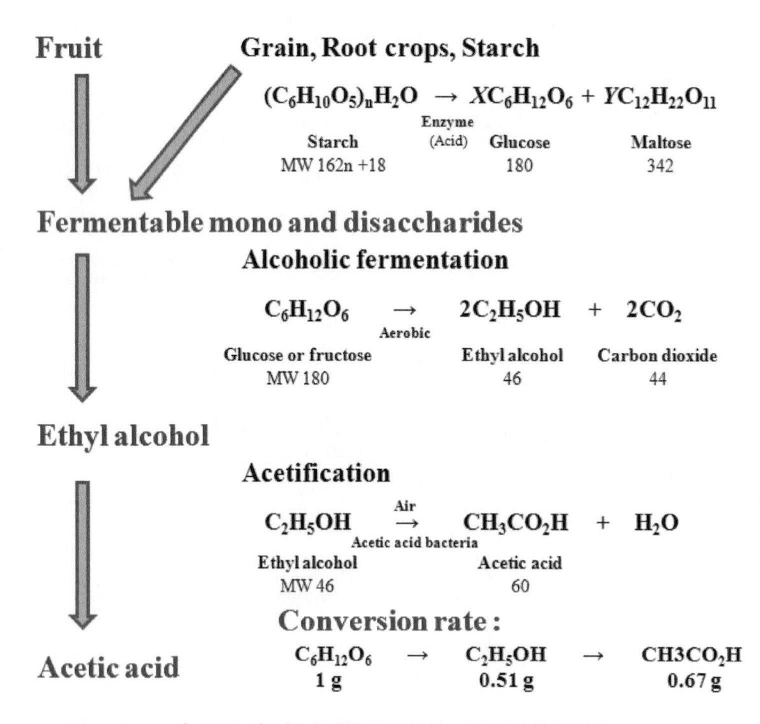

(그림 8-2) 곡류 및 과일을 이용한 발효식초 제조 공정

다. 식초의 규격 및 활용

식품공전에 표시된 식초는 곡물, 과실류, 주류 등을 원료로 발효시켜 제조하거나 이에 곡물 당화액, 과실 착즙액 등을 혼합·숙성하여 만든 발효식초와 빙초산 또는 초산을 먹는 물로 희석하여 만든 희석초산으로 구분되며, 제조·가공기준을 살펴보

면 발효식초와 희석초산은 서로 혼합하여서는 안 된다. 총산(초산, w/v%) 함량은 감식초가 2.6% 이상이고 그 외 식초는 4.0~20% 미만이며 타르색소는 불검출되고 보존료로서 파라옥시안식향산메틸은 0.1% 이하로 기준규격이 정해져 있다. 특히 발효식초 제조 시, 착향 목적으로 오크 칩(바) 등을 사용할 수가 있다.

발효식초를 전통식품으로 인증받기 위해서는 전통식품 표준 규격(식품위생법)에 적합하여야 한다. 전통식품 표준 규격의 식초 성상은 고유의 색택과 향미를 가지고 이미·이취 및 이물이 없어야 한다. 총산(초산, w/v%)은 감식초가 3% 이상이고 그 외 식초는 4.2~20% 이하이며 가용성 고형분은 1.5% 이상이고 총질소는 0.1% 이상이어야 한다.

우리나라의 전통적인 식초는 항아리에서 탁·약주 등의 술을 만드는 병행복발효와 초산발효가 동시에 일어나면서 장기간의 발효와 숙성과정으로 이미·이취뿐만 아니라 수율이 낮아 품질관리에 많은 문제가 생겨 고품질의 식초를 제조할 수 없었다. 따라서 석유에서 뽑은 에틸렌과 황산을 반응시켜 얻은 값싼 빙초산을 사용하여 단가가 낮고 산도가 높은 식초를 사용하였다.

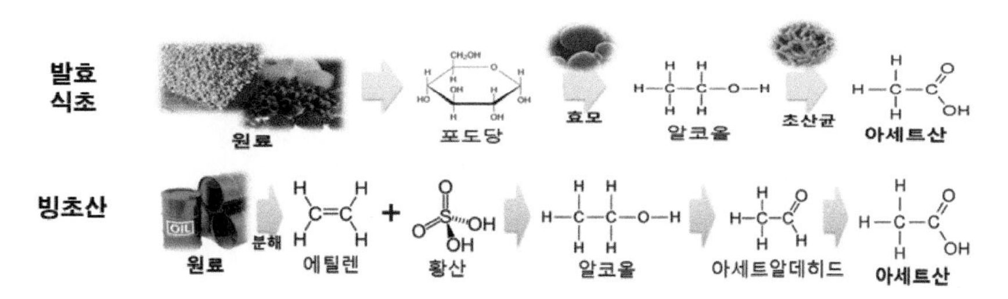

(그림 8-3) 발효식초와 빙초산 제조 공정

최근에는 다이어트·피부관리·피로 해소·성인병 예방 등 웰빙과 힐링 트렌드에 부합된 건강용 음료식초 시장이 늘어나면서 포도·복분자·사과·감·배 등의 원료와 쌀·보리·현미 등을 이용한 발효식초 제조기술이 개발되어 상용화되고 있다. 특히, 2000년 중반 이후, 기능성 음료식초 시장의 증가로 국내 식초산업 발전이 가속화되고 있다.

■ 더 알아보기

식초와 관련된 연구 현황

① 1864년 : 초산 생성균에 의해 초산발효가 일어남(Louis Pasteur)

② 1898년 : *Acetobacter aceti* 발견(Martinus Willem Beijerinck)

③ 1897년 : 에탄올(EtOH)이 초산균(*Glu. oxydans*) 산화 → 중간체는 아세트알데히드, 반응은 dehydrogenase

④ 1924년 : *Glu. suboxidans* 발견(Albert Kluyver)

⑤ 1954년 : Aldehyde dehydrogenase (ADH) 정제

⑥ 1955~1957년 : NADP 의존성 ADH 연구

⑦ 1961년 : 세포질 막에 결합된 dehydrogenase 규명

⑧ 1970년 : 초산균에 대한 생화학적 연구 시작

⑨ 1978년 : 세포질 막에 결합된 dehydrogenase 정제

02

식초의 소비 변화

식초는 장류와 더불어 가장 주요한 조미 식품의 하나이며 전통적 제조법으로 쌀·밀·보리 등의 전분질 원료와 엿기름 등의 다양한 원료를 이용하여 술을 빚거나 병행복발효 방법으로 식초를 제조하였다. 국내 식초 생산 기술은 1970년대 산업화의 영향으로 빙초산을 희석하여 만든 산도가 높고 값싼 합성식초의 소비가 급격히 증가되었으며 최근까지도 업소에서 소비되고 있는 대부분의 식초는 빙초산을 이용한 합성식초였다. 1980년대는 주정을 희석한 알코올 식초가, 1990년대는 과즙을 활용한 천연 양조식초, 2000년대에 접어들어 마시는 건강 기능성 고품질 천연 발효식초 시장이 형성되었다(그림 8-4).

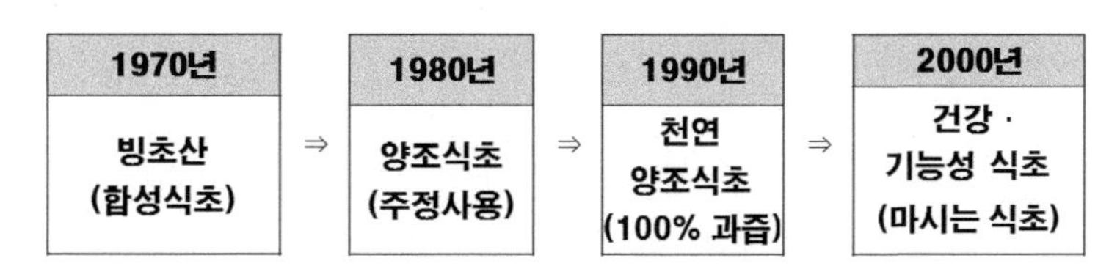

(그림 8-4) 시대별 식초의 소비 트렌드

03

식초의 기능성

가. 피로 해소 촉진

식초는 맛이 시어 산성 식품으로 생각하지만 체내에 흡수되어 분해되면 알칼리성 식품으로 바뀐다. 조리할 때 적당량의 식초를 넣어 섭취하면 체액을 약알칼리로 유지시켜 건강을 증진시킨다. 특히 심한 운동 후, 뭉친 근육 등을 풀기 위해서는 목욕물에 적당량의 식초를 넣고 목욕을 하면 피부와 머리카락이 윤기가 나고 매일 적당량 마시면(1일 권장량 : 30mL/60kg) 체액을 산성으로 만드는 젖산 등의 생성을 방지 및 분해시켜 피로 해소가 빠르다. 이는 근육에 축적된 젖산(피로감, 근육통 유발)을 빠르게 분해시켜 체내 대사를 원활하게 하기 때문이다.

나. 식욕 증진 및 소화 흡수 촉진

무더운 여름철 입맛이 없을 때, 새콤달콤한 맛의 식초를 첨가한 음식(예 : 냉면, 초계면)은 잃었던 식욕을 돋워 주며, 체내 소화액의 분비도 촉진시켜 소화 흡수를 돕는다.

다. 세균 번식을 억제하는 항균성

식품의 부패를 유발시키는 식중독균 억제(예 : 식초 첨가 김밥 및 초밥)로 신선도를 유지시킨다. 그 예로서 대장균 O157을 살균하는 효과를 가지며 감식초는 초산과 타닌 성분을 가지고 있어 다른 식초에 비하여 항균성이 우수한 식초이다. 식초의 실생활 측면을 살펴보면 주방에서 식기나 용기류를 식초로 씻으면 세정작용뿐만 아니라 위해한 부패균 등의 살균효과가 뛰어나다.

라. 비타민 보호

비타민 B군과 비타민 C는 알칼리성에 약한 특성이 있는데, 식초가 첨가된 조리 음식은 이러한 비타민의 손실을 최소화할 수 있다. 예를 들면 초절임으로 야채를 보존하면 야채의 비타민 C 파괴가 적게 일어나 보존력이 뛰어나다.

마. 생선 비린내 제거

생선 중에 비린내가 심한 고등어나 꽁치를 조리하기 전에 식초 한두 방울을 떨어뜨린 물에 씻어 조리하면 비린내가 없고 육질이 부드럽고 담백한 맛을 느낄 수 있다.

바. 불면증, 딸꾹질, 구토 예방

불면증에 시달리거나 멀미를 하는 경우는 찬물에 적당량의 식초를 타서 마시면 예방된다. 특히 딸꾹질이 심하여 멈추지 않을 경우는 식초를 반 숟갈 정도 마시면 쉽게 멈추고 구토증은 식초에 소금을 타서 마시면 좋다.

사. 무좀 및 냄새 제거

따뜻한 물에 식초와 소금을 녹여 무좀이 걸린 발을 씻으면 무좀균에 대한 항균작용 효과가 있다. 특히 음식을 조리한 후 손에 냄새가 심한 경우에도 식초를 사용하여 세척하면 탈취 효과가 있다.

아. 피부 재생 및 지혈 효과

불이나 끓는 물에 화상을 입었을 경우, 찬물에 식초를 희석하여 상처 부위를 씻어 주면 통증이 없을 뿐만 아니라 부어 오르거나 물집도 생기지 않고 손상된 피부 세포의 재생도 빨라진다. 또한 코피가 멈추지 않는 경우, 식초를 묻힌 솜으로 콧구멍을 막아주면 지혈이 되고 산소의 흡입을 촉진시키는 역할을 한다.

자. 성인병 예방 효과

식초는 소변을 통해 규산과 나트륨 배설을 촉진하여 동맥경화와 고혈압 예방 등의 효과가 있다. 예로부터 우리 선조들은 '소염다초(少鹽多醋)'란 표현처럼 소금은 적게 식초는 많이 먹는 것을 건강의 비결로 꼽았다. 특히 식초에는 칼슘의 흡수를 높여서 뼈를 튼튼하게 하는 효과가 있어 골다공증 예방 등을 할 수가 있다.
식초의 새콤한 맛은 식욕을 촉진시킬 뿐만 아니라 지방의 섭취를 줄여 비만을 예방할 수 있다. 초산의 항균성과 식초에 함유된 식이섬유는 정장 작용으로 변비 치료에 효과적이며 또한 체내 콜레스테롤 수치를 저감화해 질병 발생을 감소시킨다. 특히 조미 및 음료형 감식초는 지방 대사를 활성화하여 체지방 감소에 효과적이며 숙취 해소에도 효과가 있는 것으로 알려져 있다.

04

종초 제조법

가. 곡류식초용 종초 제조법

곡류로 제조한 막걸리 또는 약주(알코올) 농도를 4~6%이고 초기 pH가 2~3.5% 발효주에 영양원(질소원, 무기염)을 첨가하여 75℃에서 10분 살균한 후, 플라스크(2 L)에서 진탕배양(30℃,120 rpm)하여 활성화된 초산균을 3~5% 접종하고 25~30℃로 배양하면 발효 2~3일 후에 표면에 얇은 균막이 생기면 4~6일 간격으로 균막을 깨어준 후, 초산 발효액을 잘 저어준다. 초산발효가 잘되면 10~14일 후에 총산도가 3.5% 내외의 식초가 되는데 이를 곡류(쌀, 보리, 현미 등) 식초용 종초로 사용한다.

나. 과일식초용 종초 제조법

과일의 종류가 많아 종초 제조법을 다 기술하기보다 기능성이 뛰어난 꾸지뽕 열매를 이용한 종초 제조법을 기술하였다. 우선 종초를 제조하려면 전처리공정을 거쳐 발효주를 제조한 후, 이들 발효주에 초산균 배양액을 10% 접종하여 정치발효로 종초를 제조한다.

1) 전처리 공정 : 꾸지뽕 열매(10 kg) → 세척 → 적당한 크기로 파쇄 → 180%(v/w) 가수(18 L) → 보당(24°Brix) → 갈변 억제제(ascorbic acid 0.2%(w/v) 처리 → 열처리(80℃, 1 hr) → 착즙액 제조

2) 발효주 공정 : 꾸지뽕 착즙액(20 L) → 효모 0.3%(v/v, 60 mL) → 정치발효(25℃, 12일) → 조여과(주박 제거) → 꾸지뽕 발효주(13% Alc., 17~18 L) 제조

3) 종초 제조 : 꾸지뽕 발효주(9.2 L) → 알코올 6% 제성(탕수 10.8 L) → 초산균(*A. pasteurianus*) 배양액 10%(v/v, 2 L) → 정치발효(20℃, 30℃, 12일) → 종초 제조

4) 꾸지뽕 종초의 발효 특성
발효기간과 온도에 따른 종초의 산 생성능 결과를 (그림 8-5)에 나타내었다.

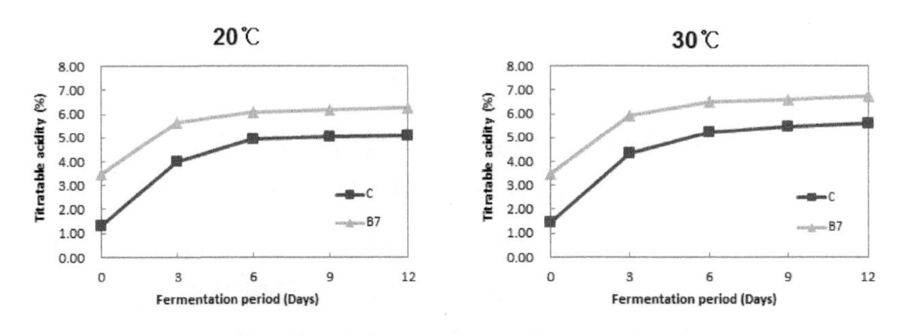

(그림 8-5) 발효조건에 따른 꾸지뽕 종초의 산 생성능 비교

※ Symbols : C, Control (*A. malorum*) ; B7, Sample (*A. pasteurianus*)

제조한 꾸지뽕 종초는 저온(20℃)보다 중온(30℃) 발효에서 초산 생성능이 더 우수하지만 20℃에서도 산도 6%인 종초를 제조할 수 있다. 일반적으로 소규모 농산업체에서 항아리 또는 스테인리스 발효조의 온도 조절을 위한 저온 장치가 필요한데, 이러한 문제점을 해결 할 수가 있다.

05

식초 제조법

발효식초는 곡물·과실·주정 등을 원료로 사용하여 알코올 발효를 거쳐 제조된 술(알코올)의 초산 발효에 의해 생성된다. 우리나라 전통식초는, 술을 만드는 공정 즉 알코올 발효공정과 식초를 만드는 초산 발효공정으로 나뉜다. 현재 식초 생산을 하는 초산 발효법은 항아리 등의 정치 발효조를 이용한 표면 발효법과 산소를 공급하는 통기 교반 발효 장치를 사용하는 심부 발효법 등으로 구분한다.

가. 정치 발효법(Static vinegar fermentation)

고대부터 현재까지 식초 발효에 사용하는 방법으로서 주로 산소가 풍부한 발효액 표면에서 초산 발효가 일어남으로 표면 발효법이라고도 불린다. 초산 발효의 원동력인 종초는 통상 6% 알코올을 함유한 발효액을 발효조에 넣고 온도를 조절하며 발효한다. 종초와 혼합하였을 때, 초산균의 종류에 따라 배양 온도는 다르지만 일반적으로 생육에 가장 적당한 30°C로 초산 발효를 한다. 특히 초산 발효 전에 외부에서 인위적으로 공급하는 종초의 산도가 너무 낮으면 산막 효모(*Pichia* spp., *Hansenula* spp.)가 증식하여 달콤한 과일향을 내고 표면에 울퉁불퉁한 두꺼운 피막을 형성하여 초산 발효가 잘 일어나지 않는다. 따라서 종초의 총 산도가

2.5~3.5% 정도 되면 산막 효모 등이 생육할 수가 없어 좋은 식초를 제조할 수가 있다. 발효조는 전체 용적에 비해 발효액의 표면이 클수록 초산 발효가 잘 진행된다. 이때 사용하는 발효조는 목통·항아리·스테인리스 발효조 또는 합성수지 발효조 등을 사용할 수 있다. 발효 시에 뚜껑을 덮고 발효조를 보온하면 3~5일 후에 발효액 표면에 엷은 균막이 형성되면서 초산 발효가 시작되는데, 이때부터 30°C로 일정하게 온도를 유지시키면서 1~3개월간 초산 발효를 시킨다(그림 8-6).

발효조에 남아 있는 알코올 농도가 0.3~0.4% 정도 되면 초산 발효를 정지한 후, 전체 용량의 2/3를 다른 발효조에 옮겨 품온을 낮춘다. 매일 1~2회 저어주면서 새로운 균막이 만들어지지 않도록 하면서 숙성시킨다. 그리고 발효액의 일부 또는 1/3을 다른 발효조에 옮겨 새로운 식초를 제조하는 종초로 사용한다.

(그림 8-6) 정치 발효법으로 제조 중인 전통 발효식초

정치 발효법은 발효 기간 중 품온·습도·산소 공급량 조절이 어려울 뿐만 아니라 초파리나 장기간의 발효로 잡균의 오염 빈도가 높아 품질 관리에 어려움이 많지만 다른 제조법으로 빚은 식초보다는 향과 맛이 풍부한 것이 가장 큰 장점이다.

나. 속양 발효법(Generator = Quick vinegar fermentation)

1932~1939년에 프링스(Frings)에 의해 완성된 순환식 발효탑(Generator)을 이용한 식초 발효법(미생물 고정화법)으로 저먼 프로세스(German process) 또는 트리클링 프로세스(Trickling process)라고도 하며, 발효탑(Generator)은 트리클링 제

너레이터(Trickling generator) 또는 프링스 제너레이터(Frings generator)로 불린다. 이 방법은 나무 또는 내산성 재질인 밀폐탱크가 사용되며 바닥 가까이에 격자로 된 깔판이 있고 그 아래 바닥 부분이 집산실(Collection chamber)로 되어 있다. 집산실 상부에 공기 주입구가 있으며 이곳으로 무균 공기가 발효조 내로 공급된다. 격자 위에는 너도밤나무(Beech)의 대팻밥을 통 상부까지 채우고 순수 배양한 초산균을 접종하여 균을 증식시킨 후, 발효액을 탑 상부에 장치된 회전 살포관(Sprayer)의 살포기(Sparger)를 통해서 충전물 위에 균일하게 살포한다. 충전물이 표면을 흘러내리는 동안에 공기와 접촉하여 초산으로 산화되어 집산실에 모이게 된다. 집산실에 모인 초산을 펌프로 다시 발효탑(Generator) 위로 보내어 산화를 되풀이하도록 고안되었다. 공기량은 발효조 상단의 배기관에 장치된 공기 조절판(Damper)과 하부의 공기 주입구의 개수와 용량 또는 송풍기에 의해 조절되고, 온도는 냉각관에 온수 또는 냉각수로 조절한다(그림 8-7). 이 발효법은 주정식초, 과실식초 및 맥아식초 제조에 사용되고 있다.

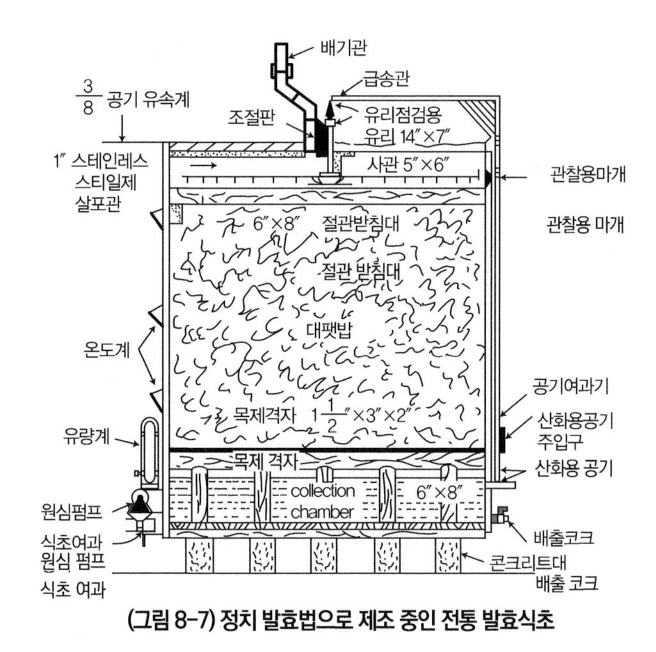

(그림 8-7) 정치 발효법으로 제조 중인 전통 발효식초

다. 심부 발효법(Submerged culture)

발효탑을 사용하는 속양 발효법보다 산화 효율을 더 올릴 목적으로 스테인리스 스틸 소재로 만든 발효조에 종초를 접종한 후, 컴프레서로 공기를 넣으면서 강하게 교반하여 산화 반응을 일으키는 방법이다. 하면 발효법이라고도 불리며 프링스의 반연속 발효 장치(Acetator)가 이용된다. 총 산도 5~8%의 식초를 연속 발효하거나 산도 10~12%의 회분 발효법에 사용되고 있다(그림 8-8). 반연속 발효 장치로 총 산도 11~12%인 주정식초를 회분 발효법으로 생산할 때 발효액의 산도는 6%, 알코올은 약 5%로 조제하는 것이 좋으며, 이때 종초로 사용한 초산균의 생육 속도를 올리기 위해서 이스트 추출물(Yeast extract)·포도당(Glucose)·무기염류 등의 영양성분 등을 첨가한다.
최근 발효 방법 개선을 통해 총 산도 18% 이상인 고산도 3배 식초 생산이 가능해졌다. 이러한 발효 방법은 발효액의 산도가 12~15%에 도달할 때까지 발효 온도를 27~32°C로 유지하고, 그 이후는 18~24°C로 온도를 낮추며 발효 기간 중 최종 알코올 농도를 0.3~2.0%가 되도록 계속 첨가하여 산도 18% 이상의 3배 식초를 생산할 수 있다.
이 방법은 발효 후기에 발효조의 온도를 낮춤으로써 발효액의 산도가 높을 때 일어나는 균체의 사멸을 최소화시키면서 발효를 계속하는 방법으로 저온에서 초산 및 알코올에 대한 초산균의 내성이 향상된다는 점을 이용하는 고산도 식초 제조법이라 할 수 있다. 심부 발효법은 짧은 시간에 고산도의 식초를 대량 생산할 수 있는 장점이 있는 반면에 정치 배양법보다 향미가 부족한 단점이 있어 발효 종료 후 과일향 등을 가향해서 시판하고 있다.

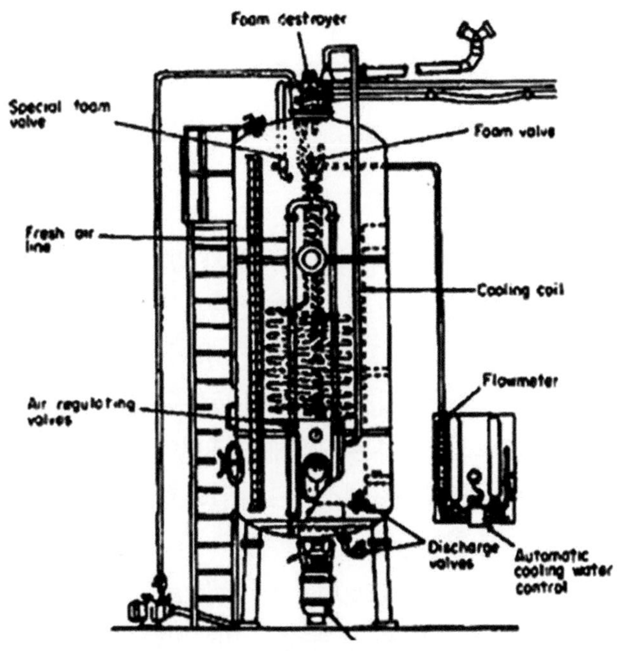

(그림 8-8) 교반기로 통기하는 심부 발효

■ 더 알아보기

심부 발효법 생산 관리의 특징

① 초산균의 산소 요구량은 충분한 통기가 필요하다.

② 짧은 시간의 산소 결핍으로 초산균이 사멸되어 초산 발효가 저해된다.

③ 전통적인 정치 발효법의 알코올 산화는 발효기간에 따라 직선적으로 진행되지만 심부 발효법은 지수 함수적으로 진행된다.

④ 알코올과 산도의 농도가 높은 경우는 최적 발효 온도가 낮아지고 활성도 떨어진다.

라. 연속 발효법(Continuous culture)

메이어(Mayer)가 개발한 속성 발효식초 제조기(Cavitator)를 이용한 연속 발효법도 사용되고 있다. 배양 초기에는 초산균이 혼합된 원료액을 넣어 회분법으로 배양하고 발효가 시작되면 산소의 통기량을 높여 나가면서 시간당 0.1% 산을 생성하면 안정된 상태가 된다. 이때 발효액을 계속 첨가하면서 연속 발효를 하고 한계 액량에 도달하면 배출구로부터 발효된 식초를 회수하는 방법이다.

마. 숙성, 여과 및 살균 관리 기술

발효가 종료된 식초는 초산 특유의 강한 자극취가 있다. 제조 방법에 따라 차이는 있지만 식초 발효액 대부분은 혼탁된 상태여서 충분히 숙성을 시켜 향미를 완숙하게 만듦과 동시에 혼탁 물질을 침전시켜 여과를 용이하게 할 필요가 있다. 제조된 식초의 원료와 종류에 따라 숙성기간은 다르며 통상 2~3개월 정도 필요하다. 특히 곡류를 이용하여 제조한 식초의 경우는 짧게는 몇 년에서 수십 년간 숙성시킴에 따라 에틸 아세테이트를 비롯한 각종 에스테르 계열의 향기성분이 생성되고 단백질·펙틴·균체 등이 발효조에 침전한다.
숙성 기간 중에 초산균(*Gluconacetobacter xylinus*)이 생육하면 발효액 표면에 바이오셀룰로오스(Biocellulose)로 된 두껍고 미끈미끈한 균막 형성으로 인해 만들어진 초산이 분해되면서 산도가 떨어져 과산화가 일어나서 이미·이취(이소부틸산, 이소프로피온산 등)를 일으킨다. 따라서 바이오셀룰로오스를 일으키는 초산균의 오염 방지를 막기 위해서는 뚜껑이 달린 밀폐식 발효조로 식초를 제조하는 것이 가장 좋은 방법이다. 초산발효 후에 식초 발효액에 벤토나이트(Bentonite) 및 규조토(Diatomaceous earth) 등을 넣고 균체(Resting cell)와 혼탁물질을 침전시켜 제거한다.
일정 기간 숙성시킨 식초를 여과·살균공정을 거친 후, 병입하여 시판하고 있다. 식초 발효액에 규조토를 혼합하여 압력 여과기(Filter press)로 여과하지만 최근에는 마이크로필터(Microfilter)를 사용하기도 한다. 살균 장치인 순간 살균기(HTST) 혹은 평판형 열교환기(Plate heat exchanger)로 90~95°C에서 5~10초 또는 75~80°C에서 30~40초 살균을 하며 낮은 온도에서는 오랫동안 살균하여야 한다.

바. 문헌적 고찰을 통한 조선시대 전통식초 제조법

기록으로만 알려진 우리나라 고유의 전통식초를 고문헌에서 발굴하여 재현하고 식초의 품질 향상을 위해, 현대적 공정 개선을 통한 다양한 종류의 식초 제조 및 상품화 개발에 활용하고자 한다.

1) 다양한 식초 제조법이 수록된 고문헌

식초 제조법이 수록된 조선시대 고문헌「산가요록」·「수운잡방」·「임원십육지」·「음식디미방 등」 중심으로 총 29권을 대상으로 조사하였다(표 8-1).

(표 8-1) 식초제조법이 수록된 고문헌

번호	고문헌	저술 연대	저 자	언어
1	산가요록(山家要錄)	1449년경	전순의	한문
2	수운잡방(需雲雜方)	1540년경	김유	한문
3	고사촬요(攷事撮要)	1554년	어숙권등	한문
4	제민요술(齊民要術)	1500년대	저자미상	한문
5	동의보감(東醫寶鑑)	1613년	허준	한문
6	음식디미방(飮食知味方)	1670년경	장계향	한글
7	최씨음식법(崔氏飮食法)	1600년대	해주 최씨	한글
8	주방문(酒方文)	1600년대 말엽	저자미상	한글
9	규곤시의방(閨壼是議方)	1670년경	장계향	한글
10	색경(穡經)	1676년	박세당	한문
11	치생요람(治生要覽)	1691년	강와	한문
12	산림경제(山林經濟)	1715년	홍만선	한문
13	증보산림경제(增補山林經濟)	1765년	유중림	한문
14	고사신서(攷事新書)	1771년	서명응	한문
15	고사십이집(攷事十二集)	1787년	서유구	한문
16	해동농서(海東農書)	1700년대 말엽	서호수	한문
17	규합총서(閨閤叢書)	1809년	빙허각 이씨	한글
18	농정회요(農政會要)	1830년	최한기	한문
19	임원십육지-정조지(林園十六志-鼎俎志)	1827년	서유구	한문
20	군학회등[박해통고](群學會騰[博海通攷])	1700년대	저자미상	한문
21	오주연문장전산고(五洲衍文長箋散稿)	1900년대	이규경	한문
22	역주방문(歷酒方文)	1800년대 중엽	저자미상	한문
23	주찬(酒饌)	1800년대 초엽	저자미상	한문
24	부인필지(婦人必知)	1915년	빙허각 이씨	한글
25	조선무쌍신식요리제법(朝鮮無雙新式料理製法)	1924년	이용기	한글
26	조선요리학(朝鮮料理學)	1940년	홍선표	한글
27	조선요리제법(朝鮮料理製法)	1942년	방신영	한글
28	이조궁중요리통고(李朝宮中料理通攷)	1957년	한희순 외	한글
29	보감록(寶鑑錄)	1927년	저자미상	한글

2) 고문헌 수록 식초 제조법의 분포도 조사

2-1) 시대별 식초제조 관련 분포도 현황

조선 초기(15C)에서 말기(20C)까지 저술된 문헌 29권을 대상으로 시대별 식초 분포도를 조사한 결과, 17C에 집필한 문헌이 7편으로 가장 많이 수록되어 있었고 18C·19C·20C에 각각 6권씩 집필된 것으로 나타났다.

2-2) 고문헌 저자의 성별 분포도 조사

집필한 저자의 성별을 살펴보면 남성이 19편으로 가장 많지만 여성이 집필한 문헌도 4권이나 있는 것으로 보아 조선시대 유교 문화로 보수적이었던 시대적 상황임에도 불구하고 반가의 여성들이 음식 관련 저술 활동이 많았음을 알 수 있었다.

2-3) 문헌에 기록된 사용 문자 분포도 조사

문헌에 기록된 문자의 형태는 한문이 18권(62%)으로 가장 많이 사용되었고 남녀불문하고 한글로 작성된 문헌도 11권(38%)을 차지하고 있었다. 시대적 상황을 고려하였을 때 중국에서 도입된 한문이 당시에 지배적이지만 한글(어문체) 문헌 보급이 많았던 것으로 여겨진다.

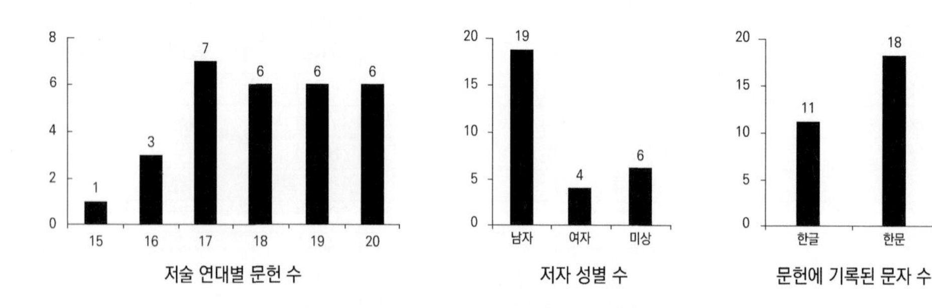

(그림 8-9) 고문헌 수록 식초의 분포도

3) 고문헌 수록된 원료별 곡류식초 분류

고문헌에 수록된 원료별 다양한 종류의 식초가 164종이 실려 있었고(표 8-2) 곡류로 빚은 식초는 105종 조사되었다(표 8-3). 특히, 문헌에 수록된 식초 중 같은 이름으로 표기되어도 제조법에 차이가 있었다. 또한 동일 표기의 식초라도 여러 문헌에 중복되어있는 것이 많았는데, 이는 시대별 식초 제조법 및 사용하는 신분 등의 변천사를 알 수 있었다.

(표 8-2) 조선시대 고문헌에 수록된 식초 종류

문헌명	곡류식초(名)	소계
산가요록	고리조법, 고리초(2), 대맥초, 병정초(2), 사절초, 진맥초, 진초, 창포초(3), 사시급초(2)	14
수운잡방	목통식초, 병정초, 사절초, 작고리법, 고리초, 창포초	6
제민요술	대초법, 동주초, 대맥초법, 소병식초, 출미신초, 주조초법, 신초, 조강초, 속미국작초, 대초, 차조식초, 회주초	12
음식디미방	초 담는 법(2), 매자초	3
주방문	밀초, 보리초, 차조초	3
치생요람	식초 빚기	1
산림경제	감식초, 천리초, 삼황초, 미초, 추모초, 소맥초법, 대맥초법, 사절초, 미초, 창포초, 길경초, 속초	12
고사십이집	쌀식초(2), 삼황초, 밀식초, 보리식초, 가을보리식초, 감식초, 대추식초, 지게미식초, 천리식초	10
고사신서	조초(2), 미초(2), 시초, 천리초, 추년초, 소맥초법, 대맥초(2)	10
해동농서	삼황초, 대맥초, 시초, 천리초, 소맥초, 추년초	6
규합총서	초	1
농정회요	대맥초방, 속초법, 미초, 시초법, 대조초법, 추모초법, 천리초법, 길경초법, 창포초방	9
임원십육지 - 정조지	작대초법, 출미신초방(3), 미초방(2), 나미초방, 속초방, 칠초방, 삼황초방, 미맥초방, 대맥초방(2), 동국추모초방, 소맥고주법, 조맥황초법, 소맥초방, 사절병오초방, 무국초방, 선초방(2), 조초방(5), 조강초방, 대소두천세고주방, 도초방, 매초방, 시초방(2), 연화초방, 창포초방(2), 길경초방, 밀초방, 이당초방, 만년초방, 천리초방, 속법, 부초방	43
군학회등	시초, 대조초, 천리초, 속초, 창포초, 길경초, 대맥초	7
오주연문장전산고	밀초, 밀초숙병향	2
역주방문	창포초	1
주찬	시초, 조초, 양초	3
부인필지	초장법(2)	2
조선무쌍신식요리제법	초본방(2), 초속방, 초별방, 쌀초(3), 보리초(3), 메좁쌀초, 밀초(3), 만년초, 사절초, 매초, 감초, 패주작초	17
조선요리제법	초 만드는 법	1
보감록	식초	1
*식초 제조법이 여럿인 것들은 식초 명 옆에 ( )를 이용하여 그 수를 표기함.		145

(표 8-3) 고문헌에 수록된 곡류식초의 원료별 분석

문헌명	주원료										소계
	쌀	묵은쌀	찹쌀	보리/보리기울	가을보리	밀/밀기울	조	차조	술	술지개미	
산가요록	병정초(2)		사절초	대맥초		진맥초					10
	사시급초(1)			병정초(1)		고리초(1)					
	사시급초(2)					고리초(2)					
						고리조법					
수운잡방			사절초	병정초		고리초					3
제민요술				대맥초		소병작초	대초	출미신초(1)	회주초	조강초	16
				신초(1)			출미신초(2)		동주초(1)	주조초	
							출미신초(3)		동주초(2)	조초	
							속미국작초				
							출미초				
							신초(2)				
음식디미방	초담는법(1)					초 담는법(2)					2
주방문				보리초		밀초		차조초			3
산림경제		삼황초		대맥초	추모초	소맥초(1)		속초			7
		미초				소맥초(2)					
고사십이집		쌀식초(1)		보리식초	가을보리식초	밀식초				지게미식초	7
		쌀식초(2)									
		삼황초									
고사신서		미초(1)		대맥초(1)		소맥초	조초(1)				5
		미초(2)									
해동농서		삼황초		대맥초	추년초	소맥초					4
농정회요		미초	속초	대맥초	추모초						4
임원십육지-정조지	무국초	미초	나미초	대맥초(1)	동국추모초	조맥황초	대초	출미신초(1)		조초(1)	24
	선초(1)	칠초	사절병오초	대맥초(2)		소맥초(속법)	출미신초(2)	속초		조강초	
	선초(2)	미맥초				소맥초	출미신초(3)				
	만년초	부초					조초(2)				
군학회등				대맥초				속초			2
주찬				양초							1
부인필지			초								1
조선무쌍신식요리제법	초별방	미초(1)	초본방(1)	보리초(1)		밀초(1)	메좁쌀초	초속방	패주작초		15
	만년초	미초(3)	사절초	보리초(2)		밀초(2)					
				보리초(3)		밀초(3)					
보감록			식초								1
소계	10	15	9	18	5	19	12	7	4	6	105

4) 고문헌에 수록된 곡류식초의 주원료별 분류 및 분포도 조사

식초 제조법이 수록된 조선시대 고문헌「산가요록」·「수운잡방」·「임원십육지」·「음식디미방 등」을 대상으로 105종의 곡류식초를 주원료별 분포도를 (그림8-10)에 나타내었다.

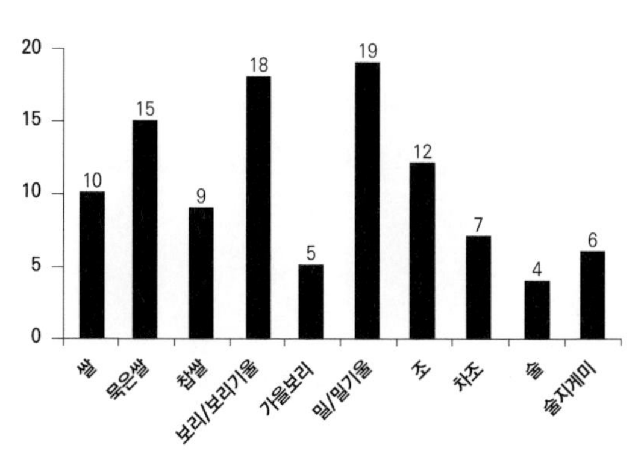

(그림 8-10) 고문헌에 수록된 주원료별 곡류식초의 수

주원료별 곡류식초 분포도를 조사한 결과, 밀 19개(18.1%), 쌀 10개(9.52%), 묵은쌀 15개(14.3%), 찹쌀 9개(8.6%), 보리 18개(17.1%), 가을보리 5개(4.8%), 조 12개(11.4%), 차조 7개(6.7%), 술 4개(3.8%), 술지게미 6개(5.7%) 순으로 나타났다.

원료의 다양성을 살펴본 결과, 쌀(32.4%), 보리(21.9%), 밀(18.1%), 조(18.1%) 중심으로 식초를 많이 제조하였으며 오래된 묵은쌀(14.3%)과 술지게미(5.7%)를 버리지 않고 식초 제조에 사용한 것을 단편적으로 알 수 있었다.

5) 사절초 재현 및 현대적 공정 개선

5-1) 사절초의 전통적 제조법 재현

1504년 초선 초기에 김유가 저술한 「수운잡방」의 사절초 제조법을 아래에 기술하였다.

1) 누룩(309 g)을 살짝 볶아 물(2.9 kg)과 함께 항아리에 담는다.
2) 찹쌀(1.2 kg)을 5번 씻은 후, 밥을 지어 식기 전에 항아리에 담는다.
3) 복숭아 나뭇가지로 휘저어 단단히 밀봉한 후, 햇볕이 잘 드는 곳에서 발효한다.
4) 발효 21일이 지난 후 항아리를 열고 사용한다.

5-2) 제조공정을 현대적으로 개선한 사절초 제조법

1) 찹쌀(10 kg) 세미(5회) → 침지(3시간) → 절수(1시간) → 증자(1시간) → 방냉(35℃)
2) 식초를 제조할 발효조인 항아리에 누룩(2 kg)을 넣고 물(20 L)을 넣고 섞어 준다.
3) 알코올 발효를 위한 효모(*S. cerevisiae* YM10)로 만든 주모 5%를 넣는다.
4) 25℃에서 9일간 발효를 하면 13.5%의 막걸리가 만들어진다.
5) 막걸리를 광목천 등으로 조여과하고 식초 제조를 위해 제성(Alc. 6.7%)한다.
6) 제성한 막걸리(9 L)에 초산균으로 배양한 종초(AP A26)를 10% 넣고 30℃, 28일간 초산 발효(10 L)를 한다.

※ 용어 설명
- 주모 : 알코올 발효를 잘 하기 위해, 사전에 효모를 확대 배양한 것
- 종초 : 발효식초를 제조할 때, 사용하는 초산균을 배양한 것으로 '씨초'라고도 불린다.

6) 사절초의 품질 분석

6-1) 제조공정을 개선한 사절주의 이화학적 특성

제조한 사절주(막걸리)의 이화학적 특성을 (표 8-4)에 나타내었다. 발효 3일부터 pH가 급격하게 떨어진 후, 일정하게 유지되었고, 산도는 발효 1일차부터 증가(0.6%)하여 알코올은 12일에 13.5%로 가장 높게 나타났다.

(표 8-4) 발효기간별 사절주의 이화학적 특성

Component	Fermentation periods (days)				
	0	3	6	9	12
pH	4.93±0.05	3.74±0.01	3.49±0.01	3.48±0.02	3.56±0.01
산도(%)	0.04±0	0.61±0	0.8±0.03	0.86±0.0	0.84±0.01
아미노산도	0.01±0	0.06±0.01	0.1±0.01	0.14±0.01	0.15±0.01
알코올(%)	-	6.7±0.01	9.5±0.1	11.0±0.1	13.5±0.1

6-2) 제조공정을 개선한 사절초 이화학적 특성

제조한 사절초의 이화학적 특성을 (표 8-5)에 나타내었다. 초산균(*A. pasteurianus* A26)을 통한 초산발효 과정에서 산도 변화는 발효 초기에 0.76%로 발효가 진행됨에 따라 점차 증가하여 발효 14일에 6.38%를, 28일에 6.52%로 최고의 산도를 나타내었다.

(표 8-5) 발효기간별 사절초의 이화학적 특성

Vinegar	Fermentation periods (days)				
	0	7	14	21	28
pH	3.48±0.01	3.0±0.02	2.84±0.01	2.86±0.03	2.93±0.02
총산(%)	0.76±0.03	2.2±0.04	6.38±0.02	6.35±0.03	6.52±0.01
당도	6.0±0.1	5.4±0.2	5.6±0.1	5.6±0.3	5.3±0.1

06

식초 제조에 관여하는 초산균

가. 초산균의 종류와 특성

초산균은 그람 음성, 절대 호기성 간균으로 에탄올을 산화하여 초산을 생성하는 세균의 총칭이며 아세토박터(*Acetobacter*) 속, 글루코노박터(*Gluconobacter*) 속, 글루콘아세토박터(*Gluconacetobacter*) 속과 고마가테이박터(*Komagataeibacter*) 속으로 분류된다. 아세토박터속 초산균은 에탄올을 초산으로 산화하고 생성된 초산을 TCA 회로를 통하여 CO_2와 H_2O로 산화하지만 글루콘아세토박터속 초산균은 에탄올을 산화하여 글루콘산을 생산하기 때문에 아세톤박터속 초산균은 과산화제(*Overoxidizer*), 글루콘아세토박터속은 저산화제(*Underoxidizer*)로 불리기도 한다. 또한 아세토박터속은 비운동성 또는 운동성일 때 주모를 가지며, 글루콘아세토박터속은 생화학적 분류상 비운동성 혹은 3~8개의 극모를 가진 운동성으로 구분할 수 있다. 현재 초산균은 분류학적으로 아세토박터속, 글루코노박터속, 글루콘아세토박터속, 아시도모나스속 등 4가지로 분류된다.

오늘날 식초 제조용으로 사용하는 초산균은 산 생성 능력이 뛰어난 것을 종균 또는 종초로 사용하고 있다. 또한 발효법(정치 발효와 심부 발효)에 따라 서로 다른 초산균을 사용하여 식초를 제조하기도 한다(표 8-6).

(표 8-6) 대표적인 초산균

식초 종류	초산균
쌀 식초, 주박 식초	*A. aceti, A. acetosum, A. mesoxydans, A. oxydans, A. recens, A. acetigenum* 등
포도 식초	*A. recens*
주정 식초, 속양 식초	*A. aceti, A. acetigenum, A. ascendans, A. schuzenbachii* 등

이들 생산 균주도 위에서 설명한 최근의 분류에 따르면 대부분이 아세토박터 아세티(*Acetobacter aceti*)·아세토박터 파스테리아누스(*A. pasteurianus*)·글루콘박터 옥시단스(*Gluconbacter oxydans*)·글루콘아세토박터(*Gluconacetobacter*)속 등이 속한다. 특히 발효액 표면에 두꺼운 바이오셀룰로오스 막을 만드는 아세토박터 자일리늄(*A. xylinum*)은 16S rDNA 염기서열을 분석한 결과 글루콘아세토박터 자일리누스(*Gluconacetobacter xylinus*)로 재분류하였다.

나. 식초 제조용 초산균

최근에는 순수 분리한 단일 초산균보다는 복합 초산균을 종균으로 종초를 제조한 후, 혼합 배양을 통해 풍미가 향상된 식초를 제조하고 있다. 또한 시판되는 식초는 원료, 초산균 종류 및 제조 공정에 영향을 받아 품질에도 차이가 있다(그림 8-11).

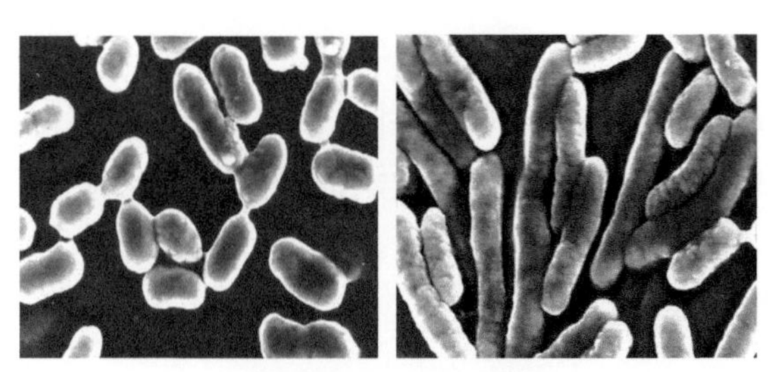

(그림 8-11) 초산균의 형태

(좌) 기업형 속성 (우) 농가형 정치

(1) 정치 발효에 관여하는 초산균

아세토박터 파스테리아누스(*A. pasteurianus*) 초산균은 발효액 표면에 주름이 져 있고 아름다운 광택을 띠며 독특한 막 형성뿐만 아니라 과일향을 많이 생성한다. 이 균막은 발효액의 표면 전체에 퍼지면서 증식을 계속하면서 초산 발효가 진행된다(그림 8-12). 발효액 표면에 바이오셀룰로오스의 두꺼운 막을 형성하는 글루콘아세토박터 자일리누스(*Gluconacetobacter xylinus*)가 오염되면 초산 생성 속도가 늦어지고 식초의 숙성 및 저장 중에 초산이 분해되어 산도가 낮아지며 과산화취라 불리는 이취가 생성된다.

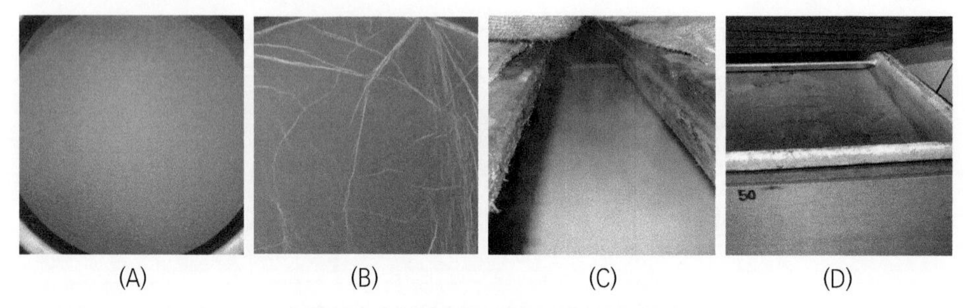

(A) (B) (C) (D)

(그림 8-12) 발효액 표면에 형성된 다양한 균막

(A) 항아리, (B) 항아리, (C) 목통, (D) 합성 수지조

(2) 2배 식초 제조에 관여하는 초산균

산도 약 12% 식초를 생산하는 아세토박터 포무럼(*A. pomorum*), 글루콘아세토박터 사카리보란스(*Glu. saccharivorans*) 등의 초산균이 알려져 있다.

(3) 3배 식초 제조에 관여하는 초산균

산도 10~20% 식초를 생산하는 아세토박터 폴리옥소제네스(*A. polyoxogenes*) 등의 초산균이 알려져 있다.

07

식초의 분류

가. 용도에 따른 식초 분류

· 현미·쌀·보리 등의 곡류 전분질을 당화 및 알코올 발효 과정(병행복발효)을 거쳐 초산 발효시켜 생산하는 곡류식초.
· 주정을 희석하고 무기염 등을 혼합하여 초산 발효 과정을 거친 후 생산하는 알코올 식초.
· 과즙(과즙 농축액) 30% 정도를 첨가하여 발효시킨 과실(사과· 배· 포도· 매실·복분자·석류 등)식초.
· 순수한 과실을 원료로 알코올 및 초산 발효의 2단계 발효를 거쳐 생산되거나 병행복발효에 의해 생산되는 감·사과·포도식초 등이 있다(표 8-7).

(표 8-7) 용도에 따른 식초의 분류

구분	원료 및 용도	제품 유형	시장 점유
조미용 식초	- 음식 간을 맞추려는 조리용 식초로서 주정을 발효하여 생산 - 빙초산을 희석하여 생산	곡류, 사과식초 등	대기업 위주의 시장
건강용 식초	- 100% 과실을 원료로 발효시킨 제품으로 기능성 건강식품으로 이용	감, 포도, 밀감, 감자, 현미식초 등	일부 기업 참여로 새로운 시장 형성 중

발효식초는 숙성이 되면서 부드럽고 감칠맛을 낼 수 있는 각종 유기산과 아미노산이 풍부한 건강 발효음료 식품인데 비하여 빙초산은 초산에 의해 단순히 신맛만 낼 뿐 향이 없으며 석유 화합물인 에틸렌을 원료로 화학적으로 반응시켜 만든 초산으로 인체에 발암 유발을 일으키는 등의 안전성 문제가 제기되고 있다. 선진국에서는 이미 오래 전부터 빙초산을 식용으로 사용하지 못하도록 법적으로 제한하고 있지만 국내에서는 업소용·단무지·피클 절임 등의 식품 용도로 소비되어 국민 건강에 유해 요인이 될 수 있다.

나. 산도에 따른 식초 분류

현재 시판되는 식초는 산도 4~5%인 저산도 식초, 6~7%인 일반식초, 그리고 12~14% 2배 식초 , 18~19% 이상인 3배 식초로 구분되어 제조·판매되고 있다(표 8-8).

(표 8-8) 산도에 따른 식초의 분류

구분	제품	점유
저산도식초(4~5%)	감식초	영세 및 중소기업
일반산도식초(6~7%)	사과식초, 양조식초, 현미식초, 흑미식초, 레몬식초, 포도식초	
2배식초(12~14%)	사과식초, 양조식초, 현미식초, 레몬식초	대기업 위주 시장
3배식초(18~19%)	사과식초, 양조식초	

초산 함량이 높은 고산도 식초(2배 및 3배 식초)는 유가식인 심부 발효과정에서 많은 공기 주입으로 식초가 갖는 고유의 향은 거의 소실되고 자극적인 신맛으로 인해 기호성이 낮아 인위적으로 향을 첨가하여 시판하고 있다.

다. 원료별 종류에 따른 식초 분류

(1) 주정식초

주정식초는 전분질 원료나 당질 원료의 알코올 발효액을 증류하여 얻은 알코올 용액(90~95%)을 초산 발효과정을 거쳐 만든 식초로서 유럽이나 미국에서 가장 많이 생산되며 화이트 비니거(White vinegar)·스피리트 비니거(Spirit vinegar)·디스틸드 비니거(Distilled vinegar)·그레인 비니거(Grain vinegar) 등으로 불리고 있다.

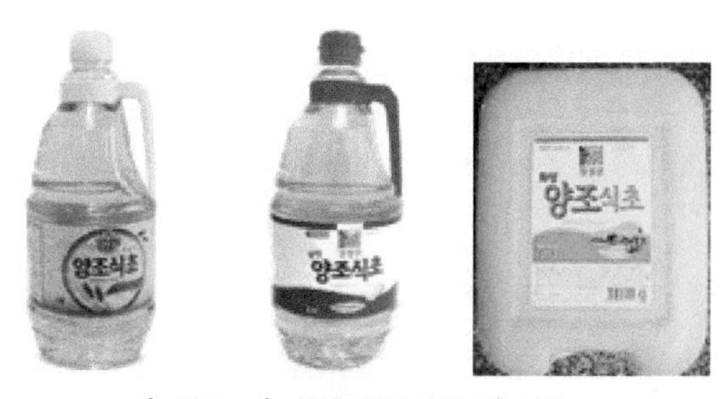

(그림 8-13) 다양한 종류의 알코올 식초

주정(알코올)을 물로 희석한 후, 종균(종초)만 접종하면 탄소원 이외의 영양 성분이 부족하여 초산균의 증식과 알코올의 산화가 거의 일어나지 않는다. 이와 같이 초산균을 배양하기 위해서는 질소원(Peptone, Polypeptone, Amino acid 등)·인산염·칼륨·마그네슘·칼슘 등의 미량 원소를 영양원으로 첨가하면 초산균의 생육 속도가 빨라진다. 특히 식초의 품질을 향상시키기 위해서 당류(Glucose, maltose 등)·코지 추출물·주박·물엿·당밀·주류(막걸리/약주/약용주)·맥아즙·효모 추출물 등을 사용하기도 한다. 다단식 증류 장치로 제조한 주정은 증류 시 휘발성 향기가 날아가 향기가 전혀 없으므로 주정식초도 과일 유래의 에스테르 계열 향기가 부족한 단점이 있다.

(2) 쌀식초

전분질 원료로 백미·쌀겨·쇄미를 사용하고 쌀 입국을 사용해서 당화시킨 후, 탁·약주 제조를 통해 알코올을 제조한다. 당화력과 단백질 분해력이 강한 누룩 또는 입국을 사용하는 것이 효율적이다. 담금 원료의 배합 비율은 일정하지 않지만 입국과 고두밥 이외의 찹쌀·잡곡·주박·주류 등의 부원료를 혼합할 수도 있다. 우선 일반적인 제조 공정을 살펴보면, 증자한 고두밥 원량의 20~30% 입국 또는 누룩 10%를 넣고 증자미의 200~300%가 되도록 용수를 가수하여 알코올 발효를 한다. 7일간의 알코올 발효가 종료되면 발효 술덧을 제성한 후, 총발효액의 5~10% 정도가 되도록 종초를 첨가하여 초산 발효를 진행한다(그림 8-14).

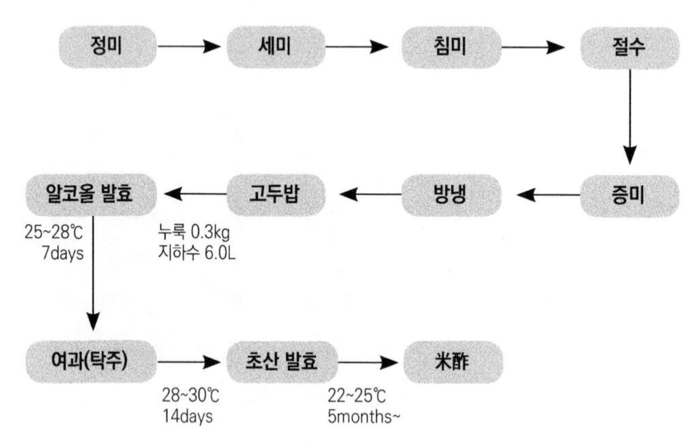

(그림 8-14) 쌀식초 제조 공정

정치 배양으로 식초를 제조할 경우, 2~4개월로 알코올 및 초산 발효를 끝내고 수개월에서 수년간 저장 및 숙성 과정을 거치면 맛과 향이 조화된 고향미(高香味) 식초를 제조할 수 있다(그림 8-15).

(그림 8-15) 다양한 종류의 쌀식초

(3) 주박식초

약주 및 청주를 압착한 주박 속에는 분해가 덜 된 전분, 단백질 등이 남아 있어 몇 년간 저장·숙성을 시키면 효소 반응이 일어나 당분·유기산류·가용성 질소 화합물 등이 증가된다.

상기의 주박에 물을 넣어 죽 상태로 만든 후, 실온에서 정치 발효를 하면서 매일 1~2회 섞어주면 효모나 세균에 의해 알코올 및 산의 양이 증가하고 7~10일 후에 발효는 끝난다. 주박과 물의 혼합 비율은 일정하지 않지만 주박 1kg에 대해서 190~240% 정도 가수하면 품질이 뛰어난 주박 추출물을 얻을 수 있다. 발효가 끝나면 여과하여 여액과 주박으로 분리한다. 정치 발효를 할 경우, 종초와 주박 여액을 적당한 비율로 혼합한 후, 30°C 발효 조건에서 초산 발효를 한다. 이때 발효액의 산도는 적어도 2% 이상이 되어야 하고 종초는 원료액의 10%를 넣는다. 그러나 산 생성 능력이 약한 종초의 경우는 동량 또는 1/3 정도를 넣어 사용하는 것이 안전하다.

정치 발효법은 발효 초기 3~4일은 품온이 약간 떨어지지만 균막이 완전히 형성된 후에는 발효조의 품온을 일정하게 유지시켜야 한다. 발효 후기에 접어들면 품온이 다시 떨어지기 시작하므로 알코올이 0.3~0.4%가 되면 발효를 끝내고 발효액을 상온까지 내린다. 원료에 따라 숙성 기간이 차이가 있지만 일반적으로 3~6개월 정도 저장한 후(표 8-9), 여과·살균하여 제품화한다(그림 8-16).

(표 8-9) 주박의 성분 변화

종류 / 성분	신초 (제조한 것)	2년 (14개월 저장)	3년 (27개월 저장)
가용성 고형분	7.318	15.582	17.017
알코올(%)	13.138	12.150	13.697
휘발산(초산)	0.85	0.178	0.094
비휘발산(젖산)	0.136	0.307	0.885
전분	9.265	5.89	4.175
당분	0.427	2.959	3.12
덱스트린(Dextrin)	1.064	3.306	5.019
가용성 질소	0.448	0.689	0.728

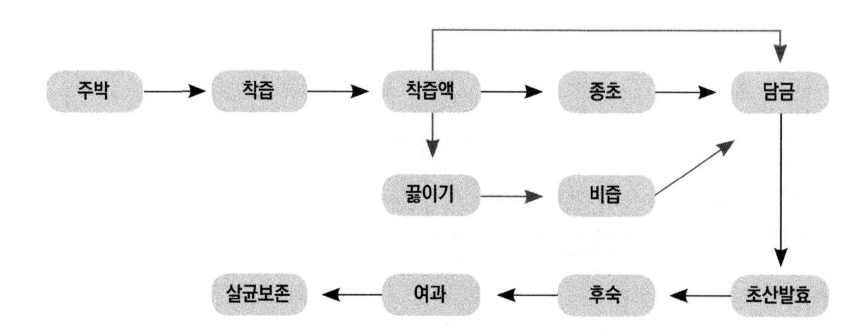

(그림 8-16) 주박식초 제조 공정

(4) 맥아식초

보리·조·수수·옥수수 등 잡곡류를 원료로 맥아 분말과 물을 넣고 55°C 항온 수조에서 3~8시간 전분을 당화시켜 여과한다. 여액을 끓이고 나서 실온(26~32°C)으로 냉각시킨 후, 효모(*S. cerevisiae*)를 접종하여 5일간 알코올 발효 시킨다. 여과, 살균한 발효액으로 초산 발효를 하며 최종 제품의 산도는 4~5% 정도가 된다. 특히 보리를 원료로 만든 맥아식초는 보리 유래의 단백질이 분해되어 생성된 아미노산으로 인해 진한 향미를 내는 특징을 가지고 있다.

(5) 사과식초

사과식초 제조에 사용하려는 원료는 완숙되어 당분 함량이 높고 흠이 없으며 부패되지 않은 사과를 선택하고 마쇄와 압착을 하여 착즙액을 얻어낸다. 과즙액을 95~98°C에서 가열 살균한 후, 알코올 및 초산발효 과정을 거쳐 사과식초를 제조한다. 또 하나의 방법은 과즙을 살균하지 않고 사용하였을 경우, 알코올 발효 후기에 젖산균이 사과산을 젖산으로 발효(Malolactic fermentation)되어 식초가 가지는 자극적인 산미는 감소하고 상큼한 맛의 젖산이 증가된다(그림 8-17).

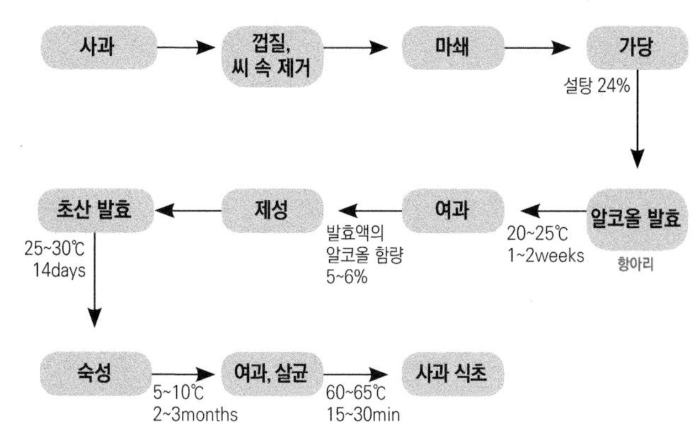

(그림 8-17) 사과식초 제조 공정

착즙한 사과 과즙액은 펙틴이 남아 있어 혼탁의 원인이 되므로 알코올 발효를 하기 전에 펙틴 분해 효소를 사용하여 이들을 분해시켜야 좋은 품질의 사과식초를 만들 수 있다(그림 8-18). 특히 정치 발효 시킨 사과식초는 향기 등의 방향성이 우수하고 산미가 부드러운 특징을 가지고 있다.

(그림 8-18) 다양한 종류의 사과식초

(6) 포도식초

포도식초에는 백포도를 파쇄·착즙하여 알코올 및 초산발효를 거쳐 생성한 백포도식초(White wine vinegar)와 적포도를 파쇄한 후, 과피와 함께 알코올·초산 발효를 시켜 만든 적포도식초(Red wine vinegar) 두 종류가 있다. 과즙 또는 농축액을 알코올 발효시킨 경우에는 초산 발효 전에 60~70°C로 가열하여 초산 발효에 방해가 되는 곰팡이나 산막 효모 등을 살균하고 단백질과 콜로이드물질 등을 응고·침전시켜 제거한 후에 초산 발효를 시작한다(그림 8-19).

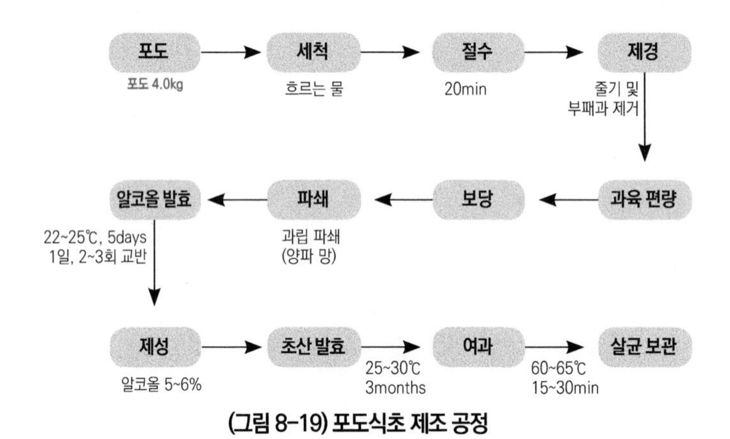

(그림 8-19) 포도식초 제조 공정

포도식초는 예부터 프랑스에서 제조되어 왔으며, 정치 발효법(Orleans process)으로 제조하였다. 제품은 보통 산도 5~7%이고, 포도주와 유사한 독특한 향이 난다(그림 8-20).

(그림 8-20) 다양한 종류의 포도식초

(7) 증류식초

맥아식초를 증류한 것이 증류식초인데 알코올로 만든 주정식초와는 다르다. 맥아식초 증류는 유리 또는 스테인리스 스틸 용기를 사용하며 0.8~0.9 기압으로 감압하고 내부의 가열용 코일관에 고압증기를 보내면서 가열한다. 연속적으로 맥아식초를 주입하여 생기는 식초의 증기는 충전물이 들어 있는 칼럼(Column)을 통하여 거품을 제거하고 냉각수로 냉각하여 수기에 받는다.

제품의 산도는 5~7%이고 무색, 투명하며 휘발 성분만 채취되므로 엑기스분이 없고 필요에 따라 비휘발산·당분·기타 첨가물을 넣어 가공하기도 한다. 주로 피클, 마요네즈 등의 가공 식품 제조에 사용된다.

(그림 8-21) 다양한 종류의 증류식초

08

식초의 품질 특성

식초의 품질은 원료와 제조 방법 등에 따라 크게 달라지며 가장 중요한 것은 초산의 함량이지만 유기산 조성, 맛에 영향을 미치는 유리 아미노산 조성·향기 성분·미량 성분 등 품질에 영향을 미치는 요인은 다양하다. 식초는 호기조건에서 정치 발효와 속성 발효를 통해 생산하며 맛에 영향을 주는 아미노산의 종류·향기 성분·유기산의 조성 등 화합물 종류에 차이가 있다.

식초에서 유기산 조성의 차이가 중요한데, 전통 정치 발효식초는 젖산 함량이 높아 '군덕내'가 많이 난다. 쌀식초의 구성 성분을 살펴보면 총당·아미노태 질소·유기산인 젖산·숙신산이 많고, 아미노산류는 글루탐산(Glutamic acid)·글리신(Glycine)·향기성분은 프로필 아세테이트(Propyl acetate)·디아세틸(Diacetyl)·아밀 아세테이트(Amyl acetate)·카프론산 에틸(Ethyl caproate)·이소아밀 아세테이트(Isoamyl acetate)·에틸 락테이트(Ethyl lactate)·2,3- 부탄디올(Butanediol) 등이 있어 향미가 풍부하다.

식초의 품질은 초산 함량뿐만 아니라 각종 유기산, 아미노산류가 미량 존재하며 조리 시 이들 성분이 풍미에 영향을 미친다고 한다. 특히 발효식초의 총산은 5~10%가 비휘발성 유기산으로 구성되어 있으며, 쌀식초·주박식초·포도식초에는 많이 있지만 사과식초·맥아식초·고산도식초에는 비휘발성 유기산 함량이 적다. 따라서 식초 품질 중 매우 중요한 향기 성분은 주성분인 초산 이외의 각종 유기산이나 방향성 물질이 알코올 발효와 초산 발효 과정에서 생성되기도 하지만 원료인 쌀·보리·주박·각종 과즙 등의 성분에 의해 고유의 향이 생성된다(표 8-10).

(표 8-10) 발효식초의 성분 특성

종류	총산	비휘발산	알코올	전당	환원당	전질소	아미노태질소	식염	엑기스	회분	비중	pH
쌀 식초	4.34	0.222	0.307	4.364	1.668	0.0298	0.0175	0.427	5.075	0.261	1.0263	2.69
주박 식초	4.66	0.374	0186	1.328	0.608	0.0115	0.0115	0.408	1.339	-	1.0137	2.57
맥아 식초	4.99	0.150	0.293	1.664	1.862	0.0299	0.0085	0.086	2.631	0.191	1.0174	2.67
사과 식초	5.06	0.142	0.374	2.579	2.415	0.0184	0.0055	0.1214	3.325	0.100	1.0186	2.77
포도 식초	5.14	0.322	0.501	1.814	1.437	0.0079	0.0062	0.092	2.094	0.159	1.0151	2.79
보통 식초	4.33	0.254	0.273	1.044	0.401	0.0712	0.0083	0.306	1.822	0.403	1.0135	2.61
알코올식초	10.21	0.658	0.318	0.153	0.032	0.0093	0.0025	0.0170	0.235	-	1.0185	2.23
고산도식초	10.06	-	0.418	2.490	0.237	0.0530	0.0120	0.321	2.501	-	1.0122	2.45
현미 식초	4.57	0.623	-	0.034	0	0.1140	0.1220	0.337	2.417	0.506	1.0150	3.22

식초에 함유된 당류는 글루코스(Glucose)가 가장 많고, 과당(Fructose)·자당(Sucrose)·맥아당(Maltose)·리보오스(Ribose)·만노스(Mannose) 등과 미량의 아라비노스(Arabinose)·자일로스(Xylose)·갈락토오스(Galactose)·라피노스(Raffinose)·셀로비오스(Cellobiose)·소르비톨(Sorbitol)·덱스트린(Dextrin) 등이 검출되지만 식초의 품질에 미치는 영향은 적다.

식초는 아미노산 종류에 따라 맛이 달라지는데 20여 종의 유리 아미노산이 검출된다. 아미노산은 원료에 유래되며 초산 발효 중 전체 아미노산의 38~~60%가 감소(Glutamic acid, Aspartic acid, Proline, Arginine 등)된다. 다시 말하면 원료와 제조 방법에 따라 향기성분이 달라지는데 에틸 아세테이트(Ethyl acetate)는 정치 발효·다단식 발효·통기 발효의 순서로 함량이 감소한다. 통기 발효의 경우, 다량의 공기가 식초의 발효액을 통과하면서 에틸 아세테이트가 휘산되면서 양이 적어진 것으로 여겨진다.

식초의 향기 성분은 초산 이외에도 에틸 알코올(Ethyl alcohol)·아세트알데히드(Acetaldehyde)·에틸 아세테이트(Ethyl acetate)·아세토인(Acetoin)·푸르푸랄(Furfural)·옥틸 알코올(Octyl alcohol)·2,3-부틸렌 글리콜(Butylene glycol) 등이 있고 미량 성분으로 이소부틸 알코올(Isobutyl alcohol)·이소아밀 알코올(Isoamyl alcohol)·노멀 아밀 알코올(Normal amyl alcohol)과 사과식초는 특유의 프로피온 알데히드(Propion aldehyde)·부틸 아세테이트(Butyl acetate)·이소아밀 아세테이트(Isoamyl acetate)·아밀 아세테이트(Amyl acetate) 등이 증가한다. 포도나 맥아에 있는 페닐 에틸 알코올(Phenyl ethyl alcohol)은 일부가 알코올 발효 중 효모에 의해 생성되지만 대부분 원료 유래이고 메틸 알코올(Methyl alcohol)은 소량 생성되지만 이 메틸 알코올 또한 원료에 유래하며 주박식초에는 100~250ppm 존재한다. 대부분의 에틸 에스테르(Ethyl ester)는 알코올 발효주에 생성되어 모든 종류의 식초에서 아세틸 에스테르(Acetyl ester)류가 다량 검출되고 소량의 포밀 에스테르(Formyl ester)류도 포도식초나 맥아식초에서 검출된다.

포도식초·사과식초·맥아식초 중의 디에틸 석신산(Diethyl succinic acid)은 포도주 중에 들어있는 휘발성 유기산의 주성분이다. 제조법에 따라 향기 성분의 차이가 있지만 원료의 종류 및 함량에 따른 차이가 가장 클 것으로 생각된다. 국내 식초 산업의 활성화를 위해 식초 제조에 적합한 종균 개발, 제조 공정의 개선, 발효 대사체를 활용한 기능성 규명 등 보다 체계적인 연구가 필요하다.

09

맺음말

이상으로 식초의 제조 원리와 공정 및 특성 등을 살펴보았다. 우리나라의 술은 외국의 술보다 제조법의 독창성과 맛의 다양성이 있고 단순한 발효 알코올 음료일 뿐만 아니라 웰빙성이 강조된 가향주로서 더욱더 알려져 있다. 따라서 전통 문화로서 우리 술을 계승·보존함과 더불어 우리 술만의 독창성과 차별성이 더욱더 부각되었으면 한다. 이러한 술을 이용하면 현재보다 더 품질이 좋은 프리미엄급 식초를 제조할 수가 있다. 식초는 음식에 맛을 내는 조미용 식품으로 사용되었으나 최근 건강에 대한 관심이 높아지면서 소금의 섭취가 줄어들고 식초의 소비가 늘어나고 있다(少鹽多醋). 식초 제조법은 짧은 발효 기간 동안에 대량 생산할 수 있는 속성 발효법과 항아리 등을 사용하여 표면에서 배양하는 정치 발효법으로 구분되며, 원료의 사용량과 제조 방식에 따라 품질에 차이가 있다. 공장형의 대량 생산 시스템이 도입된 후, 빙초산·희석초산 및 주정을 이용한 저가의 식초 시장이 형성되었으나, 20~40대의 젊은 여성을 중심으로 다이어트와 소화 촉진 등 건강에 대한 관심 증가로 음료형 식초 시장이 늘어나고 있다.

따라서 식초는 단순한 조미료 기능뿐만 아니라 발효 식품으로서의 멋과 맛을 간직하고 있으며 위생상 우수한 발효식초를 소비자에게 공급하여 보다 윤택한 식생활에 도움이 되었으면 한다. 최근 웰빙형 발효식초를 이용한 각종 소스류의 판매와 더불어 건강 음료의 개발이 활발해지면서 식초 시장이 계속 커질 전망이다.

참고문헌(식초)

1. 공업미생물학, 형설출판사, 2000

2. 발효공학, 효일, 2008

3. 고등학교 양조기술, 경기도교육청, 니케, 2010

4. 농산물가공 Ⅱ, 경상대학교 2012

5. 조미식품, 식품유통연감, 2012

6. 지역 농산물을 이용한 전통양조식초 산업 활성화, 농촌진흥청, 2013

7. 농촌진흥청 인테러뱅(제 104호), 2013

MEMO

ㄱ

가건(架乾)	걸어 말림
가경지(可耕地)	농사지을 수 있는 땅
가리(加里)	칼리
가사(假死)	기절
가식(假植)	임시 심기
가열육(加熱肉)	익힘 고기
가온(加溫)	온도높임
가용성(可溶性)	녹는, 가용성
가자(茄子)	가지
가잠(家蠶)	집누에, 누에
가적(假積)	임시 쌓기
가토(家兎)	집토끼, 토끼
가피(痂皮)	딱지
가해(加害)	해를 입힘
각(脚)	다리
각대(脚帶)	다리띠, 각대
각반병(角斑病)	모무늬병, 각반병
각피(殼皮)	겉껍질
간(干)	절임
간극(間隙)	틈새
간단관수(間斷灌水)	물걸러대기
간벌(間伐)	솎아내어 베기
간색(稈色)	줄기색
간석지(干潟地)	개펄, 개땅
간식(間植)	사이심기
간이잠실(簡易蠶室)	간이누엣간
간인기(間引機)	솎음기계
간작(間作)	사이짓기
간장(稈長)	키, 줄기길이
간채류(幹菜類)	줄기채소
간척지(干拓地)	개막은 땅, 간척지
갈강병(褐疆病)	갈색굳음병
갈근(葛根)	칡뿌리
갈문병(褐紋病)	갈색무늬병
갈반병(褐斑病)	갈색점무늬병, 갈반병
갈색엽고병(褐色葉枯病)	갈색잎마름병
감과앵도(甘果櫻桃)	단앵두
감람(甘藍)	양배추
감미(甘味)	단맛
감별추(鑑別雛)	암수가린병아리, 가린병아리
감시(甘)	단감
감옥촉서(甘玉蜀黍)	단옥수수
감자(甘蔗)	사탕수수
감저(甘藷)	고구마
감주(甘酒)	단술, 감주
갑충(甲蟲)	딱정벌레

강두(豆)	동부
강력분(强力粉)	차진 밀가루, 강력분
강류(糠類)	등겨
강전정(强剪定)	된다듬질, 강전정
강제환우(制換羽)	강제 털갈이
강제휴면(制休眠)	움 재우기
개구기(開口器)	입벌리개
개구호흡(開口呼吸)	입 벌려 숨쉬기, 벌려 숨쉬기
개답(開畓)	논풀기, 논일구기
개식(改植)	다시 심기
개심형(開心形)	깔때기 모양, 속이 훤하게 드러남
개열서(開裂)	터진 감자
개엽기(開葉期)	잎필 때
개협(開莢)	꼬투리 툄
개화기(開花期)	꽃필 때
개화호르몬(開和hormome)	꽃피우기호르몬
객담(喀痰)	가래
객토(客土)	새흙넣기
객혈(喀血)	피를 토함
갱신전정(更新剪定)	노쇠한 나무를 젊은 상태로 재생장시키기 위한 전정
갱신지(更新枝)	바꾼 가지
거세창(去勢創)	불친 상처
거접(据接)	제자리접
건(腱)	힘줄
건가(乾架)	말림틀
건견(乾繭)	말린 고치, 고치말리기

건경(乾莖)	마른 줄기
건국(乾麴)	마른누룩
건답(乾畓)	마른 논
건마(乾麻)	마른삼
건못자리	마른 못자리
건물중(乾物重)	마른 무게
건사(乾飼)	마른 먹이
건시(乾)	곶감
건율(乾栗)	말린 밤
건조과일(乾燥과일)	말린 과일
건조기(乾燥機)	말림틀, 건조기
건조무(乾燥무)	무말랭이
건조비율(乾燥比率)	마름률, 말림률
건조화(乾燥花)	말린 꽃
건채(乾采)	말린 나물
건초(乾草)	말린 풀
건초조제(乾草調製)	꼴(풀) 말리기, 마른 풀 만들기
건토효과(乾土效果)	마른 흙 효과, 흙말림 효과
검란기(檢卵機)	알 검사기
격년(隔年)	해거리
격년결과(隔年結果)	해거리 열림
격리재배(隔離栽培)	따로 가꾸기
격사(隔沙)	자리떼기
격왕판(隔王板)	왕벌막이
격휴교호벌채법(隔畦交互伐採法)	이랑 건너 번갈아 베기
견(繭)	고치
견사(繭絲)	고치실(실크)

견중(繭重)	고치 무게	**경엽(硬葉)**	굳은 잎
견질(繭質)	고치질	**경엽(莖葉)**	줄기와 잎
견치(犬齒)	송곳니	**경우(頸羽)**	목털
견흑수병(堅黑穗病)	속깜부기병	**경운(耕耘)**	흙 갈이
결과습성(結果習性)	열매 맺음성, 맺음성	**경운심도(耕耘深度)**	흙 갈이 깊이
결과절위(結果節位)	열림마디	**경운조(耕耘爪)**	갈이날
결과지(結果枝)	열매가지	**경육(頸肉)**	목살
결구(結球)	알들이	**경작(硬作)**	짓기
결속(結束)	묶음, 다발, 가지묶기	**경작지(硬作地)**	농사땅, 농경지
결실(結實)	열매맺기, 열매맺이	**경장(莖長)**	줄기길이
결주(缺株)	빈포기	**경정(莖頂)**	줄기끝
결핍(缺乏)	모자람	**경증(輕症)**	가벼운증세
결협(結莢)	꼬투리맺음	**경태(莖太)**	줄기굵기
경경(莖徑)	줄기굵기	**경토(耕土)**	갈이흙
경골(脛骨)	정강이뼈	**경폭(耕幅)**	갈이 너비
경구감염(經口感染)	입감염	**경피감염(經皮感染)**	살갗 감염
경구투약(經口投藥)	약 먹이기	**경화(硬化)**	굳히기, 굳어짐
경련(痙攣)	떨림, 경련	**경화병(硬化病)**	굳음병
경립종(硬粒種)	굳음씨	**계(鷄)**	닭
경백미(硬白米)	멥쌀	**계관(鷄冠)**	닭볏
경사지상전(傾斜地桑田)	비탈 뽕밭	**계단전(階段田)**	계단밭
경사휴재배(傾斜畦栽培)	비탈 이랑 가꾸기	**계두(鷄痘)**	닭마마
경색(梗塞)	막힘, 경색	**계류우사(繫留牛舍)**	외양간
경산우(經産牛)	출산 소	**계목(繫牧)**	매어기르기
경수(硬水)	센물	**계분(鷄糞)**	닭똥
경수(莖數)	줄깃수	**계사(鷄舍)**	닭장
경식토(硬埴土)	점토함량이 60% 이하인 흙	**계상(鷄箱)**	포갬 벌통
경실종자(硬實種子)	굳은 씨앗	**계속한천일수 (繼續旱天日數)**	계속 가뭄일수
경심(耕深)	깊이 갈이		

계역(鷄疫)	닭돌림병
계우(鷄羽)	닭털
계육(鷄肉)	닭고기
고갈(枯渴)	마름
고랭지재배(高冷地栽培)	고랭지가꾸기
고미(苦味)	쓴맛
고사(枯死)	말라죽음
고삼(苦蔘)	너삼
고설온상(高設溫床)	높은 온상
고숙기(枯熟期)	고쉰 때
고온장일(高溫長日)	고온으로 오래 볕쬐기
고온저장(高溫貯藏)	높은 온도에서 저장
고접(高接)	높이 접붙임
고조제(枯凋劑)	말림약
고즙(苦汁)	간수
고취식압조(高取式壓條)	높이 떼기
고토(苦土)	마그네슘
고휴재배(高畦栽培)	높은 이랑 가꾸기(재배)
곡과(曲果)	굽은 과실
곡류(穀類)	곡식류
곡상충(穀象蟲)	쌀바구미
곡아(穀蛾)	곡식나방
골간(骨幹)	뼈대, 골격, 골간
골격(骨格)	뼈대, 골간, 골격
골분(骨粉)	뼛가루
골연증(骨軟症)	뼈무름병, 골연증
공대(空袋)	빈 포대
공동경작(共同耕作)	어울려 짓기
공동과(空胴果)	속 빈 과실
공시충(供試蟲)	시험벌레
공태(空胎)	새끼를 배지 않음
공한지(空閑地)	빈땅
공협(空莢)	빈꼬투리
과경(果徑)	열매의 지름
과경(果梗)	열매 꼭지
과고(果高)	열매 키
과목(果木)	과일나무
과방(果房)	과실송이
과번무(過繁茂)	웃자람
과산계(寡産鷄)	알적게 낳는 닭, 적게 낳는 닭
과색(果色)	열매 빛깔
과석(過石)	과린산석회, 과석
과수(果穗)	열매송이
과수(顆數)	고치수
과숙(過熟)	농익음
과숙기(過熟期)	농익을 때
과숙잠(過熟蠶)	너무 익은 누에
과실(果實)	열매
과심(果心)	열매 속
과아(果芽)	과실 눈
과엽충(瓜葉蟲)	오이잎벌레
과육(果肉)	열매 살
과장(果長)	열매 길이
과중(果重)	열매 무게
과즙(果汁)	과일즙
과채류(果菜類)	열매채소
과총(果叢)	열매송이, 열매송이 무리

과피(果皮)	열매 껍질
과형(果形)	열매 모양
관개수로(灌漑水路)	논물길
관개수심(灌漑水深)	댄 물깊이
관수(灌水)	물주기
관주(灌注)	포기별 물주기
관행시비(慣行施肥)	일반적인 거름 주기
광견병(狂犬病)	미친개병
광발아종자(光發芽種子)	볕받이씨
광엽(廣葉)	넓은 잎
광엽잡초(廣葉雜草)	넓은 잎 잡초
광제잠종(製蠶種)	돌뱅이누에씨
광파재배(廣播栽培)	넓게 뿌려 가꾸기
괘대(掛袋)	봉지씌우기
괴경(塊莖)	덩이줄기
괴근(塊根)	덩이뿌리
괴상(塊狀)	덩이꼴
교각(橋角)	뿔 고치기
교맥(蕎麥)	메밀
교목(喬木)	큰키 나무
교목성(喬木性)	큰키 나무성
교미낭(交尾囊)	정받이 주머니
교상(咬傷)	물린 상처
교질골(膠質骨)	아교질 뼈
교호벌채(交互伐採)	번갈아 베기
교호작(交互作)	엇갈이 짓기
구강(口腔)	입안
구경(球莖)	알 줄기
구고(球高)	알 높이
구근(球根)	알 뿌리
구비(廐肥)	외양간 두엄
구서(驅鼠)	쥐잡기
구순(口脣)	입술
구제(驅除)	없애기
구주리(歐洲李)	유럽자두
구주율(歐洲栗)	유럽밤
구주종포도(歐洲種葡萄)	유럽포도
구중(球重)	알 무게
구충(驅蟲)	벌레 없애기, 기생충 잡기
구형아접(鉤形芽接)	갈고리눈접
국(麴)	누룩
군사(群飼)	무리 기르기
궁형정지(弓形整枝)	활꽃나무 다듬기
권취(卷取)	두루말이식
규반비(硅攀比)	규산 알루미늄 비율
균경(菌莖)	버섯 줄기, 버섯대
균류(菌類)	곰팡이류, 곰팡이붙이
균사(菌絲)	팡이실, 곰팡이실
균산(菌傘)	버섯갓
균상(菌床)	버섯판
균습(菌褶)	버섯살
균열(龜裂)	갈라짐, 틈, 갈라진 틈
균파(均播)	고루뿌림
균핵(菌核)	균씨
균핵병(菌核病)	균씨병, 균핵병
균형시비(均衡施肥)	거름 갖춰주기
근경(根莖)	뿌리줄기
근계(根系)	뿌리 뻗음새

근교원예(近郊園藝) 변두리 원예

근군분포(根群分布) 뿌리 퍼짐

근단(根端) 뿌리끝

근두(根頭) 뿌리머리

근류균(根溜菌) 뿌리혹박테리아, 뿌리혹균

근모(根毛) 뿌리털

근부병(根腐病) 뿌리썩음병

근삽(根插) 뿌리꽂이

근아충(根蚜蟲) 뿌리혹벌레

근압(根壓) 뿌리압력

근얼(根蘗) 뿌리벌기

근장(根長) 뿌리길이

근접(根接) 뿌리접

근채류(根菜類) 뿌리채소류

근형(根形) 뿌리모양

근활력(根活力) 뿌리힘

급사기(給飼器) 모이통, 먹이통

급상(給桑) 뽕주기

급상대(給桑臺) 채반받침틀

급상량(給桑量) 뽕주는 양

급수기(給水器) 물그릇, 급수기

급이(給飴) 먹이

급이기(給飴器) 먹이통

기공(氣孔) 숨구멍

기관(氣管) 숨통, 기관

기비(基肥) 밑거름

기잠(起蠶) 인누에

기지(忌地) 땅가림

기형견(畸形繭) 기형고치

기형수(畸形穗) 기형이삭

기호성(嗜好性) 즐기성, 기호성

기휴식(寄畦式) 모듬이랑식

길경(桔梗) 도라지

ㄴ

나맥(糯裸麥) 쌀보리

나백미(白米) 찹쌀

나종(種) 찰씨

나흑수병(裸黑穗病) 겉깜부기병

낙과(落果) 떨어진 열매, 열매 떨어짐

낙농(酪農) 젖소 치기, 젖소양치기

낙뢰(落) 떨어진 망울

낙수(落水) 물 떼기

낙엽(落葉) 진 잎, 낙엽

낙인(烙印) 불도장

낙화(落花) 진 꽃

낙화생(落花生) 땅콩

난각(卵殼) 알 껍질

난기운전(暖機運轉) 시동운전

난도(亂蹈) 날뜀

난중(卵重) 알무게

난형(卵形) 알모양

난황(卵黃) 노른자위

내건성(耐乾性) 마름견딜성

내구연한(耐久年限) 견디는 연수

내냉성(耐冷性) 찬기운 견딜성

내도복성(耐倒伏性) 쓰러짐 견딜성

내반경(內返耕) 안쪽 돌아갈이
내병성(耐病性) 병 견딜성
내비성(耐肥性) 거름 견딜성
내성(耐性) 견딜성
내염성(耐鹽性) 소금기 견딜성
내충성(耐蟲性) 벌레 견딜성
내피(內皮) 속껍질
내피복(內被覆) 속덮기, 속덮개
내한(耐旱) 가뭄 견딤
내향지(內向枝) 안쪽 뻗은 가지
냉동육(冷凍肉) 얼린 고기
냉수관개(冷水灌漑) 찬물대기
냉수답(冷水畓) 찬물 논
냉수용출답(冷水湧出畓) 샘논
냉수유입담(冷水流入畓) 찬물받이 논
냉온(冷溫) 찬기
노 머위
노계(老鷄) 묵은 닭
노목(老木) 늙은 나무
노숙유충(老熟幼蟲) 늙은 애벌레, 다 자란 유충
노임(勞賃) 품삯
노지화초(露地花草) 한데 화초
노폐물(老廢物) 묵은 찌꺼기
노폐우(老廢牛) 늙은 소
노화(老化) 늙음
노화묘(老化苗) 쇤모
노후화답(老朽化畓) 해식은 논
녹변(綠便) 푸른 똥
녹비(綠肥) 풋거름
녹비작물(綠肥作物) 풋거름 작물
녹비시용(綠肥施用) 풋거름 주기
녹사료(綠飼料) 푸른 사료
녹음기(綠陰期) 푸른철, 숲 푸른철
녹지삽(綠枝揷) 풋가지꽂이
농번기(農繁期) 농사철
농병(膿病) 고름병
농약살포(農藥撒布) 농약 뿌림
농양(膿瘍) 고름집
농업노동(農業勞動) 농사품, 농업노동
농종(膿腫) 고름종기
농지조성(農地造成) 농지일구기
농축과즙(濃縮果汁) 진한 과즙
농포(膿泡) 고름집
농혈증(膿血症) 피고름증
농후사료(濃厚飼料) 기름진 먹이
뇌 봉오리
뇌수분(受粉) 봉오리 가루받이
누관(淚管) 눈물관
누낭(淚囊) 눈물 주머니
누수답(漏水畓) 시루논

ㄷ

다(茶) 차
다년생(多年生) 여러해살이
다년생초화(多年生草化) 여러해살이 꽃
다독아(茶毒蛾) 차나무독나방
다두사육(多頭飼育) 무리기르기
다모작(多毛作) 여러 번 짓기

다비재배(多肥栽培)	길게 가꾸기
다수확품종(多收穫品種)	소출 많은 품종
다육식물(多肉植物)	잎이나 줄기에 수분이 많은 식물
다즙사료(多汁飼料)	물기 많은 먹이
다화성잠저병(多花性蠶病)	누에쉬파리병
다회육(多回育)	여러 번 치기
단각(斷角)	뿔자르기
단간(斷稈)	짧은키
단간수수형품종(短稈穗數型品種)	키작고 이삭 많은 품종
단간수중형품종(短稈穗重型品種)	키작고 이삭 큰 품종
단경기(端境期)	때아닌 철
단과지(短果枝)	짧은 열매가지, 단과지
단교잡종(單交雜種)	홀트기씨. 단교잡종
단근(斷根)	뿌리끊기
단립구조(單粒構造)	홑알 짜임
단립구조(團粒構造)	떼알 짜임
단망(短芒)	짧은 가락
단미(斷尾)	꼬리 자르기
단소전정(短剪定)	짧게 치기
단수(斷水)	물 끊기
단시형(短翅型)	짧은날개꼴
단아(單芽)	홑눈
단아삽(短芽插)	외눈꺾꽂이
단안(單眼)	홑눈
단열재료(斷熱材料)	열을 막아주는 재료
단엽(單葉)	홑입
단원형(短圓型)	둥근모양
단위결과(單爲結果)	무수정 열매맺음
단위결실(單爲結實)	제꽃 열매맺이, 제꽃맺이
단일성식물(短日性植物)	짧은볕식물
단자삽(團子插)	경단꽂이
단작(單作)	홑짓기
단제(單蹄)	홀굽
단지(短枝)	짧은 가지
담낭(膽囊)	쓸개
담석(膽石)	쓸개돌
담수(湛水)	물 담김
담수관개(湛水灌漑)	물 가두어 대기
담수직파(湛水直播)	무논뿌림, 무논 바로 뿌리기
담자균류(子菌類)	자루곰팡이붙이,자루곰팡이류
담즙(膽汁)	쓸개즙
답리작(畓裏作)	논뒷그루
답압(踏壓)	밟기
답입(踏)	밟아넣기
답작(畓作)	논농사
답전윤환(畓田輪換)	논밭 돌려짓기
답전작(畓前作)	논앞그루
답차륜(畓車輪)	논바퀴
답후작(畓後作)	논뒷그루
당약(當藥)	쓴 풀
대국(大菊)	왕국화, 대국
대두(大豆)	콩
대두박(大豆粕)	콩깻묵
대두분(大豆粉)	콩가루
대두유(大豆油)	콩기름

대립(大粒)	굵은알
대립종(大粒種)	굵은씨
대마(大麻)	삼
대맥(大麥)	보리, 겉보리
대맥고(大麥藁)	보릿짚
대목(臺木)	바탕나무, 바탕이 되는 나무
대목아(臺木牙)	대목눈
대장(大腸)	큰창자
대추(大雛)	큰병아리
대퇴(大腿)	넓적다리
도(桃)	복숭아
도고(稻藁)	볏짚
도국병(稻麴病)	벼이삭누룩병
도근식엽충(稻根喰葉蟲)	벼뿌리잎벌레
도복(倒伏)	쓰러짐
도복방지(倒伏防止)	쓰러짐 막기
도봉(盜蜂)	도둑벌
도수로(導水路)	물 댈 도랑
도야도아(稻夜盜蛾)	벼도둑나방
도장(徒長)	웃자람
도장지(徒長枝)	웃자람 가지
도적아충(挑赤)	복숭아붉은진딧물
도체율(屠體率)	통고기율, 머리, 발목, 내장을 제외한 부분
도포제(塗布劑)	바르는 약
도한(盜汗)	식은땀
독낭(毒囊)	독주머니
독우(犢牛)	송아지
독제(毒劑)	독약, 독제
돈(豚)	돼지
돈단독(豚丹毒)	돼지단독(병)
돈두(豚痘)	돼지마마
돈사(豚舍)	돼지우리
돈역(豚疫)	돼지돌림병
돈콜레라(豚cholerra)	돼지콜레라
돈폐충(豚肺蟲)	돼지폐충
동고병(胴枯病)	줄기마름병
동기전정(冬期剪定)	겨울가지치기
동맥류(動脈瘤)	동맥혹
동면(冬眠)	겨울잠
동모(冬毛)	겨울털
동백과(冬栢科)	동백나무과
동복자(同腹子)	한배 새끼
동봉(動蜂)	일벌
동비(冬肥)	겨울거름
동사(凍死)	얼어죽음
동상해(凍霜害)	서리피해
동아(冬芽)	겨울눈
동양리(東洋李)	동양자두
동양리(東洋梨)	동양배
동작(冬作)	겨울가꾸기
동작물(冬作物)	겨울작물
동절견(胴切繭)	허리 얇은 고치
동채(冬菜)	무갓
동통(疼痛)	아픔
동포자(冬胞子)	겨울 홀씨
동할미(胴割米)	금간 쌀

동해(凍害)	언 피해
두과목초(豆科牧草)	콩과 목초(풀)
두과작물(豆科作物)	콩과작물
두류(豆類)	콩류
두리(豆李)	콩배
두부(頭部)	머리, 두부
두유(豆油)	콩기름
두창(痘瘡)	마마, 두창
두화(頭花)	머리꽃
둔부(臀部)	궁둥이
둔성발정(鈍性發精)	미약한 발정
드릴파	좁은줄뿌림
등숙기(登熟期)	여뭄 때
등숙비(登熟肥)	여뭄 거름

ㅁ

마두(馬痘)	말마마
마령서(馬鈴薯)	감자
마령서아(馬鈴薯蛾)	감자나방
마록묘병(馬鹿苗病)	키다리병
마사(馬舍)	마굿간
마쇄(磨碎)	갈아부수기, 갈부수기
마쇄기(磨碎機)	갈아 부수개
마치종(馬齒種)	말이씨, 오목씨
마포(麻布)	삼베, 마포
만기재배(晩期栽培)	늦가꾸기
만반(蔓返)	덩굴뒤집기
만상(晩霜)	늦서리
만상해(晩霜害)	늦서리 피해
만생상(晩生桑)	늦뽕
만생종(晩生種)	늦씨, 늦게 가꾸는 씨앗
만성(蔓性)	덩굴쇠
만성식물(蔓性植物)	덩굴성식물, 덩굴식물
만숙(晩熟)	늦익음
만숙립(晩熟粒)	늦여문알
만식(晩植)	늦심기
만식이앙(晩植移秧)	늦모내기
만식재배(晩植栽培)	늦심어 가꾸기
만연(蔓延)	번짐, 퍼짐
만절(蔓切)	덩굴치기
만추잠(晩秋蠶)	늦가을누에
만파(晩播)	늦뿌림
만할병(蔓割病)	덩굴쪼개병
만화형(蔓化型)	덩굴지기
망사피복(網紗避覆)	망사덮기, 망사덮개
망입(網入)	그물넣기
망장(芒長)	까락길이
망진(望診)	겉보기 진단, 보기 진단
망취법(網取法)	그물 떼내기법
매(梅)	매실
매간(梅干)	매실절이
매도(梅挑)	앵두
매문병(煤紋病)	그을음무늬병, 매문병
매병(煤病)	그을음병
매초(埋草)	담근 먹이
맥간류(麥稈類)	보릿짚류
맥강(麥糠)	보릿겨
맥답(麥畓)	보리논

맥류(麥類)	보리류
맥발아충(麥髮蚜蟲)	보리깔진딧물
맥쇄(麥碎)	보리싸라기
맥아(麥蛾)	보리나방
맥전답압(麥田踏壓)	보리밭 밟기, 보리 밟기
맥주맥(麥酒麥)	맥주보리
맥후작(麥後作)	모리뒷그루
맹(蝱)	등에
맹아(萌芽)	움
멀칭(mulching)	바닥덮기
면(眠)	잠
면견(綿繭)	솜고치
면기(眠期)	잠잘때
면류(麵類)	국수류
면실(棉實)	목화씨
면실박(棉實粕)	목화씨깻묵
면실유(棉實油)	목화씨기름
면양(緬羊)	털염소
면잠(眠蠶)	잠누에
면제사(眠除沙)	잠똥갈이
면포(棉布)	무명(베), 면포
면화(棉花)	목화
명거배수(明渠排水)	겉도랑 물빼기, 겉도랑빼기
모계(母鷄)	어미닭
모계육추(母鷄育雛)	품어 기르기
모독우(牡犢牛)	황송아지, 수송아지
모돈(母豚)	어미돼지
모본(母本)	어미그루
모지(母枝)	어미가지
모피(毛皮)	털가죽
목건초(牧乾草)	목초 말린풀
목단(牧丹)	모란
목본류(木本類)	나무붙이
목야(초)지(牧野草地)	꼴밭, 풀밭
목제잠박(木製蠶箔)	나무채반, 나무누에채반
목책(牧柵)	울타리, 목장 울타리
목초(牧草)	꼴, 풀
몽과(果)	망고
몽리면적(蒙利面積)	물 댈 면적
묘(苗)	모종
묘근(苗根)	모뿌리
묘대(苗垈)	못자리
묘대기(苗垈期)	못자리때
묘령(苗齡)	모의 나이
묘매(苗)	멍석딸기
묘목(苗木)	모나무
묘상(苗床)	모판
묘판(苗板)	못자리
무경운(無耕耘)	갈지 않음
무기질토양(無機質土壤)	무기질 흙
무망종(無芒種)	까락 없는 씨
무종자과실(無種子果實)	씨 없는 열매
무증상감염(無症狀感染)	증상 없이 옮김
무핵과(無核果)	씨없는 과실
무효분얼기(無效分蘗期)	헛가지 치기
무효분얼종지기(無效分蘗終止期)	헛가지 치기 끝날 때
문고병(紋故病)	잎집무늬마름병

문단(文旦)	문단귤	**반경지삽(半硬枝揷)**	반굳은 가지꽂이, 반굳은꽂이
미강(米糠)	쌀겨		
미경산우(未經産牛)	새끼 안낳는 소	**반숙퇴비(半熟堆肥)**	덜썩은 퇴비
미곡(米穀)	쌀	**반억제재배(半抑制栽培)**	조금 늦추어 재배
미국(米麴)	쌀누룩	**반엽병(斑葉病)**	줄무늬병
미립(米粒)	쌀알	**반전(反轉)**	토양의 위, 아래가 바뀜
미립자병(微粒子病)	잔알병	**반점(斑點)**	얼룩점
미숙과(未熟課)	선열매, 덜 여문 열매	**반점병(斑點病)**	점무늬병
미숙답(未熟畓)	덜된 논	**반촉성재배(半促成栽培)**	반당겨 가꾸기
미숙립(未熟粒)	덜 여문 알	**반추(反芻)**	되새김
미숙잠(未熟蠶)	설익은 누에	**반흔(瘢痕)**	결합조직으로 된 상태
미숙퇴비(未熟堆肥)	덜썩은 두엄	**발근(發根)**	뿌리내림
미우(尾羽)	꼬리깃	**발근제(發根劑)**	뿌리내림약
미질(米質)	쌀의 질, 쌀품질	**발근촉진(發根促進)**	뿌리내림 촉진
밀랍(蜜蠟)	꿀밀	**발병엽수(發病葉數)**	병든 잎수
밀봉(蜜蜂)	꿀벌	**발병주(發病株)**	병든포기
밀사(密飼)	배게기르기	**발아(發蛾)**	싹트기, 싹틈
밀선(蜜腺)	꿀샘	**발아적온(發芽適溫)**	싹트기 알맞은 온도
밀식(密植)	배게심기, 빽빽하게 심기	**발아촉진(發芽促進)**	싹트기 촉진
밀원(蜜源)	꿀밭	**발아최성기(發芽最盛期)**	나방제철
밀파(密播)	배게뿌림, 빽빽하게 뿌림	**발열(發熱)**	체온의 이상상승
		발우(拔羽)	털뽑기
ㅂ		**발우기(拔羽機)**	털뽑개
바인더(binder)	베어묶는 기계	**발육부전(發育不全)**	발육이 뒤떨어짐
박(粕)	깻묵	**발육사료(發育飼料)**	자라는데 주는 먹이
박력분(薄力粉)	메진 밀가루	**발육지(發育枝)**	자람가지
박파(薄播)	성기게 뿌림	**발육최성기(發育最盛期)**	한창 자랄 때
박피(剝皮)	껍질벗기기	**발정(發情)**	암내
박피견(薄皮繭)	얇은고치	**발한(發汗)**	땀남

발효(醱酵)	띄우기
방뇨(防尿)	오줌누기
방목(放牧)	놓아 먹이기
방사(放飼)	놓아 기르기
방상(防霜)	서리막기
방풍(防風)	바람막이
방한(防寒)	추위막이
방향식물(芳香植物)	향기식물
배(胚)	씨눈
배뇨(排尿)	오줌 빼기
배배양(胚培養)	씨눈배양
배부식분무기 (背負式噴霧器)	등으로 매는 분무기
배부형(背負形)	등짐식
배상형(盃狀形)	사발꼴
배수(排水)	물빼기
배수구(排水溝)	물뺄 도랑
배수로(排水路)	물뺄 도랑
배아비율(胚芽比率)	씨눈비율
배유(胚乳)	씨젖
배조맥아(焙燥麥芽)	말린 엿기름
배초(焙焦)	볶기
배토(培土)	북주기, 흙 북돋아 주기
배토기(培土機)	북주개, 작물사이의 흙을 북돋아 주는데 사용하는 기계
백강병(白疆病)	흰굳음병
백리(白痢)	흰설사
백미(白米)	흰쌀
백반병(白斑病)	흰무늬병
백부병(百腐病)	흰썩음병
백삽병(白澁病)	흰가루병
백쇄미(白碎米)	흰싸라기
백수(白穗)	흰마름 이삭
백엽고병(白葉枯病)	흰잎마름병
백자(栢子)	잣
백채(白菜)	배추
백합과(百合科)	나리과
변속기(變速機)	속도조절기
병과(病果)	병든 열매
병반(病斑)	병무늬
병소(病巢)	병집
병우(病牛)	병든 소
병징(病徵)	병증세
보비력(保肥力)	거름을 지닐 힘
보수력(保水力)	물 지닐힘
보수일수(保水日數)	물 지닐 일수
보식(補植)	메워서 심기
보양창흔(步樣瘡痕)	비틀거림
보정법(保定法)	잡아매기
보파(補播)	덧뿌림
보행경직(步行硬直)	뻗장 걸음
보행창흔(步行瘡痕)	비틀 걸음
복개육(覆蓋育)	덮어치기
복교잡종(複交雜種)	겹트기씨
복대(覆袋)	봉지 씌우기
복백(腹白)	겉백이
복아(複芽)	겹눈
복아묘(複芽苗)	겹눈모

복엽(腹葉)	겹잎
복접(腹接)	허리접
복지(匐枝)	기는 줄기
복토(覆土)	흙덮기
복통(腹痛)	배앓이
복합아(複合芽)	겹눈
본답(本畓)	본논
본엽(本葉)	본잎
본포(本圃)	제밭, 본밭
봉군(蜂群)	벌떼
봉밀(蜂蜜)	벌꿀, 꿀
봉상(蜂箱)	벌통
봉침(蜂針)	벌침
봉합선(縫合線)	솔기
부고(敷藁)	깔짚
부단급여(不斷給與)	대먹임, 계속 먹임
부묘(浮苗)	뜬모
부숙(腐熟)	썩힘
부숙도(腐熟度)	썩은 정도
부숙퇴비(腐熟堆肥)	썩은 두엄
부식(腐植)	써거리
부식토(腐植土)	써거리 흙
부신(副腎)	곁콩팥
부아(副芽)	덧눈
부정근(不定根)	막뿌리
부정아(不定芽)	막눈
부정형견(不定形繭)	못생긴 고치
부제병(腐蹄病)	발굽썩음병
부종(浮種)	붓는 병
부주지(副主枝)	버금가지
부진자류(浮塵子類)	멸구매미충류
부초(敷草)	풀 덮기
부패병(腐敗病)	썩음병
부화(孵化)	알깨기, 알까기
부화약충(孵化若蟲)	갓 깬 애벌레
분근(分根)	뿌리나누기
분뇨(糞尿)	똥오줌
분만(分娩)	새끼낳기
분만간격(分娩間隔)	터울
분말(粉末)	가루
분무기(噴霧機)	뿜개
분박(分箔)	채반기름
분봉(分蜂)	벌통가르기
분사(粉飼)	가루먹이
분상질소맥(粉狀質小麥)	메진 밀
분시(分施)	나누어 비료주기
분식(紛食)	가루음식
분얼(分蘖)	새끼치기
분얼개도(分蘖開度)	포기 퍼짐새
분얼경(分蘖莖)	새끼친 줄기
분얼기(分蘖期)	새끼칠 때
분얼비(分蘖肥)	새끼칠 거름
분얼수(分蘖數)	새끼친 수
분얼절(分蘖節)	새끼마디
분얼최성기(分蘖最盛期)	새끼치기 한창 때
분의처리(粉依處理)	가루묻힘
분재(盆栽)	분나무
분제(粉劑)	가루약

분주(分株)	포기나눔
분지(分枝)	가지벌기
분지각도(分枝角度)	가지벌림새
분지수(分枝數)	번 가지수
분지장(分枝長)	가지길이
분총(分葱)	쪽파
불면잠(不眠蠶)	못자는 누에
불시재배(不時栽培)	때없이 가꾸기
불시출수(不時出穗)	때없이 이삭패기, 불시이삭패기
불용성(不溶性)	안녹는
불임도(不姙稻)	쭉정이벼
불임립(不稔粒)	쭉정이
불탈견아(不脫繭蛾)	못나온 나방
비경(鼻鏡)	콧등, 코거울
비공(鼻孔)	콧구멍
비등(沸騰)	끓음
비료(肥料)	거름
비루(鼻淚)	콧물
비배관리(肥培管理)	거름주어 가꾸기
비산(飛散)	흩날림
비옥(肥沃)	걸기
비유(泌乳)	젖나기
비육(肥育)	살찌우기
비육양돈(肥育養豚)	살돼지 기르기
비음(庇陰)	그늘
비장(臟)	지라
비절(肥絶)	거름 떨어짐
비환(鼻環)	코뚜레
비효(肥效)	거름효과
빈독우(牝犢牛)	암송아지
빈사상태(瀕死狀態)	다죽은 상태
빈우(牝牛)	암소

ㅅ

사(砂)	모래
사견양잠(絲繭養蠶)	실고치 누에치기
사경(砂耕)	모래 가꾸기
사과(絲瓜)	수세미
사근접(斜根接)	뿌리엇접
사낭(砂囊)	모래주머니
사란(死卵)	곤달걀
사력토(砂礫土)	자갈흙
사롱견(死籠繭)	번데기가 죽은 고치
사료(飼料)	먹이
사료급여(飼料給與)	먹이주기
사료포(飼料圃)	사료밭
사망(絲網)	실그물
사면(四眠)	넉잠
사멸온도(死滅溫度)	죽는 온도
사비료작물(飼肥料作物)	먹이 거름작물
사사(舍飼)	가둬 기르기
사산(死産)	죽은 새끼낳음
사삼(沙蔘)	더덕
사성휴(四盛畦)	네가웃지기
사식(斜植)	빗심기, 사식
사양(飼養)	치기, 기르기
사양토(砂壤土)	모래참흙

사육(飼育)	기르기, 치기	**삼투성(滲透性)**	스미는 성질
사접(斜接)	엇접	**삽목(插木)**	꺾꽂이
사조(飼槽)	먹이통	**삽목묘(插木苗)**	꺾꽂이모
사조맥(四條麥)	네모보리	**삽목상(插木床)**	꺾꽂이 모판
사총(絲葱)	실파	**삽미(澁味)**	떫은 맛
사태아(死胎兒)	죽은 태아	**삽상(插床)**	꺾꽂이 모판
사토(砂土)	모래흙	**삽수(插穗)**	꺾꽂이순
삭	다래	**삽시(插柿)**	떫은 감
삭모(削毛)	털깎기	**삽식(插植)**	꺾꽂이
삭아접(削芽接)	깍기눈접	**삽접(插接)**	꽂이접
삭제(削蹄)	발굽깍기, 굽깍기	**상(床)**	모판
산과앵도(酸果櫻桃)	신앵두	**상개각충(桑介殼蟲)**	뽕깍지 벌레
산도교정(酸度矯正)	산성고치기	**상견(上繭)**	상등고치
산란(產卵)	알낳기	**상면(床面)**	모판바닥
산리(山李)	산자두	**상명아(桑螟蛾)**	뽕나무명나방
산미(酸味)	신맛	**상묘(桑苗)**	뽕나무묘목
산상(山桑)	산뽕	**상번초(上繁草)**	키가 크고 잎이 위쪽에 많은 풀
산성토양(酸性土壤)	산성흙		
산식(散植)	흩어심기	**상습지(常習地)**	자주나는 곳
산약(山藥)	마	**상심(桑)**	오디
산양(山羊)	염소	**상심지영승(湘芯止蠅)**	뽕나무순혹파리
산양유(山羊乳)	염소젖	**상아고병(桑芽枯病)**	뽕나무눈마름병, 뽕눈마름병
산유(酸乳)	젖내기		
산유량(酸乳量)	우유 생산량	**상엽(桑葉蟲)**	뽕잎
산육량(產肉量)	살코기량	**상엽충(桑葉)**	뽕잎벌레
산자수(產仔數)	새끼수	**상온(床溫)**	모판온도
산파(散播)	흩뿌림	**상위엽(上位葉)**	윗잎
산포도(山葡萄)	머루	**상자육(箱子育)**	상자치기
살분기(撒粉機)	가루뿜개	**상저(上藷)**	상고구마

상전(桑田)	뽕밭
상족(上簇)	누에올리기
상주(霜柱)	서릿발
상지척확(桑枝尺)	뽕나무자벌레
상천우(桑天牛)	뽕나무하늘소
상토(床土)	모판흙
상폭(上幅)	윗너비, 상폭
상해(霜害)	서리피해
상흔(傷痕)	흉터
색택(色澤)	빛깔
생견(生繭)	생고치
생경중(生莖重)	풋줄기무게
생고중(生藁重)	생짚 무게
생돈(生豚)	생돼지
생력양잠(省力養蠶)	노동력 줄여 누에치기
생력재배(省力栽培)	노동력 줄여 가꾸기
생사(生飼)	날로 먹이기
생시체중(生時體重)	날때 몸무게
생식(生食)	날로 먹기
생유(生乳)	날젖
생육(生肉)	날고기
생육상(生育狀)	자라는 모양
생육적온(生育適溫)	자라기 적온, 자라기 맞는 온도
생장률(生長率)	자람비율
생장조정제(生長調整劑)	생장조정약
생전분(生澱粉)	날녹말
서(黍)	기장
서강사료(薯糠飼料)	겨감자먹이
서과(西瓜)	수박
서류(薯類)	감자류
서상층(鋤床層)	쟁기밑층
서양리(西洋李)	양자두
서혜임파절(鼠蹊淋巴節)	사타구니임파절
석답(潟畓)	갯논
석분(石粉)	돌가루
석회고(石灰藁)	석회짚
석회석분말(石灰石粉末)	석회가루
선견(選繭)	고치 고르기
선과(選果)	과실 고르기
선단고사(先端枯死)	끝마름
선단벌채(先端伐採)	끝베기
선란기(選卵器)	알고르개
선모(選毛)	털고르기
선종(選種)	씨고르기
선택성(選擇性)	가릴성
선형(扇形)	부채꼴
선회운동(旋回運動)	맴돌이운동, 맴돌이
설립(屑粒)	쭉정이
설미(屑米)	쭉정이쌀
설서(屑薯)	잔감자
설저(屑藷)	잔고구마
설하선(舌下腺)	혀밑샘
설형(楔形)	쐐기꼴
섬세지(纖細枝)	실가지
섬유장(纖維長)	섬유길이
성계(成鷄)	큰닭
성과수(成果樹)	자란 열매나무

성돈(成豚)	자란 돼지	**소맥고(小麥藁)**	밀짚
성목(成木)	자란 나무	**소맥부(小麥麩)**	밀기울
성묘(成苗)	자란 모	**소맥분(小麥粉)**	밀가루
성숙기(成熟期)	익음 때	**소문(巢門)**	벌통문
성엽(成葉)	다자란 잎, 자란 잎	**소밀(巢蜜)**	개꿀, 벌통에서 갓 떼어내 벌
성장률(成長率)	자람 비율		집에 그대로 들어있는 꿀
성추(成雛)	큰병아리	**소비(巢脾)**	밀랍으로 만든 벌집
성충(成蟲)	어른벌레	**소비재배(小肥栽培)**	거름 적게 주어 가꾸기
성토(成兎)	자란 토끼	**소상(巢箱)**	벌통
성토법(盛土法)	묻어떼기	**소식(疎植)**	성글게 심기, 드물게 심기
성하기(盛夏期)	한여름	**소양증(瘙痒症)**	가려움증
세균성연화병	세균무름병	**소엽(蘇葉)**	차조기잎, 차조기
(細菌性軟化病)		**소우(素牛)**	밑소
세근(細根)	잔뿌리	**소잠(掃蠶)**	누에떨기
세모(洗毛)	털 씻기	**소주밀식(小株密植)**	적게 잡아 배게심기
세잠(細蠶)	가는 누에	**소지경(小枝梗)**	벼알가지
세절(細切)	잘게 썰기	**소채아(小菜蛾)**	배추좀나방
세조파(細條播)	가는 줄뿌림	**소초(巢礎)**	벌집틀바탕
세지(細枝)	잔가지	**소토(燒土)**	흙 태우기
세척(洗滌)	씻기	**속(束)**	묶음, 다발, 뭇
소각(燒却)	태우기	**속(粟)**	조
소광(巢光)	벌집틀	**속명충(粟螟蟲)**	조명나방
소국(小菊)	잔국화	**속성상전(速成桑田)**	속성 뽕밭
소낭(小囊)	모이주머니	**속성퇴비(速成堆肥)**	빨리 썩을 두엄
소두(小豆)	팥	**속야도충(粟夜盜蟲)**	멸강나방
소두상충(小豆象)	팥바구미	**속효성(速效性)**	빨리 듣는
소립(小粒)	잔알	**쇄미(碎米)**	싸라기
소립종(小粒種)	잔씨	**쇄토(碎土)**	흙 부수기
소맥(小麥)	밀	**수간(樹間)**	나무 사이

수견(收繭)	고치따기
수경재배(水耕栽培)	물로 가꾸기
수고(樹高)	나무키
수고병(穗枯病)	이삭마름병
수광(受光)	빛살받기
수도(水稻)	벼
수도이앙기(水稻移秧機)	모심개
수동분무기(手動噴霧器)	손뿜개
수두(獸痘)	짐승마마
수령(樹齡)	나무나이
수로(水路)	도랑
수리불안전답(水利不安全畓)	물 사정 나쁜 논
수리안전답(水利安全畓)	물 사정 좋은 논
수면처리(水面處理)	물 위 처리
수모(獸毛)	짐승털
수묘대(水苗垈)	물 못자리
수밀(蒐蜜)	꿀 모으기
수발아(穗發芽)	이삭 싹나기
수병(銹病)	녹병
수분(受粉)	꽃가루받이, 가루받이
수분(水分)	물기
수분수(授粉樹)	가루받이 나무
수비(穗肥)	이삭거름
수세(樹勢)	나무자람새
수수(穗數)	이삭수
수수(穗首)	이삭목
수수도열병(穗首稻熱病)	목도열병
수수분화기(穗首分化期)	이삭 생길 때
수수형(穗數型)	이삭 많은 형
수양성하리(水樣性下痢)	물똥설사
수엽량(收葉量)	뽕 거둠량
수아(收蛾)	나방 거두기
수온(水溫)	물온도
수온상승(水溫上昇)	물온도 높이기
수용성(水溶性)	물에 녹는
수용제(水溶劑)	물녹임약
수유(受乳)	젖받기, 젖주기
수유율(受乳率)	기름내는 비율
수이(水飴)	물엿
수장(穗長)	이삭길이
수전기(穗期)	이삭 거의 팼을 때
수정(受精)	정받이
수정란(受精卵)	정받이알
수조(水)	물통
수종(水腫)	물종기
수중형(穗重型)	큰이삭형
수차(手車)	손수레
수차(水車)	물방아
수척(瘦瘠)	여윔
수침(水浸)	물잠김
수태(受胎)	새끼배기
수포(水泡)	물집
수피(樹皮)	나무 껍질
수형(樹形)	나무 모양
수형(穗形)	이삭 모양
수화제(水和劑)	물풀이약
수확(收穫)	거두기

수확기(收穫機)	거두는 기계
숙근성(宿根性)	해묵이
숙기(熟期)	익음 때
숙도(熟度)	익은 정도
숙면기(熟眠期)	깊은 잠 때
숙사(熟飼)	끓여 먹이기
숙잠(熟蠶)	익은 누에
숙전(熟田)	길든 밭
숙지삽(熟枝插)	굳가지꽂이
숙채(熟菜)	익힌 나물
순차경법(順次耕法)	차례 갈기
순치(馴致)	길들이기
순화(馴化)	길들이기, 굳히기
순환관개(循環灌漑)	돌려 물대기
순회관찰(巡廻觀察)	돌아보기
습답(濕畓)	고논, 습한논
습포육(濕布育)	젖은 천 덮어가르기
승가(乘駕)	교배를 위해 등에 올라타는 것
시(柿)	감
시비(施肥)	거름주기, 비료주기
시비개선(施肥改善)	거름주는 방법을 좋게 바꿈
시비기(施肥機)	거름주개
시산(始産)	처음 낳기
시실아(柿實蛾)	감꼭지나방
시진(視診)	살펴보기 진단, 보기진단
시탈삽(柿脫澁)	감우림
식단(食單)	차림표
식부(植付)	심기
식상(植傷)	몸살
식상(植桑)	뽕나무심기
식습관(食習慣)	먹는 버릇
식양토(埴壤土)	질참흙
식염(食鹽)	소금
식염첨가(食鹽添加)	소금치기
식우성(食羽性)	털 먹는 버릇
식이(食餌)	먹이
식재거리(植栽距離)	심는 거리
식재법(植栽法)	심는 법
식토(植土)	질흙
식하량(食下量)	먹는 양
식해(食害)	갉음 피해
식혈(植穴)	심을 구덩이
식흔(食痕)	먹은 흔적
신미종(辛味種)	매운 품종
신소(新梢)	새가지, 새순
신소삽목(新插木)	새순 꺾꽂이
신소엽량(新葉量)	새순 잎양
신엽(新葉)	새잎
신장(腎臟)	콩팥, 신장
신장기(伸張期)	줄기자람 때
신장절(伸張節)	자란 마디
신지(新枝)	새가지
신품종(新品種)	새품종
실면(實棉)	목화
실생묘(實生苗)	씨모
실생번식(實生繁殖)	씨로 불림

심경(深耕) 깊이 갈이
심경다비(深耕多肥) 깊이 갈아 걸우기
심고(芯枯) 순마름
심근성(深根性) 깊은 뿌리성
심부명(深腐病) 속썩음병
심수관개(深水灌槪) 물 깊이대기, 깊이대기
심식(深植) 깊이심기
심엽(心葉) 속잎
심지(芯止) 순멎음, 순멎이
심층시비(深層施肥) 깊이 거름주기
심토(心土) 속흙
심토층(心土層) 속흙층
십자화과(十字花科) 배추과

ㅇ

아(芽) 눈
아(蛾) 나방
아고병(芽枯病) 눈마름병
아삽(芽插) 눈꽂이
아접(芽接) 눈접
아접도(芽接刀) 눈접칼
아주지(亞主枝) 버금가지
아충(蚜蟲) 진딧물
악 꽃받침
악성수종(惡性水腫) 악성물종기
악편(萼片) 꽃받침조각
안(眼) 눈
안점기(眼点期) 점보일 때
암거배수(暗渠排水) 속도랑 물빼기
암발아종자(暗發芽種子) 그늘받이씨
암최청(暗催靑) 어둠 알깨기
압궤(壓潰) 눌러 으깨기
압사(壓死) 깔려죽음
압조법(壓條法) 휘묻이
압착기(壓搾機) 누름틀
액비(液肥) 물거름, 액체비료
액아(腋芽) 겨드랑이눈
액제(液劑) 물약
액체비료(液體肥料) 물거름
앵속(罌粟) 양귀비
야건초(野乾草) 말린들풀
야도아(夜盜蛾) 도둑나방
야도충(夜盜蟲) 도둑벌레, 밤나방의 어린 벌레
야생초(野生草) 들풀
야수(野獸) 들짐승
야자유(椰子油) 야자기름
야잠견(野蠶繭) 들누에고치
야적(野積) 들가리
야초(野草) 들풀
약(葯) 꽃밥
약목(若木) 어린 나무
약빈계(若牝鷄) 햇암탉
약산성토양(弱酸性土壤) 약한 산성흙
약숙(若熟) 덜익음
약염기성(弱鹽基性) 약한 알칼리성
약웅계(若雄鷄) 햇수탉
약지(弱枝) 약한 가지

약지(若枝)	어린 가지
약충(若蟲)	애벌레, 유충
약토(若兎)	어린 토끼
양건(陽乾)	볕에 말리기
양계(養鷄)	닭치기
양돈(養豚)	돼지치기
양두(羊痘)	염소마마
양마(洋麻)	양삼
양맥(洋麥)	호밀
양모(羊毛)	양털
양묘(養苗)	모 기르기
양묘육성(良苗育成)	좋은 모 기르기
양봉(養蜂)	벌치기
양사(羊舍)	양우리
양상(揚床)	돋움 모판
양수(揚水)	물 푸기
양수(羊水)	새끼집 물
양열재료(釀熱材料)	열 낼 재료
양유(羊乳)	양젖
양육(羊肉)	양고기
양잠(養蠶)	누에치기
양접(揚接)	딴자리접
양질미(良質米)	좋은 쌀
양토(壤土)	참흙
양토(養兎)	토끼치기
어란(魚卵)	말린 생선알, 생선알
어분(魚粉)	생선가루
어비(魚肥)	생선거름
억제재배(抑制栽培)	늦추어가꾸기
언지법(偃枝法)	휘묻이
얼자(蘖子)	새끼가지
엔시리지(ensilage)	담근먹이
여왕봉(女王蜂)	여왕벌
역병(疫病)	돌림병
역용우(役用牛)	일소
역우(役牛)	일소
역축(役畜)	일가축
연가조상수확법	연간 가지 뽕거두기
연골(軟骨)	물렁뼈
연구기(燕口期)	잎펼 때
연근(蓮根)	연뿌리
연맥(燕麥)	귀리
연부병(軟腐病)	무름병
연사(練飼)	이겨 먹이기
연상(練床)	이긴 모판
연수(軟水)	단물
연용(連用)	이어쓰기
연이법(練餌法)	반죽먹이기
연작(連作)	이어짓기
연초야아(煙草夜蛾)	담배나방
연하(嚥下)	삼킴
연화병(軟化病)	무름병
연화재배(軟化栽培)	연하게 가꾸기
열과(裂果)	열매터짐, 터진열매
열구(裂球)	통터짐, 알터짐, 터진알
열근(裂根)	뿌리터짐, 터진 뿌리
열대과수(熱帶果樹)	열대 과일나무
열엽(裂葉)	갈래잎

염기성(鹽基性) 알칼리성

염기포화도(鹽基飽和度) 알칼리포화도

염료(染料) 물감

염료작물(染料作物) 물감작물

염류농도(鹽類濃度) 소금기 농도

염류토양(鹽類土壤) 소금기 흙

염수(鹽水) 소금물

염수선(鹽水選) 소금물 가리기

염안(鹽安) 염화암모니아

염장(鹽藏) 소금저장

염중독증(鹽中毒症) 소금중독증

염증(炎症) 곪음증

염지(鹽漬) 소금절임

염해(鹽害) 짠물해

염해지(鹽害地) 짠물해 땅

염화가리(鹽化加里) 염화칼리

엽고병(葉枯病) 잎마름병

엽권병(葉倦病) 잎말이병

엽권충(葉倦蟲) 잎말이나방

엽령(葉齡) 잎나이

엽록소(葉綠素) 잎파랑이

엽맥(葉脈) 잎맥

엽면살포(葉面撒布) 잎에 뿌리기

엽면시비(葉面施肥) 잎에 거름주기

엽면적(葉面積) 잎면적

엽병(葉炳) 잎자루

엽비(葉) 응애

엽삽(葉揷) 잎꽂이

엽서(葉序) 잎차례

엽선(葉先) 잎끝

엽선절단(葉先切斷) 잎끝자르기

엽설(葉舌) 잎혀

엽신(葉身) 잎새

엽아(葉芽) 잎눈

엽연(葉緣) 잎가선

엽연초(葉煙草) 잎담배

엽육(葉肉) 잎살

엽이(葉耳) 잎귀

엽장(葉長) 잎길이

엽채류(葉菜類) 잎채소류, 잎채소붙이

엽초(葉墅) 잎집

엽폭(葉幅) 잎 너비

영견(營繭) 고치짓기

영계(鷄) 약병아리

영년식물(永年植物) 오래살이 작물

영양생장(營養生長) 몸자람

영화(穎化) 이삭꽃

영화분화기(穎化分化期) 이삭꽃 생길 때

예도(刈倒) 베어 넘김

예찰(豫察) 미리 살핌

예초(刈草) 풀베기

예초기(刈草機) 풀베개

예취(刈取) 베기

예취기(刈取機) 풀베개

예폭(刈幅) 벨너비

오모(汚毛) 더러운 털

오수(汚水) 더러운 물

오염견(汚染繭) 물든 고치

옥견(玉繭)	쌍고치
옥사(玉絲)	쌍고치실
옥외육(屋外育)	한데치기
옥촉서(玉蜀黍)	옥수수
옥총(玉葱)	양파
옥총승(玉葱蠅)	고자리파리
옥토(沃土)	기름진 땅
온수관개(溫水灌漑)	더운 물대기
온욕법(溫浴法)	더운 물담그기
완두상충(豌豆象蟲)	완두바구미
완숙(完熟)	다익음
완숙과(完熟果)	익은 열매
완숙퇴비(完熟堆肥)	다썩은 두엄
완전변태(完全變態)	갖춘 탈바꿈
완초(莞草)	왕골
완효성(緩效性)	천천히 듣는
왕대(王臺)	여왕벌집
왕봉(王蜂)	여왕벌
왜성대목(倭性臺木)	난장이 바탕나무
외곽목책(外廓木柵)	바깥울
외래종(外來種)	외래품종
외반경(外返耕)	바깥 돌아갈이
외상(外傷)	겉상처
외피복(外被覆)	겉덮기, 겊덮개
요(尿)	오줌
요도결석(尿道結石)	오줌길에 생긴 돌
요독증(尿毒症)	오줌독 증세
요실금(尿失禁)	오줌 흘림
요의빈삭(尿意頻數)	오줌 자주 마려움
요절병(腰折病)	잘록병
욕광최아(浴光催芽)	햇볕에서 싹띄우기
용수로(用水路)	물대기 도랑
용수원(用水源)	끝물
용제(溶劑)	녹는 약
용탈(溶脫)	녹아 빠짐
용탈증(溶脫症)	녹아 빠진 흙
우(牛)	소
우결핵(牛結核)	소결핵
우량종자(優良種子)	좋은 씨앗
우모(羽毛)	깃털
우사(牛舍)	외양간
우상(牛床)	축사에 소를 1마리씩 수용하기 위한 구획
우승(牛蠅)	쇠파리
우육(牛肉)	쇠고기
우지(牛脂)	쇠기름
우형기(牛衡器)	소저울
우회수로(迂廻水路)	돌림도랑
운형병(雲形病)	구름무늬병
웅봉(雄蜂)	수벌
웅성불임(雄性不稔)	고자성
웅수(雄穗)	수이삭
웅예(雄蕊)	수술
웅추(雄雛)	수평아리
웅충(雄蟲)	수벌레
웅화(雄花)	수꽃
원경(原莖)	원줄기
원추형(圓錐形)	원뿔꽃

원형화단(圓形花壇)	둥근 꽃밭
월과(越瓜)	김치오이
월년생(越年生)	두해살이
월동(越冬)	겨울나기
위임신(僞姙娠)	헛배기
위조(萎凋)	시듦
위조계수(萎凋係數)	시듦값
위조점(萎凋点)	시들점
위축병(萎縮病)	오갈병
위황병(萎黃病)	누른오갈병
유(柚)	유자
유근(幼根)	어린 뿌리
유당(乳糖)	젖당
유도(油桃)	민복숭아
유두(乳頭)	젖꼭지
유료작물(有料作物)	기름작물
유목(幼木)	어린 나무
유묘(幼苗)	어린모
유박(油粕)	깻묵
유방염(乳房炎)	젖알이
유봉(幼蜂)	새끼벌
유산(乳酸)	젖산
유산(流産)	새끼지우기
유산가리(硫酸加里)	황산가리
유산균(乳酸菌)	젖산균
유산망간(硫酸mangan)	황산망간
유산발효(乳酸醱酵)	젖산 띄우기
유산양(乳山羊)	젖염소
유살(誘殺)	꾀어 죽이기
유상(濡桑)	물뽕
유선(乳腺)	젖줄, 젖샘
유수(幼穗)	어린 이삭
유수분화기(幼穗分化期)	이삭 생길 때
유수형성기(幼穗形成期)	배동받이 때
유숙(乳熟)	젖 익음
유아(幼芽)	어린 싹
유아등(誘蛾燈)	꾀임등
유안(硫安)	황산암모니아
유압(油壓)	기름 압력
유엽(幼葉)	어린 잎
유우(乳牛)	젖소
유우(幼牛)	애송아지
유우사(乳牛舍)	젖소외양간, 젖소간
유인제(誘引劑)	꾀임약
유제(油劑)	기름약
유지(乳脂)	젖기름
유착(癒着)	엉겨 붙음
유추(幼雛)	햇병아리, 병아리
유추사료(幼雛飼料)	햇병아리 사료
유축(幼畜)	어린 가축
유충(幼蟲)	애벌레, 약충
유토(幼兎)	어린 토끼
유합(癒合)	아뭄
유황(黃)	황
유황대사(硫黃代謝)	황대사
유황화합물(硫黃化合物)	황화합물
유효경비율(硫有效莖比率)	참줄기비율
유효분얼최성기	참 새끼치기 최성기

(有效分蘖最盛期)

유효분얼 한계기 참 새끼치기 한계기

유효분지수(有效分枝數) 참가지수, 유효가지수

유효수수(有效穗數) 참이삭수

유휴지(遊休地) 묵힌 땅

육계(肉鷄) 고기를 위해 기르는 닭, 식육용 닭

육도(陸稻) 밭벼

육돈(陸豚) 살돼지

육묘(育苗) 모기르기

육묘대(陸苗垈) 밭모판, 밭못자리

육묘상(育苗床) 못자리

육성(育成) 키우기

육아재배(育芽栽培) 싹내 가꾸기

육우(肉牛) 고기소

육잠(育蠶) 누에치기

육즙(肉汁) 고기즙

육추(育雛) 병아리기르기

윤문병(輪紋病) 테무늬병

윤작(輪作) 돌려짓기

윤환방목(輪換放牧) 옮겨 놓아 먹이기

윤환채초(輪換採草) 옮겨 풀베기

율(栗) 밤

은아(隱芽) 숨은 눈

음건(陰乾) 그늘 말리기

음수량(飮水量) 물먹는 양

음지답(陰地畓) 응달논

응집(凝集) 엉김, 응집

응혈(凝血) 피 엉김

의빈대(疑牝臺) 암틀

의잠(蟻蠶) 개미누에

이(李) 자두

이(梨) 배

이개(耳介) 귓바퀴

이기작(二期作) 두 번 짓기

이년생화초(二年生花草) 두해살이 화초

이대소야아(二帶小夜蛾) 벼애나방

이면(二眠) 두잠

이모작(二毛作) 두 그루갈이

이박(飴粕) 엿밥

이백삽병(裏白澁病) 뒷면흰가루병

이병(痢病) 설사병

이병경률(罹病莖率) 병든 줄기율

이병묘(罹病苗) 병든 모

이병성(罹病性) 병 걸림성

이병수율(罹病穗率) 병든 이삭률

이병식물(罹病植物) 병든 식물

이병주(罹病株) 병든 포기

이병주율(罹病株率) 병든 포기율

이식(移植) 옮겨심기

이앙밀도(移秧密度) 모내기밀도

이야포(二夜包) 한밤 묵히기

이유(離乳) 젖떼기

이주(梨酒) 배술

이품종(異品種) 다른 품종

이하선(耳下線) 귀밑샘

이형주(異型株) 다른 꼴 포기

이화명충(二化螟蟲) 이화명나방

이환(罹患)	병 걸림
이희심식충(梨姬心食蟲)	배명나방
익충(益蟲)	이로운 벌레
인경(鱗莖)	비늘줄기
인공부화(人工孵化)	인공알깨기
인공수정(人工受精)	인공 정받이
인공포유(人工哺乳)	인공 젖먹이기
인안(鱗安)	인산암모니아
인입(引入)	끌어들임
인접주(隣接株)	옆그루
인초(藺草)	골풀
인편(鱗片)	쪽
인후(咽喉)	목구멍
일건(日乾)	볕말림
일고(日雇)	날품
일년생(一年生)	한해살이
일륜차(一輪車)	외바퀴수레
일면(一眠)	첫잠
일조(日照)	볕
일협립수(一莢粒數)	꼬투리당 일수
임돈(姙豚)	새끼밴 돼지
임신(姙娠)	새끼배기
임신징후(姙娠徵候)	임신기, 새깨밴 징후
임실(稔實)	씨여뭄
임실유(荏實油)	들기름
입고병(立枯病)	잘록병
입단구조(粒團構造)	떼알구조
입도선매(立稻先賣)	벼베기 전 팔이, 베기 전 팔이
입란(入卵)	알넣기
입색(粒色)	낟알색
입수계산(粒數計算)	낟알 셈
입제(粒劑)	싸락약
입중(粒重)	낟알 무게
입직기(叺織機)	가마니틀
잉여노동(剩餘勞動)	남는 노동

ㅈ

자(刺)	가시
자가수분(自家受粉)	제 꽃가루 받이
자견(煮繭)	고치삶기
자궁(子宮)	새끼집
자근묘(自根苗)	제뿌리 모
자돈(仔豚)	새끼돼지
자동급사기(自動給飼機)	자동 먹이틀
자동급수기(自動給水機)	자동물주개
자만(子蔓)	아들덩굴
자묘(子苗)	새끼모
자반병(紫斑病)	자주무늬병
자방(子房)	씨방
자방병(子房病)	씨방자루
자산양(子山羊)	새끼염소
자소(紫蘇)	차조기
자수(雌穗)	암이삭
자아(雌蛾)	암나방
자연초지(自然草地)	자연 풀밭
자엽(子葉)	떡잎
자예(雌蕊)	암술

자웅감별(雌雄鑑別) 암술 가리기

자웅동체(雌雄同體) 암수 한 몸

자웅분리(雌雄分離) 암수 가리기

자저(煮藷) 찐고구마

자추(雌雛) 암평아리

자침(刺針) 벌침

자화(雌花) 암꽃

자화수정(自花受精) 제 꽃가루받이, 제 꽃 정받이

작부체계(作付體系) 심기차례

작열감(灼熱感) 모진 아픔

작조(作條) 골타기

작토(作土) 갈이 흙

작형(作型) 가꿈꼴

작황(作況) 되는 모양, 농작물의 자라는 상황

작휴재배(作畦栽培) 이랑가꾸기

잔상(殘桑) 남은 뽕

잔여모(殘餘苗) 남은 모

잠가(蠶架) 누에 시렁

잠견(蠶繭) 누에고치

잠구(蠶具) 누에연모

잠란(蠶卵) 누에 알

잠령(蠶齡) 누에 나이

잠망(蠶網) 누에 그물

잠박(蠶箔) 누에 채반

잠복아(潛伏芽) 숨은 눈

잠사(蠶絲) 누에실, 잠실

잠아(潛芽) 숨은 눈

잠엽충(潛葉蟲) 잎굴나방

잠작(蠶作) 누에되기

잠족(蠶簇) 누에섶

잠종(蠶種) 누에씨

잠종상(蠶種箱) 누에씨상자

잠좌지(蠶座紙) 누에 자리종이

잡수(雜穗) 잡이삭

장간(長稈) 큰키

장과지(長果枝) 긴열매가지

장관(腸管) 창자

장망(長芒) 긴까락

장방형식(長方形植) 긴모꼴심기

장시형(長翅型) 긴날개꼴

장일성식물(長日性植物) 긴볕 식물

장일처리(長日處理) 긴볕 쬐기

장잠(壯蠶) 큰누에

장중첩(腸重疊) 창자 겹침

장폐색(腸閉塞) 창자 막힘

재발아(再發芽) 다시 싹나기

재배작형(栽培作型) 가꾸기꼴

재상(栽桑) 뽕가꾸기

재생근(再生根) 되난뿌리

재식(栽植) 심기

재식거리(栽植距離) 심는 거리

재식면적(栽植面積) 심는 면적

재식밀도(栽植密度) 심음배기, 심었을 때 빽빽한 정도

저(楮) 닥나무, 닥

저견(貯繭) 고치 저장

저니토(低泥土)	시궁흙	**적상(摘桑)**	뽕따기
저마(苧麻)	모시	**적상조(摘桑爪)**	뽕가락지
저밀(貯蜜)	꿀갈무리	**적성병(赤星病)**	붉음별무늬병
저상(貯桑)	뽕저장	**적수(摘穗)**	송이솎기
저설온상(低說溫床)	낮은 온상	**적심(摘芯)**	순지르기
저수답(貯水畓)	물받이 논	**적아(摘芽)**	눈따기
저습지(低濕地)	질펄 땅, 진 땅	**적엽(摘葉)**	잎따기
저위생산답(低位生産畓)	소출낮은 논	**적예(摘蕊)**	순지르기
저위예취(低位刈取)	낮추베기	**적의(赤蟻)**	붉은개미누에
저작구(咀嚼口)	씹는 입	**적토(赤土)**	붉은 흙
저작운동(咀嚼運動)	씹기 운동, 씹기	**적화(摘花)**	꽃솎기
저장(貯藏)	갈무리	**전륜(前輪)**	앞바퀴
저항성(低抗性)	버틸성	**전면살포(全面撒布)**	전면뿌리기
저해견(害繭)	구더기난 고치	**전모(剪毛)**	털깍기
저휴(低畦)	낮은 이랑	**전묘대(田苗垈)**	밭못자리
적고병(赤枯病)	붉은마름병	**전분(澱粉)**	녹말
적과(摘果)	열매솎기	**전사(轉飼)**	옮겨 기르기
적과협(摘果鋏)	열매솎기 가위	**전시포(展示圃)**	본보기논, 본보기밭
적기(適期)	제때, 제철	**전아육(全芽育)**	순뽕치기
적기방제(適期防除)	제때 방제	**전아육성(全芽育成)**	새순 기르기
적기예취(適期刈取)	제때 베기	**전염경로(傳染經路)**	옮은 경로
적기이앙(適期移秧)	제때 모내기	**전엽육(全葉育)**	잎뽕치기
적기파종(適期播種)	제때 뿌림	**전용상전(專用桑田)**	전용 뽕밭
적량살포(適量撒布)	알맞게 뿌리기	**전작(前作)**	앞그루
적량시비(適量施肥)	알맞은 양 거름주기	**전작(田作)**	밭농사
적뢰(摘)	봉오리 따기	**전작물(田作物)**	밭작물
적립(摘粒)	알솎기	**전정(剪定)**	다듬기
적맹(摘萌)	눈솎기	**전정협(剪定鋏)**	다듬가위
적미병(摘微病)	붉은곰팡이병	**전지(前肢)**	앞다리

전지(剪枝)	가지 다듬기
전지관개(田地灌漑)	밭물대기
전직장(前直腸)	앞곧은 창자
전층시비(全層施肥)	거름흙살 섞어주기
절간(切干)	썰어 말리기
절간(節間)	마디사이
절간신장기(節間伸長期)	마디 자랄 때
절간장(節稈長)	마디길이
절개(切開)	가름
절근아법(切根芽法)	뿌리눈접
절단(切斷)	자르기
절상(切傷)	베인 상처
절수재배(節水栽培)	물 아껴 가꾸기
절접(切接)	깍기접
절토(切土)	흙깍기
절화(折花)	꽂이꽃
절흔(切痕)	베인 자국
점등사육(點燈飼育)	불켜 기르기
점등양계(點燈養鷄)	불켜 닭기르기
점적식관수(点滴式灌水)	방울 물주기
점진최청(漸進催靑)	점진 알깨기
점청기(点靑期)	점보일 때
점토(粘土)	찰흙
점파(点播)	점뿌림
접도(接刀)	접칼
접목묘(接木苗)	접나무모
접삽법(接揷法)	접꽂아
접수(接穗)	접순
접아(接芽)	접눈
접지(接枝)	접가지
접지압(接地壓)	땅누름 압력
정곡(情穀)	알곡
정마(精麻)	속삼
정맥(精麥)	보리쌀
정맥강(精麥糠)	몽근쌀 비율
정맥비율(精麥比率)	보리쌀 비율
정선(精選)	잘 고르기
정식(定植)	아주심기
정아(頂芽)	끝눈
정엽량(正葉量)	잎뽕양
정육(精肉)	살코기
정제(錠劑)	알약
정조(正租)	알벼
정조식(正祖式)	줄모
정지(整地)	땅고르기
정지(整枝)	가지고르기
정화아(頂花芽)	끝꽃눈
제각(除角)	뿔 없애기, 뿔 자르기
제경(除莖)	줄기치기
제과(製菓)	과자만들기
제대(臍帶)	탯줄
제대(除袋)	봉지 벗기기
제동장치(制動裝置)	멈춤장치
제마(製麻)	삼 만들기
제맹(除萌)	순따기
제면(製麵)	국수 만들기
제사(除沙)	똥갈이
제심(除心)	속대 자르기

제염(除鹽)	소금빼기	**종견(種繭)**	씨고치
제웅(除雄)	수술치기	**종계(種鷄)**	씨닭
제점(臍点)	배꼽	**종구(種球)**	씨알
제족기(第簇機)	섶틀	**종균(種菌)**	씨균
제초(除草)	김매기	**종근(種根)**	씨뿌리
제핵(除核)	씨빼기	**종돈(種豚)**	씨돼지
조(棗)	대추	**종란(種卵)**	씨알
조간(條間)	줄 사이	**종모돈(種牡豚)**	씨수퇘지
조고비율(組藁比率)	볏짚비율	**종모우(種牡牛)**	씨황소
조기재배(早期栽培)	일찍 가꾸기	**종묘(種苗)**	씨모
조맥강(粗麥糠)	거친 보릿겨	**종봉(種蜂)**	씨벌
조사(繰絲)	실켜기	**종부(種付)**	접붙이기
조사료(粗飼料)	거친 먹이	**종빈돈(種牝豚)**	씨암퇘지
조상(條桑)	가지뽕	**종빈우(種牝牛)**	씨암소
조상육(條桑育)	가지뽕치기	**종상(終霜)**	끝서리
조생상(早生桑)	올뽕	**종실(種實)**	씨알
조생종(早生種)	올씨	**종실중(種實重)**	씨무게
조소(造巢)	벌집 짓기, 집 짓기	**종양(腫瘍)**	혹
조숙(早熟)	올 익음	**종자(種子)**	씨앗, 씨
조숙재배(早熟栽培)	일찍 가꾸기	**종자갱신(種子更新)**	씨앗갈이
조식(早植)	올 심기	**종자교환(種子交換)**	씨앗바꾸기
조식재배(早植栽培)	올 심어 가꾸기	**종자근(種子根)**	씨뿌리
조지방(粗脂肪)	거친 굳기름	**종자예조(種子豫措)**	종자가리기
조파(早播)	올 뿌림	**종자전염(種子傳染)**	씨앗 전염
조파(條播)	줄뿌림	**종창(腫脹)**	부어오름
조회분(粗灰分)	거친 회분	**종축(種畜)**	씨가축
족(簇)	섶	**종토(種兎)**	씨토끼
족답탈곡기(足踏脫穀機)	디딜 탈곡기	**종피색(種皮色)**	씨앗 빛
족착견(簇着繭)	섶자국 고치	**좌상육(桑育)**	뽕썰어치기

좌아육(芽育)	순썰어치기
좌절도복(挫折倒伏)	꺾어 쓰러짐
주(株)	포기, 그루
주간(主幹)	원줄기
주간(株間)	포기사이, 그루사이
주간거리(株間距離)	그루사이, 포기사이
주경(主莖)	원줄기
주근(主根)	원뿌리
주년재배(周年栽培)	사철가꾸기
주당수수(株當穗數)	포기당 이삭수
주두(柱頭)	암술머리
주아(主芽)	으뜸눈
주위작(周圍作)	둘레심기
주지(主枝)	원가지
중간낙수(中間落水)	중간 물떼기
중간아(中間芽)	중간눈
중경(中耕)	매기
중경제초(中耕除草)	김매기
중과지(中果枝)	중간열매가지
중력분(中力粉)	보통 밀가루, 밀가루
중립종(中粒種)	중씨앗
중만생종(中晩生種)	엇늦씨
중묘(中苗)	중간 모
중생종(中生種)	가온씨
중식기(中食期)	중밥 때
중식토(重植土)	찰질흙
중심공동서(中心空胴薯)	속 빈 감자
중추(中雛)	중병아리
증체량(增體量)	살찐 양
지(枝)	가지
지각(枳殼)	탱자
지경(枝梗)	이삭가지
지고병(枝枯病)	가지마름병
지근(枝根)	갈림 뿌리
지두(枝豆)	풋콩
지력(地力)	땅심
지력증진(地力增進)	땅심 돋우기
지면잠(遲眠蠶)	늦잠누에
지발수(遲發穗)	늦이삭
지방(脂肪)	굳기름
지분(紙盆)	종이분
지삽(枝插)	가지꽂이
지엽(止葉)	끝잎
지잠(遲蠶)	처진 누에
지접(枝接)	가지접
지제부분(地際部分)	땅 닿은 곳
지조(枝條)	가지
지주(支柱)	받침대
지표수(地表水)	땅윗물
지하경(地下莖)	땅 속 줄기
지하수개발(地下水開發)	땅 속 물 찾기
지하수위(地下水位)	지하수 높이
직근(直根)	곧은 뿌리
직근성(直根性)	곧은 뿌리성
직립경(直立莖)	곧은 줄기
직립성낙화생(直立性落花生)	오뚜기땅콩
직립식(直立植)	곧추 심기

직립지(直立枝)	곧은 가지
직장(織腸)	곧은 창자
직파(直播)	곧 뿌림
진균(眞菌)	곰팡이
진압(鎭壓)	눌러주기
질사(窒死)	질식사
질소과잉(窒素過剩)	질소 넘침
질소기아(窒素饑餓)	질소 부족
질소잠재지력(窒素潛在地力)	질소 스민 땅심
징후(徵候)	낌새

ㅊ

차광(遮光)	볕가림
차광재배(遮光栽培)	볕가림 가꾸기
차륜(車輪)	차바퀴
차일(遮日)	해가림
차전초(車前草)	질경이
차축(車軸)	굴대
착과(着果)	열매 달림, 달린 열매
착근(着根)	뿌리 내림
착뢰(着)	망울 달림
착립(着粒)	알달림
착색(着色)	색깔 내기
착유(搾乳)	젖짜기
착즙(搾汁)	즙내기
착탈(着脫)	달고 떼기
착화(着花)	꽃달림
착화불량(着花不良)	꽃눈 형성 불량
찰과상(擦過傷)	긁힌 상처
창상감염(創傷感染)	상처 옮음
채두(菜豆)	강낭콩
채란(採卵)	알걷이
채랍(採蠟)	밀따기
채묘(採苗)	모찌기
채밀(採蜜)	꿀따기
채엽법(採葉法)	잎따기
채종(採種)	씨받이
채종답(採種畓)	씨받이논
채종포(採種圃)	씨받이논, 씨받이밭
채토장(採土場)	흙캐는 곳
척박토(瘠薄土)	메마른 흙
척수(脊髓)	등골
척추(脊椎)	등뼈
천경(淺耕)	얕이갈이
천공병(穿孔病)	구멍병
천구소병(天拘巢病)	빗자루병
천근성(淺根性)	얕은 뿌리성
천립중(千粒重)	천알 무게
천수답(天水畓)	하늘바라기 논, 봉천답
천식(淺植)	얕심기
천일건조(天日乾操)	볕말림
청경법(淸耕法)	김매 가꾸기
청고병(靑枯病)	풋마름병
청마(靑麻)	어저귀
청미(靑米)	청치
청수부(靑首部)	가지와 뿌리의 경계부
청예(靑刈)	풋베기

청예대두(青刈大豆)	풋베기 콩	**초형(草型)**	풀꽃
청예목초(青刈木草)	풋베기 목초	**촉각(觸角)**	더듬이
청예사료(青刈飼料)	풋베기 사료	**촉서(蜀黍)**	수수
청예옥촉서(青刈玉蜀黍)	풋베기 옥수수	**촉성재배(促成栽培)**	철 당겨 가꾸기
청정채소(清淨菜蔬)	맑은 채소	**총(蔥)**	파
청초(青草)	생풀	**총생(叢生)**	모듬남
체고(體高)	키	**총체벼**	사료용 벼
체장(體長)	몸길이	**총체보리**	사료용 보리
초가(草架)	풀시렁	**최고분얼기(最高分蘖期)**	최고 새끼치기 때
초결실(初結實)	첫 열림	**최면기(催眠期)**	잠 들 무렵
초고(枯)	잎집마름	**최아(催芽)**	싹 틔우기
초목회(草木灰)	재거름	**최아재배(催芽栽培)**	싹 틔워 가꾸기
초발이(初發茸)	첫물 버섯	**최청(催靑)**	알깨기
초본류(草本類)	풀붙이	**최청기(催靑器)**	누에깰 틀
초산(初産)	첫배 낳기	**추경(秋耕)**	가을갈이
초산태(硝酸態)	질산태	**추계재배(秋季栽培)**	가을가꾸기
초상(初霜)	첫 서리	**추광성(趨光性)**	빛 따름성, 빛 쫓음성
초생법(草生法)	풀두고 가꾸기	**추대(抽薹)**	꽃대 신장, 꽃대 자람
초생추(初生雛)	갓 깬 병아리	**추대두(秋大豆)**	가을콩
초세(草勢)	풀자람새, 잎자람새	**추백리병(雛白痢病)**	병아리흰설사병,
초식가축(草食家畜)	풀먹이 가축		병아리설사병
초안(硝安)	질산암모니아	**추비(秋肥)**	가을거름
초유(初乳)	첫젖	**추비(追肥)**	웃거름
초자실재배(硝子室栽培)	유리온실 가꾸기	**추수(秋收)**	가을걷이
초장(草長)	풀 길이	**추식(秋植)**	가을심기
초지(草地)	꼴 밭	**추엽(秋葉)**	가을잎
초지개량(草地改良)	꼴 밭 개량	**추작(秋作)**	가을가꾸기
초지조성(草地造成)	꼴 밭 가꾸기	**추잠(秋蠶)**	가을누에
초추잠(初秋蠶)	초가을 누에	**추잠종(秋蠶種)**	가을누에씨

추접(秋接)	가을접
추지(秋枝)	가을가지
추파(秋播)	덧뿌림
추화성(趨化性)	물따름성, 물쫓음성
축사(畜舍)	가축우리
축엽병(縮葉病)	잎오갈병
춘경(春耕)	봄갈이
춘계재배(春季栽培)	봄가꾸기
춘국(春菊)	쑥갓
춘벌(春伐)	봄베기
춘식(春植)	봄심기
춘엽(春葉)	봄잎
춘잠(春蠶)	봄누에
춘잠종(春蠶種)	봄누에씨
춘지(春枝)	봄가지
춘파(春播)	봄뿌림
춘파묘(春播苗)	봄모
춘파재배(春播栽培)	봄가꾸기
출각견(出殼繭)	나방난 고치
출사(出絲)	수염나옴
출수(出穗)	이삭패기
출수기(出穗期)	이삭팰 때
출아(出芽)	싹나기
출웅기(出雄期)	수이삭 때, 수이삭날 때
출하기(出荷期)	제철
충령(蟲齡)	벌레나이
충매전염(蟲媒傳染)	벌레전염
충영(蟲癭)	벌레 혹
충분(蟲糞)	곤충의 똥
취목(取木)	휘묻이
취소성(就巢性)	품는 버릇
측근(側根)	곁뿌리
측아(側芽)	곁눈
측지(側枝)	곁가지
측창(側窓)	곁창
측화아(側花芽)	곁꽃눈
치묘(稚苗)	어린 모
치은(齒)	잇몸
치잠(稚蠶)	애누에
치잠공동사육(稚蠶共同飼育)	애누에 공동치기
치차(齒車)	톱니바퀴
친주(親株)	어미 포기
친화성(親和性)	어울림성
침고(寢藁)	깔짚
침시(沈柿)	우려낸 감
침종(浸種)	씨앗 담그기
침지(浸漬)	물에 담그기

ㅋ

칼티베이터(Cultivator)	중경제초기

ㅍ

파쇄(破碎)	으깸
파악기(把握器)	교미틀
파조(播條)	뿌림 골
파종(播種)	씨뿌림
파종상(播種床)	모판

파폭(播幅) 골 너비

파폭률(播幅率) 골 너비율

파행(跛行) 절뚝거림

패각(貝殼) 조가비

패각분말(敗殼粉末) 조가비 가루

펠레트(Pellet) 덩이먹이

편식(偏食) 가려먹음

편포(扁浦) 박

평과(苹果) 사과

평당주수(坪當株數) 평당 포기수

평부잠종(平附蠶種) 종이받이 누에

평분(平盆) 넓적분

평사(平舍) 바닥 우리

평사(平飼) 바닥 기르기(축산), 넓게 치기(잠업)

평예법(坪刈法) 평뜨기

평휴(平畦) 평이랑

폐계(廢鷄) 못쓸 닭

폐사율(廢死率) 죽는 비율

폐상(廢床) 비운 모판

폐색(閉塞) 막힘

폐장(肺臟) 허파

포낭(包囊) 홀씨 주머니

포란(抱卵) 알 품기

포말(泡沫) 거품

포복(匍匐) 덩굴 뻗음

포복경(匍匐莖) 땅 덩굴줄기

포복성낙화생(匍匐性落花生) 덩굴땅콩

포엽(苞葉) 이삭잎

포유(胞乳) 젖먹이, 젖먹임

포자(胞子) 홀씨

포자번식(胞子繁殖) 홀씨번식

포자퇴(胞子堆) 홀씨더미

포충망(捕蟲網) 벌레그물

폭(幅) 너비

폭립종(爆粒種) 튀김씨

표충(瓢蟲) 무당벌레

표층시비(表層施肥) 표층 거름주기, 겉거름 주기

표토(表土) 겉흙

표피(表皮) 겉껍질

표형견(俵形繭) 땅콩형 고치

풍건(風乾) 바람말림

풍선(風選) 날려 고르기

플라우(Plow) 쟁기

플랜터(Planter) 씨뿌리개, 파종기

피마(皮麻) 껍질삼

피맥(皮麥) 겉보리

피목(皮目) 껍질눈

피발작업(拔作業) 피사리

피복(被覆) 덮개, 덮기

피복재배(被覆栽培) 덮어 가꾸기

피해경(被害莖) 피해 줄기

피해립(被害粒) 상한 낟알

피해주(被害株) 피해 포기

ㅎ

하계파종(夏季播種) 여름 뿌림

하고(夏枯) 더위시듦

하기전정(夏期剪定) 여름 가지치기

하대두(夏大豆) 여름 콩

하등(夏橙) 여름 귤

하리(下痢) 설사

하번초(下繁草) 아래퍼짐 풀, 밑퍼짐 풀, 지표면에서 자라는 식물

하벌(夏伐) 여름베기

하비(夏肥) 여름거름

하수지(下垂枝) 처진 가지

하순(下脣) 아랫입술

하아(夏芽) 여름눈

하엽(夏葉) 여름잎

하작(夏作) 여름 가꾸기

하잠(夏蠶) 여름 누에

하접(夏接) 여름접

하지(夏枝) 여름 가지

하파(夏播) 여름 파종

한랭사(寒冷紗) 가림망

한발(旱魃) 가뭄

한선(汗腺) 땀샘

한해(旱害) 가뭄피해

할접(割接) 짜개접

함미(鹹味) 짠맛

합봉(合蜂) 벌통합치기, 통합치기

합접(合接) 맞접

해채(菜) 염교

해충(害蟲) 해로운 벌레

해토(解土) 땅풀림

행(杏) 살구

향식기(餉食期) 첫밥 때

향신료(香辛料) 양념재료

향신작물(香愼作物) 양념작물

향일성(向日性) 빛 따름성

향지성(向地性) 빛 따름성

혈명견(穴明繭) 구멍고치

혈변(血便) 피똥

혈액응고(血液凝固) 피엉김

혈파(穴播) 구멍파종

협(莢) 꼬투리

협실비율(莢實比率) 꼬투리알 비율

협장(莢長) 꼬투리 길이

협폭파(莢幅播) 좁은 이랑뿌림

형잠(形蠶) 무늬누에

호과(胡瓜) 오이

호도(胡挑) 호두

호로과(葫蘆科) 박과

호마(胡麻) 참깨

호마엽고병(胡麻葉枯病) 깨씨무늬병

호마유(胡麻油) 참기름

호맥(胡麥) 호밀

호반(虎班) 호랑무늬

호숙(湖熟) 풀 익음

호엽고병(縞葉枯病) 줄무늬마름병

호접(互接) 맞접

호흡속박(呼吸速迫) 숨가쁨

혼식(混植) 섞어심기

혼용(混用) 섞어쓰기

혼용살포(混用撒布)	섞어뿌림, 섞뿌림
혼작(混作)	섞어짓기
혼종(混種)	섞임씨
혼파(混播)	섞어뿌림
혼합맥강(混合麥糠)	섞음보릿겨
혼합아(混合芽)	혼합눈
화경(花梗)	꽃대
화경(花莖)	꽃줄기
화관(花冠)	꽃부리
화농(化膿)	곪음
화도(花挑)	꽃복숭아
화력건조(火力乾操)	불로 말리기
화뢰(花)	꽃봉오리
화목(花木)	꽃나무
화묘(花苗)	꽃모
화본과목초(禾本科牧草)	볏과목초
화본과식물(禾本科植物)	볏과식물
화부병(花腐病)	꽃썩음병
화분(花粉)	꽃가루
화산성토(火山成土)	화산흙
화산회토(火山灰土)	화산재
화색(花色)	꽃색
화속상결과지 (化束狀結果枝)	꽃덩이 열매가지
화수(花穗)	꽃송이
화아(花芽)	꽃눈
화아분화(花芽分化)	꽃눈분화
화아형성(花芽形成)	꽃눈형성
화용(化蛹)	번데기 되기
화진(花振)	꽃떨림
화채류(花菜類)	꽃채소
화탁(花托)	꽃받기
화판(花瓣)	꽃잎
화피(花被)	꽃덮이
화학비료(化學肥料)	화학거름
화형(花型)	꽃모양
화훼(花卉)	화초
환금작물(環金作物)	돈벌이작물
환모(渙毛)	털갈이
환상박피(環床剝皮)	껍질 돌려 벗기기, 돌려 벗기기
환수(換水)	물갈이
환우(換羽)	털갈이
환축(患畜)	병든 가축
활착(活着)	뿌리내림
황목(荒木)	제풀나무
황숙(黃熟)	누렇게 익음
황조슬충(黃條虱蟲)	배추벼룩잎벌레
황촉규(黃蜀葵)	닥풀
황충(蝗蟲)	메뚜기
회경(回耕)	돌아갈이
회분(灰粉)	재
회전족(回轉簇)	회전섶
횡반(橫斑)	가로무늬
횡와지(橫臥枝)	누운 가지
후구(後軀)	뒷몸
후기낙과(後期落果)	자라 떨어짐
후륜(後輪)	뒷바퀴

후사(後飼)	배게 기르기
후산(後産)	태낳기
후산정체(後産停滯)	태반이 나오지 않음
후숙(後熟)	따서 익히기, 따서 익힘
후작(後作)	뒷그루
후지(後肢)	뒷다리
훈연소독(燻煙消毒)	연기찜 소독
훈증(燻蒸)	증기찜
휴간관개(畦間灌漑)	고랑 물대기
휴립(畦立)	이랑 세우기, 이랑 만들기
휴립경법(畦立耕法)	이랑짓기
휴면기(休眠期)	잠잘 때
휴면아(休眠芽)	잠자는 눈
휴반(畦畔)	논두렁, 밭두렁
휴반대두(畦畔大豆)	두렁콩
휴반소각(畦畔燒却)	두렁 태우기
휴반식(畦畔式)	두렁식
휴반재배(畦畔栽培)	두렁재배
휴폭(畦幅)	이랑 너비
휴한(休閑)	묵히기
휴한지(休閑地)	노는 땅, 쉬는 땅
흉위(胸圍)	가슴둘레
흑두병(黑痘病)	새눈무늬병
흑반병(黑斑病)	검은무늬병
흑산양(黑山羊)	흑염소
흑삽병(黑澁病)	검은가루병
흑성병(黑星病)	검은별무늬병
흑수병(黑穗病)	깜부기병
흑의(黑蟻)	검은개미누에
흑임자(黑荏子)	검정깨
흑호마(黑胡麻)	검정깨
흑호잠(黑縞蠶)	검은띠누에
흡지(吸枝)	뿌리순
희석(稀釋)	묽힘
희잠(姬蠶)	민누에

알고 먹는 전통발효식품

1판 1쇄 발행 2021년 11월 05일
1판 2쇄 발행 2024년 03월 04일

지은이 국립농업과학원

펴낸이 이범만
발행처 **21세기사**
등록 제406-2004-00015호
주소 경기도 파주시 산남로 72-16 (10882)
전화 031)942-7861 팩스 031)942-7864
홈페이지 www.21cbook.co.kr
e-mail 21cbook@naver.com
ISBN 979-11-6833-003-0

정가 21,000원